杭州主城区滨水公共空间演化研究

傅　岚　著

东南大学出版社
SOUTHEAST UNIVERSITY PRESS
·南京·

内 容 简 介

杭州滨水公共空间是城市空间地域特色的表达载体，这个载体在不同的历史时期有着巨大的形态差异，如何描述、评价其空间演化过程并追溯其产生的原因？本书将杭州主城区滨水公共空间演化放置于逾百年的城市化加速、城市空间剧烈变革的社会背景下讨论，在大量收集其历史数据资料的基础上，阐明和诠释了当代杭州城市滨水公共空间由传统“生活景观”演化至“如画景观”的过程，从容纳日常生活、生产的空间一步步转换为被生产和复制的空间产品的相应历程。在研究方法和研究成果上均有所创新，对当代杭州滨水公共空间系统的生成和形态做了很好的诠释，同时对滨水城市、滨水区域公共系统的保护、生成及改造具有重要的参考价值。

图书在版编目(CIP)数据

杭州主城区滨水公共空间演化研究/傅岚著.
南京:东南大学出版社，2020.2
ISBN 978-7-5641-8709-5

Ⅰ. ①杭… Ⅱ. ①傅… Ⅲ. ①城市空间—公共空间—研究—滨州 Ⅳ. ①TU984.252.3

中国版本图书馆 CIP 数据核字(2019)第 293116 号

杭州主城区滨水公共空间演化研究

著　　者：傅　岚
出版发行：东南大学出版社
出 版 人：江建中
社　　址：南京市四牌楼 2 号(邮编：210096)
网　　址：http://www.seupress.com
经　　销：全国各地新华书店
印　　刷：虎彩印艺股份有限公司
开　　本：700 mm×1000 mm　1/16
印　　张：14.5
字　　数：295 千字
版　　次：2020 年 2 月第 1 版
印　　次：2020 年 2 月第 1 次印刷
书　　号：ISBN 978-7-5641-8709-5
定　　价：55.00 元

序

傅岚在东南大学建筑学专业完成本科及硕士学业后，去杭州工作生活，几年后又回到母校在我的指导下攻读博士学位，经过实地调研、史料分析，完成博士学位论文《杭州主城区滨水公共空间演化研究》，获得博士学位。工作之余，又对此文做了修订，终成《杭州主城区滨水空间演化研究》一书，由东南大学出版社出版，可喜可贺。

杭州是著名的历史文化名城，有着得天独厚的山水环境，水系发达，更以西湖、京杭大运河闻名于世。在自然与历史文化长期的相互作用下，杭州形成独具特色的山水城市空间结构。水系发达，就意味着有着漫长而复杂的水岸线，也就有了丰富的滨水空间。沿着漫长的水岸线漫步，成了傅岚的日常生活的一个方面。从日常生活体验产生研究兴趣，再以专业的眼光对研究对象加以审视，以专业的方法加以探究，可能是一条值得赞赏的建筑学研究路径。建筑学知识原本有着源于生活的经验系统。

城市的滨水空间往往是备受关注的具有良好景观条件的、可以展开丰富的城市公共生活的场所。杭州城区的滨水空间更是由于西湖、老城区运河水系以及沿岸历史街区的关系而有着丰富的历史文化内涵，而且其深厚的历史文化价值在日常的城市生产与生活中仍然发挥着积极的作用。作者以滨水空间为切入点，深入考察了杭州城市水系与城市空间形态互动演化的历史过程，并选取湖滨街区、拱宸桥东西街区、五柳巷街区以及钱江新城核心区为案例，探讨滨水公共空间的历史演化过程及其当代的发展趋向，进而对历史进程中杭州公共空间的类型演化做出研究，最终对杭州滨水公共空间的相关规划做出梳理和深入思考。作者思路清晰，在历史与现实的比照中将相关问题推向深入。作者通过对五柳巷历史街区这样的传统滨水住区的考察，倡导公共空间的层次性、自主性与可达性等特征，对于当代滨水住区的公共空间问题而言是有借鉴意义的。拱宸桥一带的历史街区是杭州现代工业的发源地，是具有历史文化价值的工业遗产。作者认为更新改造后的工业区已是公共空间化了，与改造前的日常生活状况相比，是否只有旅游观光之类的功能可行，的确是值得深思的。此外，杭州当代滨水公共空间与滨水街区脱离，呈现独立化的趋势，从而失去对城市腹地的积极影响，也是令人忧虑的。诚然，杭州滨水公共空间系统的更新与营造已经获得很大的成就，不过，仍然存在一些问题值得探讨。对于学者而言，通过审慎的研究对这些问题做出合于理性的判断，以期对于未来的城市滨水公共空间优化提供建设性的思路，可能是更有意义的。

祝愿傅岚博士保持学术研究的兴趣，取得更好的学术成果。

郑炘

2020.1.15

目　　录

1 绪 论

1.1 研究的背景与意义

1.1.1 研究的背景

马可波罗笔下的"华贵天城"——杭州，是中国古代城市建设史篇的一段华彩，在之后的历史长卷中，杭州也是个特别的存在，在其相关文本与绘画中，无论是古代书籍《梦粱录》《武林旧事》《西湖游览志余》中对城市生活惜墨如金的描写，还是近代才子丰子恺画中体现日常百姓生活的寥寥数笔，都生动地勾勒出杭州鲜明独特的城市景观：城中水网纵横，密布的桥梁将熙攘的街道串接在一起，繁忙的河道里船只穿梭，水元素自然而又妥帖地渗透在城市肌理与日常生活空间中。从城市发展的历史进程看，杭州这座江南水城的形成与发展和城市水系密切相关，城市水系在不同的历史时期持续地影响城市的空间发展方向和形态，嵌入城市肌理的水网是城市空间发展的结构性形态要素，也是组成城市空间历史文脉的重要元素。在近现代城市大规模更新扩张之前，杭州城市空间由于水系的存在而呈现典型江南水乡的地域性景观特征，具有较高的识别度。时至今日，丰富而多样的城市水系依旧是杭州最为显性的地理环境特点，但城市滨水空间的形态则发生了根本的改变。

1980—1990 年代，在经历长期物质短缺、城市经营理念缺失的背景下，中国加速推进城市化进程。由于城市经济基础尚较薄弱，各级地方政府将"以经济工作为核心"狭隘地量化为城市 GDP 指标和投资增长速度，将城市建设的重点放在短期内能产生最大化的经济效益的物质空间营建和视觉效果上，对历史城区的价值判断出现了偏差。许多历史城市并未对古城做客观的研究评价，未对其经过世代累积而形成的城市空间价值做深入理解，仅因其建筑及外部空间的古旧，或其设置和尺度不适应当代城市生活的某些需要，就简单地将其拆除，这使许多古城的历史风貌遭到人为的破坏，杭州也未能幸免。

从1980年代开始，杭州持续且快速地进行了大规模旧城改造、行政区划调整、城市道路改造、城区范围扩张等城市发展计划，尽管旧城在艰难坚守"三面云山一面城""城景交融"的景观特色，但从杭州的主城区范围看，细密的城市肌理、江南水乡城市滨水区丰富且尺度层级连续的空间形态正在逐渐消失，取而代之的是个性模糊的现代化都市景观。相应地，当代杭州滨水公共空间形态也与传统江南城市大相径庭。那么，城市滨水公共空间是以什么方式改变？影响其景观变化的因素有哪些？变化的方向是什么？如何在提升城市居民生活物质环境和城市基础设施的同时，最大限度地保持、发现、挖掘城市历史滨水区域的公共空间特质，使传统滨水空间的特点能够在当代城市生活中以恰当的方式延续，同时避免景观趋同，是城市设计者和研究者需认真面对的现实课题。

在近二十年城市建设投资量与建设量迅速攀升的过程中，杭州城市空间在不断向外扩张，公共空间的建设蓬勃发展，各类广场、公园、步行街等公共空间形式出现在市民的生活空间中。在公共空间的规划设计上，杭州已然走在全国前列，早在2008年便完成《杭州市公共开放空间系统规划》，针对现代杭州公共空间的一系列问题，提出了公共空间规划分区、人均配置标准、规划管理策略等一系列有建设性的目标与建议。但即便如此，该公共空间系统规划主要关注空间的人均与总量等技术指标、空间分布、联系路径等本体问题，并未将城市公共空间系统提升到展示城市空间历史，构建城市文化生活，提高居民认同度的高度上，也未对近现代杭州城市公共空间的巨大变化做出解释和回应。就城市滨水区而言，近年来由于相关城市规划公共空间量化指标的要求已使城市公共空间在数量上大幅增加，一方面在一定程度上满足了市民对公共活动场所的需求，改善了城市的环境质量；另一方面，普遍面临设计趋同、与城市其他空间系统未能高效耦合等问题。从整体上看，当代滨水公共空间在整体布局、功能形态和公共性判断上已与近代以前有很大不同，追溯这些不同之处并探究其产生的原因和过程，有助于当代滨水公共空间问题的厘清和解决。

1.1.2 研究的意义

对城市滨水公共空间的演化研究，回应了公共空间科学发展的现实需要。现阶段，随着城市化进程告别粗犷走向精细，城市发展不再仅以经济繁荣作为单一目标，城市空间的特质和城市文化的复兴都将成为城市重要的竞争力之一，而公共空间是城市居民进行公共活动的场所，正是城市活力与文化的展现平台，对提升城市品质及培育认同具有关键作用。同时，随着人们可支配闲暇时间的增加和对虚拟网络交往缺陷的理性认知，城市的社会活动和交往需求增多，高品质需求均对城市公共空间的建设和优化提出了新的要求。基于对城市公共空间发展要求的回应和杭州大量城市公共空间均位于滨水区的现实，对城市滨水公共空间的研究不仅是当下务实的现实需求同时也是面向未来的策略性研究。

对城市滨水公共空间演化的研究可深度诠释水系、滨水空间、城市发展之间的关联方式，揭示当代滨水公共空间的形态塑形过程，探究近现代滨水景观变化的原因，并指向未来滨水空间的发展策略。认知是创造的前提，对城市建成空间形态的透彻理解是未来城市空间形态设计的基础。杭州的滨水空间在漫长的城市发展历程中发生了深刻的变化，本书从空间演化的角度切入，以城市水系和滨水空间形态发展变化为基本立足点，深入讨论杭州滨水公共空间的演化与城市空间发展、城市规划范式及城市文化之间的关系，辩证地诠释近现代滨水公共空间系统的形成过程，这对未来滨水公共空间的提升和发展具有重要意义。

对城市滨水公共空间演化的研究是深化城市空间认知、增强对城市历史文脉资源理解的必要基础性研究。城市水系是杭州城市空间的特色文脉，分散于城市肌理间的滨水公共空间是展现城市空间特色、理解城市文化内涵的适宜途径。书中对滨水公共空间的讨论没有囿于空间本体的形态局限，而是将其放置到一个较长的时间维度中考量，结合杭州城市本身的地理环境特点和历史文脉信息，将城市历史事件的发生、城市建设管理体系的变迁融合到滨水公共空间这一特殊城市空间的描述分析中，对滨水公共空间与城市诸要素之间的关系模式进行历史性考察，把握其空间和关联要素的演化脉络，有效证明城市滨水公共空间的发展，能成为有效承载城市历史信息、延续更新城市文化、从而提升城市整体竞争力的途径。

1.2 研究的对象及其定义辨析

笔者的研究对象是杭州主城区范围内的滨水城市公共空间，其空间定义包含3个概念，即杭州主城区、滨水空间、城市公共空间，分别对应地理范围、空间特点及空间属性3层限定。

1.2.1 杭州主城区

由于将研究对象置于历史维度中考量，所以研究对象的空间范围限定(即杭州主城区)是一个变量。基于中国古代城市营建的特点，在近代杭州城墙被拆除之前，城墙范围内的城市建成区部分可视为杭州的主城区，1911年后，城墙被逐步拆除，主城区范围开始溢出城墙。1980年代后，杭州经历了高速城市扩张，城区面积成倍增长，杭州城市建成区面积从1952年的13.09 km^2 跃增至2014年的

495.22 km²。当今，杭州市行政区概念下的主城区面积达到 167.1 km²，不仅包含老城区及其周围的上城区、下城区、江干区、拱墅区、西湖区，还包括下沙经济技术开发区、西湖风景名胜区、滨江区、萧山区和余杭区。本书关注的杭州市主城区是以近代以前的老城及其周边的市镇为基础发展而来、人口密集的城区部分，较行政概念上的主城区小，同时考虑城市规划管理单元划分、铁路轨道线、城市快速环路对城市区域的屏障作用[1]以及水体自身不同水系的划分，研究主要范围划定为以近代以前旧城为基点，向北扩展至留石快速路，向东至钱塘江北岸的主城区域（如图 1-1 所示），共涉及 33 个城市规划管理单元，面积约 110.17 km²，涉及如表 1-1 罗列的 44 项水体单位。

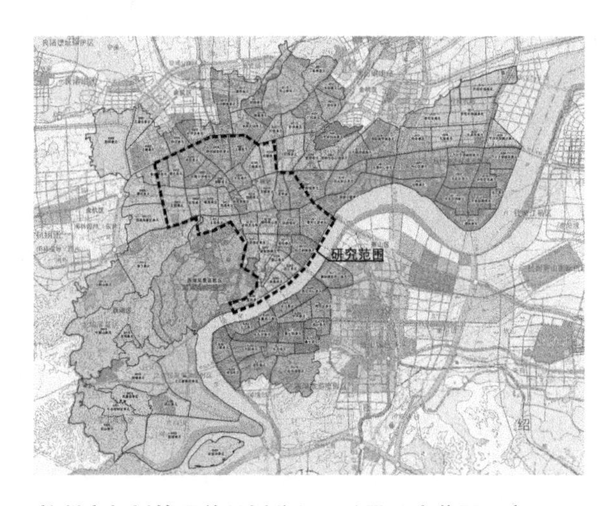

图1-1　杭州市规划管理单元划分(2017)及研究范围示意(参阅书后彩页)

表 1-1　主城区主要水体

序号	水体名称	序号	水体名称	序号	水体名称	序号	水体名称
1	西　湖	12	陈家桥河	23	新开河	34	江干渠
2	钱塘江	13	古新河	24	东　河	35	西溪河
3	上塘河	14	新塘河	25	永兴河	36	胜利河
4	备塘河	15	中　河	26	北庄河	37	连通河
5	六塘坟漾	16	沿山河	27	婴儿港	38	丰潭河
6	东新河	17	余杭塘河	28	莲花港	39	庆隆河
7	南应加河	18	运　河	29	紫金港	40	虾龙圩河
8	麦苗港	19	红建河	30	冯家河	41	益乐河
9	电厂热水河	20	姚家坝河	31	古荡湾河	42	石桥港
10	余杭塘河南线	21	十字港河	32	育英河	43	隽家塘河
11	西塘河	22	贴沙河	33	阮家桥港	44	德胜河

1.2.2 滨水空间

对于城市滨水空间的定义主要有两种方式。第一种以人对水的体验和认知程度为标尺,如伦敦的蓝带网络规划中对城市滨河公共空间的界定[2]:河流的临近部分,包括支流和与水体相连的开放水面,通过清晰的视线联系的相邻区域和建筑,包括跨河的和有益于建立未来视线联系的景观区域;特殊的沿河地理特征区域,如主要道路、铁路线和相关联的开放空间;除经标定区域外的与河流临近的所有庭院和场地;在功能上与河流相联系,或其使用和场地与河流有潜在联系的区域和建筑;与河流有历史、考古和文化联系的区域和建筑,包括现存或历史景观特征的视线廊道等。第二种方式是确定一个数字化的物理范围,如 C. 亚历山大在《建筑模式语言》中提出:滨水地带的空间范围可理解为水域空间和与之相邻的步行 15～20 min 的行程范围,即临水1 000～2 000 m 的陆域空间。在对杭州这个城市样本的研究中,选择一个适合的范围显得尤为重要,因为杭州水网密集,主城区内相邻水体最大垂直距离不过2 000 m 左右,若选择的标准较宽泛,按照《建筑模式语言》的标准,则研究范围需覆盖杭州主城区全部城市公共空间,缺乏针对性。因此,根据公共空间的重要指标——可达性,及考虑对水这一空间元素可视或可感知这一因素的考虑,本书划定滨水空间的地理范围标准是上文提及两种方式的综合和缩减,具体而言,是以垂直水岸步行 5 min 的可达范围,即以水际线向城市陆域内延伸 300 m 左右的范围作为主要研究范围(部分重点区域放宽至自行车 5 min 可达范围,约 800 m)[3]。

1.2.3 城市公共空间

"公共空间"在英文中可直译为"public space",建筑学学科内的概念有"开放空间"(open space)与之内容相近。"public space"作为特定学术名词最早出现于1950年代的社会学和政治哲学著作中[4],泛指政治社会公共生活的平台,没有明确的实体空间形式或地点,因此其范畴要远大于建成环境中的城市公共空间。1960年代,西方社会经历了"二战"后近 20 年的高速发展,在城市出现郊区化、中心空洞化、空间分离、社会生活衰退等问题的背景下,"公共空间"的概念进入城市规划和建筑学学科领域,首先出现于雅各布斯(J. Jacobs)和芒福德(L. Mumford)等学者的著作中。雅各布斯认为,现代主义建筑的空间规划方式破坏了传统城市中具有活力的城市肌理,城市的公共开放空间除了功能价值外还有其重要的社会价值,应关注"城市空间"(urban space)中的"公共空间"。雅各布斯对"公共空间"概念的引介使城市公共空间同多样化城市生活及其后深刻的社会意义紧密联系在一起,使人们意识到城市公共空间不仅具有建成环境的空间物质属性，还有建成环境之上的社会意义，即其“公共性”。“公共性”在建成空间中一般表现为两个方面，一是权属的公共，是“由公共机构提供的、对全体大众开放和服务的，并被社会所有成员共享和使用的”[5]。二是可达性(accessibility)，即所有人都能合法出入。卡尔还进一步将公共空间的可达性归纳为三类[6]：身体可达(physical access)，即空间在物质上对公众开放；视觉可达(visual access)，即空间在视觉上能被感受，由此判断空间是否舒适安全；象征性可达(symbolic access)，即空间对外界是否产生吸引的信号。三是空间的社会价值，城市公共空间的社会性使其功能超越了休闲娱乐、与自然对话、保持精神健康等简单议题，而是达到加强社会认同、民主表达和政治和谐的公共领域。综上，城市空间的“公共性”可依据多方面来具体判别，同时，笔者认为，在当下城市发展对资本的倚重程度远高于过往，城市公共空间的创造也不再局限于公共机构和空间自治，产权私有的空间作为城市公共空间的案例比比皆是的背景下，对城市空间“公共性”的判断不必完全拘泥于其权属，而应主要依据其空间的可达性和其在使用中隐含的社会公共价值。

若以公共可达性来判定城市公共空间，其在物质空间上有着宽泛的范围，广义上城市公共空间可区分为建筑内部空间和外部空间两部分，即公共建筑和城市公共开放空间，狭义上只指城市的公共开放空间，后者是本书的关注对象。公共开放空间又是如何定义的呢？前文已提及，开放空间是城市公共空间的相近概念，相对于“公共空间”强调空间的社会属性，“开放空间”则强调物质空间开敞和户外属性。在不同的规划体系下，开放空间的范畴各不相同，随着城市和社会的发展，其外延也在不断地调整。美国1961年《房屋法》规定开放空间是“城市区域内任何未开发或基本未开发的土地，具有公园和游憩价值，或土地及其他自然资源保护价值，或历史和风景价值”[7]。这种定义强调了空间的开放体特性和公共价值。而在较早重视城市开放空间规划和研究的英国，1906年修编的《开放空间法案》(*Open Space Act*)将开放空间定义为：任何围合或是不围合的用地，其中没有建筑物，或少于1/20的用地有建筑物，作为公园和游憩场所，或者堆放废弃物品或不利用的土地[8]。在1990年的《城乡规划法》[9](*Town and Country Planning Act*)中，将开放空间定义为：公园或公共游憩用地，以及废弃的墓地。以上两种定义均以土地用途为路径，但后者已有了注重空间公共可达性的转向。另在对近年英国开放空间发展有政策基石作用的《规划政策导则 17》[10](*Planning Policy Guidance 17：Planning for open space，sport and recreation*. 2002. 以下简称“PPG17”)中，在城乡规划法定义的基础上，强调开放空间应囊括所有具有公共价值的开敞空间，不仅仅局限于土地，还包含提供了运动和游憩可能性的水域，如河道、运河、湖泊和水库，以及可提供视觉效果的空间(act as a visual amenity)，这扩大了开放空间的范围，同时也强调了城市开放空间的社会价值。“PPG17”的关联规划文件“PPG17 导则”(Assessing needs and opportunities: a companion guide to PPG17)[11]将开放空间归纳为两大类九小类，两大类为绿色空间(green spaces)和市民空间(civic spaces)。绿色空间包括八个小类，为公园和花园、自然和半自然空间、绿色廊道、户外运动设施、宜人的绿色空间、儿童和青少年活动场地、配额地社区花园和城市农庄、墓地与教堂庭院；市民空间包括市民广场和其他硬质人行地面。随着开放空间对公共性(主要是公共可达性问题)的重视，在2008年发布的《伦敦开放空间策略2008》(*The City of London Open Space Strategy 2008*)[12]中，将“PPG17 导则”提出的 9 类开放空间缩减为 7 类，分别为公园和花园、自然和半自然绿地、户外运动设施、宜人的绿色空间、儿童和青少年活动场地、墓地与教堂庭院、市民空间。在对开放空间定义和类型的不断微调中，公共可达性受限的配额地、住区庭院等均被剔除出城市开放空间的政策范围，可见开放空间的公共可达性和公共价值越来越被重视，成为城市开放空间的基本属性，这可视为社会学概念“公共空间”引入建筑学学科领域内的后续影响，同时也可以认为“开放空间”或“公共开放空间”的物质内容基本与狭义上的城市公共空间重叠。

有部分学者认为，城市公共空间是人工因素占主导地位的城市开放空间[13-14]，在这种定义中，城市开放空间被分为人工开放空间和自然开放空间，这将城市公共空间的范围进一步缩小，对此，笔者表示部分赞同，具体到本书中，由于研究内容为城市发展中滨水公共空间的相应变迁过程，对城市公共空间的城市性有所偏重，即强调空间中人的因素，对人工要素占主导地位参与建构的城市开放空间更加关注，一些自然因素较强的城市开放空间(如风景区、城市外围防护绿地等)虽然也有人的活动，但在城市日常生活角度上对公众影响较小，因此在本书中有所涉及但不做特别关注。同时，上述定义的缺憾是对城市公共空间的公共性没有明确的表达，应在此基础上对其可达性和社会性做出特别的限定，即在公共价值领域内，对全体市民开放、可自由出入或停留。

综上所述，本书将城市滨水公共空间定义为水域与陆地共同构成的、具有公共可达性和公共价值，并在水域周围一定步行范围内，经过人工有目的开发的城市开放空间，主要包含水域、滨水区街道、桥梁、广场和绿化空间。

1.3 相关文献综述

本书研究杭州城市滨水公共空间的演化过程，与之相关的国内外文献可以分为两个部分：一个是城市滨水空间方面的文献，可以为本书研究提供关于城市滨水空间的基本认识和研究思路，另一方面是关于城市空间形态演进方面的研究，可以为本书提供空间形态变迁解读具体策略和方法。

1.3.1 城市滨水空间的相关研究

城市滨水区是城市中一个特定空间区域，是城市中水域与陆域相连的区域总称，相对于乡村滨水区和自然滨水区而言，城市滨水区具有更多的人工特性，是人类社会城市化的产物。在人类城市建设史中，城市、水域以及水域岸际的开放空间三者彼此联系。在工业革命之前，城市发展未进入快速通道之时，水域岸际的开发主要以生产秩序为主要导向。而当代城市发展压力剧增，同时面临着城市扩延、生态恶化、开放空间被挤压等问题，在针对城市可持续发展的研究中，如何使水域及其岸际空间成为滨水城市或水网区域的景观生态网络的积极组成，成了学界的研究热点，并取得大量研究成果，涉及城市规划学、景观建筑学、城市形态学、生态学、历史学等多个学科。在学科领域内，这些研究成果从目标取向来看主要分为三方面(表 1-2)。

表 1-2 城市滨水开放空间研究的相关领域

	景观设计	开发建设	历史文化
对　象	滨水开放空间及相关生态网络	滨水建设区	历史城市(滨水)
目　标	构建人、城市、自然的和谐关系	滨水社区的复兴与建设	城市文脉的发掘和保护
相关学科	景观建筑学、景观生态学、城市规划学	建筑学、城市规划学、社会学、经济学	历史学、地理学、城市规划学、建筑学、社会学

一、滨水开放空间的景观设计理论与设计模式

可归属于建筑学、景观建筑学、城市规划专业技术范畴内的现代滨水区规划设计发源于美国。19 世纪后半叶，美国城市出现了经规划设计的城市公共滨水区，如奥姆斯特德(F. L. Olmsted)设计的波士顿城市公园系统、芝加哥博览会场地，埃利沃特(Charles Eliot)设计的马萨诸塞州若菲尔海滩保留地等。作为美国景观建筑学的开拓者，奥姆斯特德认为公园是城市文明的体现，公园和公园道的建设，是防御和缓解诸多城市问题(如卫生、精神压力、拥堵、种族隔离等)的对策，是社区构建及健康发展的途径。享用公园是每个市民的权利，公园系统的设计应考虑到普通市民的使用，而非为少数人专属权利[15]。19世纪后半叶的美国大城市，普通人的生活面临工作与家庭生活分离、休憩需求骤升、居住区到郊区和公园不便等新动向，奥姆斯特德认为城市布局需要对这些动向做出回应，设计良好的城市开放空间是城市居民物质和精神生活的必需品而非奢侈品，城市经营者应前瞻性地布局新的城市开放空间系统，否则随着城市不断增大和土地成本增加，这些问题将愈难解决，后代将会付出巨大代价[16]。其后全球性的城市快速蔓延式发展证明了奥姆斯特德对城市开放空间超前思维的正确性，在当代许多城市基于公园系统演变而来的城市开放空间系统已成为城市格局的关键要素。

奥姆斯特德突破以往设计师将城市开放空间按照一定规则设计成为园林的“巢窠”，尊重场地的地貌特征，因势利导，留下许多风景优美、与自然环境融合、同时又受到人工规划和制约的实践作品。但创造出一个有自然环境特征的物质空间形态就是景观设计的全部意义吗？西蒙兹(John O. Simonds)认为不是，西蒙兹从人居环境科学的核心内容——人与环境的关系出发，来看待景观设计工作，认为景观设计师是“帮助人们使他们及其所建的环境、社区和城市，甚至是他们的生命与地球母亲和谐共处”，因此“人们规划的不是场所、不是空间、也不是内容。人们规划的是体验”，规划是对整体体验的各种最佳关系的综合。一个好的城市设计，最好被构思为一种生活方式，“城市最让人赏心悦目的方面不是它们的形式，而是在他们的规划实践中，市民的生活功能和愿望被考虑、被采纳和被表达”[17]。这种以体验为中心的设计方法，其出发点和归宿都是人，具有十分浓厚的人文主义色彩。在设计中，虽然西蒙兹亦注重景观的生态学问题，但与另一景观学著名学者麦克哈格(Lan Lennox McHarg)的唯生态价值论不同，他兼顾人居环境自然属性和社会属性的双重协调，生态学不是唯一的景观价值取向和标准，设计过程不仅有一般生态学设计方法对场地的气候、水文、土地、植被的调研，也有对经济、社会和文化的扩展调查。此外，在西蒙兹一系列著作中，其对早年东方游历感悟的描述和对自然法则尊重的强调，可以看出东方传统的自然观对其设计理论的影响，他认为景观规划是在寻求人与其所在环境之间的最佳关系，在其著作中，他直言要借鉴东方智慧，认为自然是在不断变化中的，那么人与自然的完美关系就是一个过程而非一个结果，在这样的前提下，规划没有完结和完美，应始终谨慎地处于不断调整当中。显而易见，这种对人与自然关系的辩证思维有中国“天人合一”的传统哲学痕迹，这使西蒙兹的规划理论在中国的规划实践中有着特别的意义。

不断更新的景观设计理念引导着不同的城市开放空间规划设计模式。特瑟拉(Tseira Maruani)将开放空间的设计归结为两种途径:需求途径和供给途径(demand approach and supply approach),以及这两种途径下的9种模式:机会模式、空间标准模式、公园系统模式、田园城市模式、形态相关模式、风景相关模式、生态决定论模式、保护性景观模式和生物圈保护区模式[18](表1-3)。其中与城市滨水区关联度较高的模式有4种,分别为公园系统模式、形态相关模式、生态决定论

表1-3 开放空间的两种规划途径的比较

设计思考要素	规划途径	
	需求途径	供给途径
位置选择	与使用者的距离 可达性 可视性 与其他开放空间的连通性	独特的自然价值 自然价值的敏感性和易损性 视觉质量 生态系统的完整性 重要的生态过程
数量参数	开放空间单位的大小 开放空间的总量	由自然特征和生态系统边界界定
活动种类	各类休闲活动 适宜不同人群的活动	户外活动受限 和保护目标一致的活动
场地设计	使用强度高 高维护 设施选择范围广	最小化干扰度 受限的可达性 设施很少
设计模式	机会模式、空间标准模式、公园系统模式、田园城市模式、形态相关模式、风景相关模式	生态决定论模式、保护性景观模式和生物圈保护区模式

模式和保护性景观模式。前两者以需求为导向,即根据可达性和人们对空间的需求提供不同种类的开发空间,是以人为中心的设计理念,而后两者则将城市开放空间视为保护现有景观和自然生态的一种工具,属于供给途径导向。特纳(Tom Turner)归纳出理论上城市开放空间的几种形态模式(图1-2)[19],是人类在城市发展的不同阶段对应不同问题作出的适应性创造。其中,绿道(greenway)是城市开放空间的形态模式之一,由于大量水域的线性特征,绿道是城市滨水开放空间系统形态相关模式中最常见的一种,同时,特纳认为当代大城市的线性绿道网的发展方

向应是多功能绿色网络(green web),许多城市绿道应与城市公园系统联系在一起。综合上述两种形态模式分类,将滨水公共开放空间的公园系统模式和形态相关模式简化为绿道模式。同时,笔者认为生态价值是滨水空间设计需要分析和考虑的一个重要方面,但不是也不应该是唯一的价值取向,特瑟拉对开放空间供给模式分类中的生态决定论模式过分排他,因此本节将生态决定论模式、保护性景观模式的相关理念和案例统归至为生态优先模式下,下文将重点说明有关滨水区的绿道和生态优先这两种设计模式近年的发展动向。

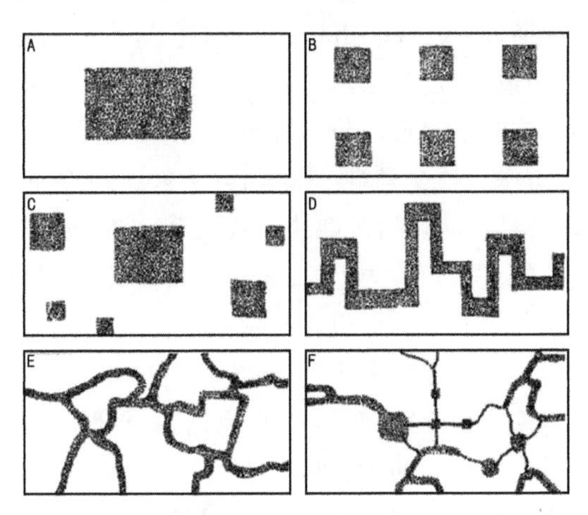

A 中央公园模式(如纽约中央公园);B 市民广场模式(如18世纪的伦敦);C 不同尺度的公园组成有层级系统(如1976年大伦敦议会的计划);D 单纯带状线性绿道,但不提供通道和休闲空间;E 相互联系的公园系统(如阿伯克龙比1944年对伦敦开放空间的提议);F 复合多功能的绿色网格

图 1-2 理论上城市开放空间的布局模式

早期的绿道规划可溯源至19世纪美国的公园运动,奥姆斯特德(Frederick Law Olmsted, 1822—1903)设计的波士顿城市公园被公认为是美国最早的规划绿道。美国麻省大学学者法布斯(J. G. Fabos)回顾了绿道规划发展的5个阶段[20],本节以此为线索来叙述绿道的相关文献和实践发展。前3个阶段从1867—1900年的早期绿道规划到1900—1945年景观设计师的绿道规划,再至1960—1970年代环保运动影响下的绿道规划,景观建筑师是绿道的主要实践者和推广者,代表人物有奥姆斯特德和其追随者利特(Charles E. Little)、小奥姆斯特德(Olmsted Brothers)、怀特(Henry Wright)等,而最具代表性的实践是由在波士敦公园系统的基础上发展的马萨诸塞开放空间规划。第4阶段为1980—1990年代,绿道一词正式出现在美国总统委员会的报告中,绿道的概念被广为传播和接受,北美出现大量的绿地实践项目。其间,查尔斯·E. 利特尔出版了著作《美国绿道》,首次将绿道定义为:“沿着诸如河滨、溪谷、山脊线等自然走廊,或是沿着诸如用作游憩活动的废弃铁路线、沟渠、风景道路等人工走廊所建立的线形开敞空间”[21],并总结了5种绿道类型,首当其冲的就是最为常见的城市河流型绿道。第5阶段是1990年代至今,绿道成为一个国际运动,各层级的绿道规划广泛开展,出现了大量研究专著和论文。福林克和斯恩(Flink and Searns)在《绿道:规划设计和发展指南》(1993)一书中力证绿道是一种创新性的土地利用理念,对绿道的规划制定、资金筹集、生态设计原则、安全要素等

方面做了大量信息整理和归纳[22]。法布斯和艾亨(J. G. Fabos & J.)的《绿道:一项国际运动的开端》(1996)收录了《景观与规划》杂志(Landscape and Urban Planning)1995年的绿道特辑的26篇文章,涉及绿道的景观建筑设计、地理、土地利用、生态、政策制定等多方面研究,为后人提供了宽泛的研究视野[23]。海尔玛和斯密斯(P. C. Hellmund and D. S. Smith)在《绿道的生态学》一书的基础上写成《绿道设计:自然和人类的可持续景观》(2006),将生物科学、绿道设计和环境伦理多方位联系起来。荷兰瓦赫宁根大学艾亨(Jack Ahern)的博士论文及同名论著《绿道作为景观策略:理论与方法》(1995)在前人基础上对绿道提出了全面的解释:"绿道是地区之间线性的网状联系,它的规划、设计和管理有着多重目的,其中包含生态的、娱乐的、文化的、艺术的以及其他,这些目的与土地的可持续发展理念相互契合"[24]。因此绿道有几项基本特征:线性、自然化、网络化、多功能特性和可持续发展。这与城市水网自身的特点和要求高度重合,使水网绿道成为绿道发展的重要对象。近年来,对绿道的规划设计研究由形态定性及价值探讨逐渐深化为定量的科学量化研究,如绿道最小宽度的设定、与居住中心距离的使用衰减规律、与机动车道的交叉设计等。据以上相关文献分析,说明随着研究和实践的深化,绿道从19世纪早期强调绿化和视觉效果的风景道路,到当代对其功能和价值的全面开发和挖掘,绿道成为有层次结构、体现多个目标的复杂城市开放空间网络。由此,基于城市水网的绿道也不应仅仅被看做绿化景观项目而已,而是在城市大片景观背景基质中构建具有经济功能、生态价值、教育功能和历史价值的线性空间网络。

20世纪后半叶各项环保运动蓬勃开展,在此背景下,滨水公共开放空间的规划从单纯的需求导向派生出供给导向,本书称之为生态优先模式,该规划模式以滨水区域的生态价值为基本取向,内容包含建立和恢复水网生态网络、保护遗产廊道、棕地环境再生、多层次洪水管理、恢复流域水文活力、河流可持续管理等。麦克哈格从人类发展应与自然环境相适的角度,提出人类发展只是自然演进过程的一部分,应重视自然环境自身的价值,尝试用科学主义的范式来进行景观实践,其"千层饼分析法"开创了场地设计生态定量分析的先河,在设计中高度依赖数据化的场地生态认知,发展出一套从土地适应性分析到土地利用的规划方法和技术,他成功地将生态科学引入景观建筑学,但其设计单一的自然生态维度也遭受了不同程度的质疑。在其之后,一批学者继往开来,不断丰富和完善生态科学在环境规划中的应用方法。汤姆·特纳在著作《景观规划与环境影响设计》(2006)中,建立有关环境影响设计问题的综合目录,提出城市规划设计的多目标概念[25],这是对当下大部分中国城市的滨水绿道功能被单一视为城市绿化空间的一针见血的警示。斯坦纳(Frederick Steiner)《生命的景观:景观规划的生态学途径》(2005),则是一部生态规划行动手册,涵盖了全球可持续标准等最新发展和技术,他提出了在景观规划领域内,最大化生态目标、社会服务和市民参与的系统。斯坦尼茨(Carl Steinitz)《变化景观的多解规划》(2003)提出一种基于GIS的模拟策略,在考虑了一个地区的人口、经济、自然和环境过程的前提下,预测不同的土地利用规划所产生的不同后果,可作为一种管理决策工具。同时随着城市开放空间对环境生态维护的作用和重要性渐渐深入人心,对开放空间生态价值思考出现综合和深化趋势,出现绿色基础设施这一理念,可被视为绿道网络概念的扩展和提升。贝纳迪(Mark A. Benedict)认为绿色基础设施可在更大的区域范围内,统合具有内部连接性的自然区域和开放空间网络,将城市空间在水土保持、动物保护、灾害防治、人类健康、社区发展等问题上进行综合考量和平衡,提升人类的生活质量和自然生态环境[26]。上述文献虽然不是专门针对城市的滨水区域规划,但其理念和方法却是普遍适用的,且由于滨水区域的特殊性——大多数重要的生态与文化资源都分布在河流廊道两侧或水域周边,很大一部分关于城市景观生态的著作,均对城市水环境及流域土地规划有重点讨论和具体案例分析。

21世纪,在金融资本全球化、工业经济结构性重组等背景下,城市问题呈现空前的复杂化特性,城市景观的研究内容不再局限于形态或生态科学,而是跨越了多门学科的界限,"成为洞悉当代城市的透镜,成为重新建造当代城市的媒介"[27],1997年,在查尔斯·瓦尔德海姆(Charles Waldheim)策划组织的会议上,景观都市主义(landscape urbanism)作为一种当代城市研究模型和生成理念被宣告,此后在《景观都市主义读本》(2006)、《景观都市主义》(2003)等书中被进一步阐明,是对当代城市进行重新阅读、再现和设计的新策略。科纳(James Corner)指出,景观都市主义与传统景观建筑学的核心理念区别在于对待城市空间或狭义的城市景观的看法上,其将精心设计的、具有自然意象的城市空间视为城市景致,仅是组成城市景观的一个部分,全面的城市景观还包括城市建筑物、各类基础设施和自然景观。在对待城市开放空间的问题上,传统观点往往用"差异和对立"的眼光看待城市公共空间和城市问题,公园、绿道、广场是对高密度城市拥堵、"冰冷"、污染等问题的解决和柔化,而景观都市主义者将其视为一种事实的两面,城市应是不同景观辨证的合成。那么对滨水外部空间景观而言,景观不应只是一个只供观赏和使用的客体,而是包含了社交模式、居住形态和审美趣味的生活景象。景观都市主义意将建筑、景观和城市设计与规划这些专业领域内的要素融合为一个共同的实践类型,是"一种具有批判性先见和深度想象力的,并能沟通不同尺度和范畴的空间-物质实践"[28]。其目标是全面考虑城市范围内所有力量和因素,并把它们作为有相互关系的连续网络,同时强调历时过程和过程形态。

国内在滨水城市空间景观方面的研究主要成果有两方面,一方面是对中国传统城市营建“天人合一”哲学的挖掘,提出“山水城市”的理念,这种城市设计理念不仅涉及城市景观的形态要素,还涉及中国山水文化对城市形态的影响,围绕这一理念有众多学术文章和讨论,这方面内容将在后文有关滨水区历史文化的章节中详细说明。另一方面是对西方景观建筑学理论和方法的引入,以及这些方法在中国的实践情况。俞孔坚教授及其团队翻译引进了西方景观建筑学名家奥姆斯特德、西蒙斯、斯坦尼茨等人的著作,并依据这些即成理论对中国当下的景观实践做出反思和批判,认为景观设计必须回归“生存艺术”的本源,高度重视洪水控制、水资源管理、土地保护管理、生物多样性保护、文化遗产保护等紧迫的环境问题,认真对待祖先在谋生过程中积累下来的对各种环境的适应方法,重归真实的人地关系,其近作《京杭大运河国家遗产与生态廊道》(2012),以京杭大运河为案例研究对象,对其历史、自然地理特征和遗产资源等进行深入调研整理,是一项综合研究案例。针对滨水区景观规划方法的探讨,有刘滨谊教授将城市滨水区景观规划和景观旅游规划结合,提出城市滨水区景观规划设计三元论,认为将滨水景观、生态和旅游三者结合是中国城市滨水区的发展方向。对滨水区生态设计理念的研究,有袁敬诚、张伶伶《欧洲城市滨河景观规划的生态思想和实践》(2012),主要引介了西方滨河景观生态理论和实践成果,同时也分析了我国城市滨河景观的问题。

二、城市滨水区的复兴和开发

自 1960 年代起,西方发达国家在城市逆工业化过程中,许多老城滨水区或废旧的工业码头区因衰败而需要更新,而且由于水域的存在,其在城市生态和空间系统中显得敏感而独特。滨水区更新提供了土地开发和全面提升空间品质的新契机,是城市经济在转型背景下,城市空间变迁的典型区域,因此成为一个独立的议题。霍弋(B. S. Hoyle)将滨水区再开发定义为老的工业或商业用途的滨水区被新的服务、居住、公共设施和休闲等产业用途重新占据的过程[29],滨水区更新开发内容不仅仅局限于城市空间形态的规划设计,还包含了前期定位、开发策划、财务管理、后期营运管理、社区融合等方面内容。肖(Shaw)将后工业化时代滨水区的发展划分为 4 个阶段[30],第一阶段为激进的实验阶段,为 20 世纪 60、70 年代北美的早期海港更新,主要内容是将工业建筑改造为零售商业和节日市场。第二阶段是蔓延和应用阶段,指发生在 1980 年代一些超大型项目(mega-projects),以英国的港区(London Docklands)、巴塞罗那、多伦多为典型案例,其特点是项目规模较大,可覆盖数个街区,常结合特定的事件(如奥林匹克运动会、世界博览会或其他文化活动)由于耗资巨大,工期漫长而普遍引入私人资本,开启公私合作的开发模式,建立了新的开发组织模型。第三阶段是固化和标准化阶段，上两个阶段的开发元素经过实践被主流所接受，并形成成熟的开发模式，在世界各地的滨水区蔓延复制（如卡迪夫湾、利物浦、珀斯、上海等地）。第四个阶段是当下正在发生的多规划目标的滨水开发。肖没有说明第四阶段的具体特点，但指出了当代滨水区发展的一个重要背景——经济发展退潮，在此背景下，人们重新思考城市滨水地段的资源条件，并以批判的眼光去看待过往的滨水区更新。

早期相关著作主要围绕滨水区再开发项目的本身进行，从其开发原因、功能重组、土地利用和物质环境更新模式等角度进行讨论，如霍弋的《转变中的欧洲港口城市》(1992)，对欧洲港口城市做了一个系统的结构性分析，探讨传统欧洲港口在现代发展中功能更新、商业适应性以及环境问题。布林和雷格比（Ann Breen &Dick Rigby)合著的《水岸：城市的新边界》(1993)和《滨水新区：一个世界城市成功的故事》(1996)，收集了大量北美海滨城市的优秀滨海项目，显示了早期北美滨海项目的开发模式是以私人住宅、商业零售为主的土地混合利用。美国城市土地研究学会编著的《都市滨水区规划》(2007) 提出了北美滨水区开发成功的十项原则，提及了滨水区开发的环境问题和利益分配问题，并预见城市滨水区再开发的成功与否，与其是否能与周围城市区域建立适宜而密切的关系直接相关，这一观点被近来的许多学者的研究所佐证。越来越多研究和实践表明，滨水区作为城市片段(pieces of city)，其生命力来自于其建立了与城市动态的依存关系，以及与周边环境相关的多种城市活动，正是这些活动让其显示出复杂而有趣的特性。

滨水区的发展无法逃离城市和全球经济发展背景，早期滨水区更新的动力是大量临港工业的外迁和衰败，对其空出土地的再开发可吸引投资、促进经济增长。而当下在经济退潮、同等级城市之间竞争激烈的背景下，城市滨水区的更新模式和目标不再是简单的物质更新及其所引发的直接经济增长，而是涉及如何创造一个城市形象(image of city)，吸引投资，拓展城市产业，提升城市的国际竞争力[31]。在产业选择上，发展旅游业是城市滨水区复兴较常见的一个策略。旅游业不仅是改变城市滨水区原有工业景观的催化剂，也在滨水区重新建立与周围地区联系的过程中，重塑了滨水区及其周边的空间结构和社会秩序，如创造新的工作岗位、影响住房市场、创造公众参与的机会等[32]。在对当代较成功的滨水区更新案例分析中，文化引领(culture-led approach)的方式被广泛运用，如毕尔巴鄂建设古根海姆博物馆，伦敦的泰晤士南岸改造，伊斯坦布尔的金喇叭谷等。公共庆典和特别事件也常成为促进滨水区复兴的机会，高丹(Gotham)在对美国新奥尔良滨水区的研究中，发现特别的活动（如：狂欢节）已成为该区文化策略不可缺少的一部分，促进了该城市旅游业和新意象的形成[33]。又如西班牙巴塞罗那，通过举办1992年的奥运会和2004年的文化论坛，不仅使其已严重衰败的滨水工业区重现繁荣，也使城市有了崭新的形象。注重文化引导是后工业时代滨水区复兴的趋势，通过延续滨水地区的历史文脉或植入新的文化元素，强化空间的公共性和开放性，营建有识别性的公共场所，使滨水区成为城市的标志，助力完成城市产业升级、社区建设、交通优化、生态环境改善等内容。同时，滨水区开发的相关文献中还有一部分是对过往滨水复兴项目进行分析和反思，如阿妮卡（Annika）以加拿大昆斯堡港区为例，讨论在滨水工业区更新中原生多样性的消失，质疑刻意设计“多样性”的有效性[34]；琼斯（Andrew Jones）对北美以商业和住宅开发的滨水复兴模式是否能够保证滨水区长期的可持续发展提出疑问，认为欧洲的滨水开发模式更注重资本与社会利益的平衡，是一种较好的开发模式[35]。

从众多文献可以看出，西方城市的滨水区更新项目定位已从早期的一个或多个实体开发项目发展到一项多维度、多目标，尝试综合解决城市问题并寻求地区经济、社会和环境持续改善的行动，而滨水公共空间已成为复兴城市滨水区的主要引擎。随着城市滨水区开发目标的综合化，其相关研究范畴也有了很大扩展，由项目客体转向主、客体并重，即由专注于项目本身的物质空间形态、功能设置、土地利用和开发方式的探讨，扩张到项目和其规划生成方式、开发策略的影响因素、周围环境的社会经济变化、政治生态、开发和产业的结合方式等，并不局限于建筑学或城市规划学科，而是融入了更多社会学、政治经济学的内容。

国内有关于滨水区复兴这方面的研究著作不多，这主要由于我国城市滨水区的发展阶段与西方国家有很大不同，许多滨水城市正处于城市化扩张时期，各方面建设方兴未艾，大部分滨水区的开发并不存在复兴的问题，而是属于城市更新、城市设计的范畴。王建国的《城市设计》将滨水区建设分为开发、保护、再开发 3 种类型，并归结了我国滨水区开发所面临的主要问题，如土地权属构成复杂，土地利用方式和强度不尽合理，城市基础设施落后，防洪措施老化、生态系统损坏等。张庭伟的《城市滨水区设计与开发》是国内较早介绍城市滨水区城市设计和开发的著作，总结了滨水地区开发的动因和若干原则，同时介绍了大量的国外滨水地区开发实例。另有许多关于滨水区开发建设的研究成果以学位论文、期刊论文的形式发表。同济大学刘云教授主持的滨水区开发专题研究，在其指导下的多篇硕博士论文，涉及滨水住区、滨水会展、线性滨水区空间环境和滨水区复兴策略等。周芃《城市滨水居住区规划设计研究》（1993），刘开明《城市线性滨水区空间环境研究》（2007），要威《城市滨水区复兴的策略研究》（2005）；另有东北林业大学路毅《城市滨水区景观规划设计理论及应用研究》（2006），南京林业大学栾春凤《城市滨河地区更新的城市设计策略研究》（2009），天津大学王健等人的《天津海河综合开发规划的实践与理论研究》(2008)博士论文以及其他众多硕士论文、期刊论文从滨水区空间环境要素、自然要素、人文要素、发展动态、人的游憩行为等方面入手，积极探索当代中国城市滨水区的改造更新对策。

三、城市滨水区的历史与文化

建筑学范畴内有关城市水系的历史研究主要包含城市与城市水系物质形态的历史和传统文化两方面。国外研究的代表文献有：法雷尔(Terry Farrell)《伦敦城市构型形成与发展》(2010)，以泰晤士河与伦敦城市发展的互动演化关系为研究对象，对河流和城市的空间形态发展和历史文化均有涉及；科斯托夫(Spiro Kostof)在《城市的组合：历史进程中的城市形态元素》(2008)一书提及了西方滨水城市重要形态边界的河流、港口的历史发展主线；梅尔(Han Meyer)以荷兰为例，探索在洪水威胁下的荷兰城市如何与水系共存，讨论从传统的防洪市政到当代与自然共生，为河流留下空间("building with nature" and"more space for the rivers")的城市规划理念的发展，以社会背景、技术发展、城市设计作为并行线索分析了荷兰城市的形态演变[36]。

与国外对城市水系与城市关系的历史研究偏重形态不同，国内研究偏重历史文化，其中较为突出的一个成果是"山水城市"概念的提出以及围绕这一理念的学术文著。无论是审美还是生活理想，"山水"是中国传统生活中一个重要部分，几乎成为一种心理自觉，对城市空间的营建有着意味深长的影响。"山水城市"概念的首次提出并见诸文字是在钱学森先生1990年给吴良镛院士的一封信，信中写道："我近年来一直在想一个问题：能不能把中国的山水诗词、中国古典园林建筑和中国的山水画融合在一起，创立'山水城市'的概念？人离开自然又要返回自然"。此后，在中国城市规划界围绕建设"山水城市"掀起一系列讨论(见表 1-4)，许多专家学者通过研习我国传统城市营建中自然山水与城市的关系，深入挖掘其哲学底蕴，就自身的理解和实践不断拓宽"山水城市"的内涵和外延。

表 1-4　山水城市相关的重要会议列表

时间	组织者	会议名称或主题
1993年 2 月	中华人民共和国建设部	山水城市——展望 21 世纪的中国城市
1996年 10 月	中国城市规划学会风景环境设计学术委员会	山水城市与风景区规划
1997年 11 月	中国城市规划学会风景环境设计学术委员会	山水城市与城市山水

（续表）

时间	组织者	会议名称或主题
2007年10月	中国建筑学会	“探索中国山水城市的科学道路”全国第九次建筑与文化学术讨论会
2010年4月	中国风景园林学会	钱学森科学思想研讨会——园林与山水城市
2011年11月	中国风景园林学会	纪念钱学森诞辰100周年暨风景园林与山水城市学术研讨会

最具典型代表意义的观点及论述有：

(1) 泛化山水概念。指向人工环境与自然环境的融合关系，代表人物清华大学教授吴良镛院士。其在论著中写道：“山水城市”——这“山水”广而言之，泛指自然环境，“城市”泛指人工环境，“山水城市”是提倡人工环境与自然环境相协调发展，其最终目的在于建立“人工环境”(以“城市”为代表)与“自然环境”(以“山水”为代表)相融合的人类聚居环境[37]。

(2) 强调山水文化对中国城市营建的持续影响。挖掘古代城市与传统哲学思想的内在联系，认为山水城市是中国古代哲学思想“天人合一”的外化表现，是中国城市的理想化境界，代表人物有黄光宇、汪德华、龙彬等。

(3) 强调“山水城市”与未来城市发展趋势的接轨。认为山水城市是生态城市的中国化表现，代表人物有顾孟潮、王如松。

(4) 强调“山水城市”是未来中国城市发展的理想模型。对城市自然环境、技术、历史具有涉及，代表人物有钱学森、鲍世行等。鲍世行先生将“山水城市”的核心归纳为：“尊重自然生态，尊重历史文化，重视现代科技，重视环境艺术，为了人民大众，面向未来发展”[38]。

从文献现状看，“山水城市”的概念虽然有其丰富的哲学内涵，但在具体的操作方法和实现路径却模糊含混。无疑，“山水城市”作为一种传统的人化自然的思想路径值得深入挖掘，从理念、文化塑造和营造方法上对中国传统城市的人居环境进行再认识，有助于对今日的现实环境和问题有更深刻的理解和更地方化的解决思路，但它不应只停留在概念或思想层面，更应根据具体情况发展出具有操作性的方法和针对性的研究。具体到本书的案例城市——杭州，无疑是中国较有代表性的传统山水城市，其城市形态、滨水空间和水环境的演化及三者之间的历史关系是本书关注的问题之一。

针对杭州的城市、城市水系的形成与变迁的历史研究，一方面见于有关城市规划史论著中对中国古都的描述，如刘敦桢、董鉴泓、傅熹年、贺业钜、汪德华等学者的相关研究。汪德华《中国山水文化与城市规划》(2002),聚焦山水文化对中国古代城市规划的影响,全面分析了山水文化的发展与城市规划思想方法的关系;贺业钜《中国古代城市规划史论丛》(1986)中有关杭州的章节,特别描述了城市水运与城市商业发展之间的互动联系。另一方面见于历史地理的研究,主要集中于对城市演化过程的描述和对历史空间格局的推测,国内研究的重要论著有:谭其骧先生《杭州都市发展之过程》(1947),魏嵩山《杭州城市的兴起与城区的发展》(1981),林正秋《古都杭州研究》(1984),阙维民《杭州城池暨西湖历史图说》(2000)等,特别一提的是《杭州城池暨西湖历史图说》一书,它分文字论述和地图资料两大部分,书中收录大量南宋、明、清和民国时期编制的杭州暨西湖古旧地图,以及近现代学者编制的杭州规划图,书中将地图和古籍文献相互对照,是一份研究杭州城市历史变迁的基础性研究报告。此外,国外学者对杭州城市史研究的重要论著有:日本学者斯波义信《宋代江南经济史研究》(1989)中的"宋都杭州的城市生态"一章,运用了大量历史资料,对宋代临安(杭州)城市规划特点做出独到的分析;美国学者汪利平《杭州旅游业和城市空间变迁(1911—1927)》(1997)描写和诠释了民国初期杭州城市形态重要转折的背景和内因。

杭州地处太湖水网地区,水资源丰富,水网与城市的发展相互交融,在许多关于杭州城市形态发展的文献中,都有对杭州城市水网的论述,而较为集中研究杭州水环境和水文化的论著有:阙维民《论运河杭州段水道变迁》(1990),考证了京杭运河杭州段的河道变迁;吴庆洲《中国古代城市防洪研究》(2009),从城市防洪角度分析了城市与水网的关系;《西湖文献集成》全面记录了西湖形成历史和发展变迁,包括专门叙述西湖历史、景观和文化的杂记、笔记和话本,为了解西湖历史和文化提供了全面的资料;《运河丛书》则对京杭运河杭州段的物质及非物质遗产进行了分类描述,并收集罗列了运河相关的古籍文献。

杭州城市的发展始终与城市的水系联系在一起,在中国城市建设史和规划史上有特别的研究价值,在过往研究中,不同的科学领域(如:城市规划、历史地理)都关注杭州城市形态与水系之间的关系,但大部分研究侧重于城市整体形态、水系演化和城市滨水区兴衰的描述和解释,而近年来城市规划及建筑学领域有关杭州城市空间的历史研究,开始出现对城市演化过程中各要素关系的梳理和诠释的新动向,通过图式化的语言,将空间要素和历史发展对应起来,揭示其中的规律和价值,李建《基于古代地图转译的历史空间整合方法研究——以杭州老城研究为例》(2008),对古地图的转译和分析为本书研究提供了建设性的思路,是本书借鉴的具体研究方法之一;傅舒兰《杭州风景城市的形成史》(2015),选取西湖与城市的关系为切入点,对近现代杭州的城市规划史做了详尽的考证和研究。

1.3.2 滨水空间研究进展述评与本书选题

通过对国内外滨水空间相关研究文献及进展的整理，不难发现城市滨水区景观、开发、历史文化三者之间呈现出相互咬合关联的态势，开发是当代滨水区景观变迁的动因，景观是开发的对象和结果，是历史文化的物质载体，最终开发过程和所构筑的城市新景观又会成为历史文化的一部分，三者之间的循环共同构筑了滨水空间的发展演化历史。随着城市空间研究的不断突破和深入，对滨水空间的设计和理解已从单一走向系统，关注点从外在的景致转向与社会文化空间耦合的一体化，当代的城市空间设计已不再局限于形态和实体特征，而更多关注于对历时发展过程的理解，以及对未来发生各种可能性的包容。在这样的城市空间研究背景下，景观学学者科纳(James Corner)强调城市空间景观的发展是一个动态的过程；社会学家大卫·哈维(David Harvey)认为未来城市规划设计新的可能性的迸发，必然较多地来自对过程的理解；景观都市主义的学者们试图跳出传统建筑学、景观学分析城市空间的窠臼，提出统合城市景观要素的野心……这一切无疑为城市滨水公共空间的研究提供了更加高远的视角：通过探求某一空间或景观的形成过程，能够构建一类特定的空间(如城市滨水公共空间)与城市发展中变化、显现并持续的空间形态相联系的辩证理解，构建新的历史逻辑，使之成为城市空间系统中历史脉络较为清晰的一个环节，进而产生历史意义和价值。

如上所述，滨水公共空间涉及的三方面研究，前人都提供了丰富的资料和积累，而对城市空间发展演化历时性和社会性的观点为本书研究提供了意义和前提。另外，从研究对象和角度来看，本书的研究有其特别之处。首先从研究对象上看，国内对滨水空间的研究有一定范围局限，目前主要关注历史文化街区或城市中心区、城市重要水系的特殊地段等，而城市滨水区整体特征研究并未受到应有的重视，研究成果较少。江南地带的城市水网与城市发展休戚相关，其滨水区必然沉积着复杂的历史信息，对这些信息的精准把握，需要将城市滨水区视作整体进行纵向和横向的系统研究。以本书的案例城市——杭州为例，对杭州滨水空间的研究主要集中于西湖及运河两大水域，而大量与城市肌理交织的河流没有受到应有的重视。因此本书将以杭州城市主城区的水网体系及其滨水空间作为整体研究对象，分析并诠释这个江南水乡城市的滨水公共空间的近现代发展演化过程。其次，从研究角度上看，本书选择了滨水公共空间这个较小的角度，去切入城市空间的变迁及其与水系相关的历史这一议题，与前人从宏观叙事角度去论述城市选址营建如何受山水等自然条件作用，探讨城市水系的价值和意义，抑或从特定地块的滨水开发角度出发去讨论城市滨水空间形式有很大的不同，本书主要观察和诠释的是城市滨水公共空间作为一个整体，在近现代城市建设中在形态上如何变化和为什么变化。

1.3.3 城市空间演进的分析方法

对于城市空间社会性和历时性的重视，不代表空间形式和功能等建筑学领域内最基本的研究要素不重要，相反，本书对滨水公共空间演化的分析立足于本学科（建筑学）领域，除少量借鉴历史地理、社会学等学科的分析方法使之延伸，主要采用了建筑类型学、城市形态学等较传统的建筑学方法。

一、建筑类型学

分类意识是人类理智活动，是认知事物的基本方式。对事物类型的认识始于分类，把一个连续的、统一的系统作为分类处理的方法用于建筑或城市空间，便产生了建筑类型学。建筑类型学不是一种新的设计思维，在前工业时代，它是唯一的建筑设计方法，在现代主义运动中，建筑类型学被认为是僵化的、不合时宜的而被抛弃。但在1960年代，运用现代主义建筑设计语言设计出的城市遭到的各界激烈的质疑，与环境脱节、与历史撕裂、与人文疏离，都是现代主义建筑被攻击的弱点，一些建筑界人士意识到到现代主义的城市建筑设计仍需要类型学方法。1960年代后的欧洲，尤其是意大利发生对类型学的激烈讨论，此时期形成的新理性主义类型学，也被称为"第三种类型学"[39]。近代建筑类型学通过一个多世纪的探索和争论，经历了第一种类型学"原型类型学"，即将建筑看做是对自然基本规律的模仿，将"茅屋"视为建筑的起源；到第二种类型学"范型类型学"，即将建筑等同于一系列有规律可循的、可大规模生产的产品，建立清晰的类型图示；发展到"第三种类型学"，即关注城市和建筑本体的形式，类型形式不纯粹为了使用目的或社会意识形态相关联，更不是为了重复过去，而是用以鉴定形式，区别和分类，阐述形式与意义之间的辩证关系。

第三种类型学把城市当做元素集合的场所，表达出保持形式历史连续性的愿望，城市作为有形结构的整体，其过去和现在应同时被考虑，因此，当代建筑类型学在本质上是以一种结构主义的思维对建筑和城市进行阅读。科洪（A. Colquhoun）认为类型学的重要性在于其辩证地解决了"历史""传统""现代"三者的关系问题，运用类型学可理性地分析和对待历史和传统，对其进行筛选和评价，从中提取有意义和有益的历史元素，并融入现代城市的设计中[40]。类型学的代表人物有阿尔多·罗西（Aldo Rossi）、艾莫尼诺（C. Aymonino）、格拉西（Giorgio Grassi）、克里尔兄弟（Rob Krier&Leon Krier）等。

类型学方法在实践中主要有两个步骤：第一步是对历史上同类建筑或城市空间多样化的变体进行收集、分析、归纳和抽象，第二步是根据抽象归纳出的类型，结合具体的场所和环境进行演绎和解释。抽象的程度有很大的弹性，如阿尔多·罗西的抽象较为概括，而克里尔兄弟对城市空间的抽象就较为具体，但也因为后者抽象适度且操作步骤明了，符合城市空间设计的特性，成为当代欧美都市设计学者的范型之一。R. 克里尔在1979年出版了代表作《城市空间》(*Urban Typology*)一书，该书罗列了欧洲城市主要的广场和街道关系，以垂直面和水平面用类型学的观点将之归纳分类。“垂直面”着重探讨空间剖断面与界面立面的形式，“水平面”则提出圆形、方形、三角形 3 个基本的广场类型，这 3 种类型可通过穿插、分解、重合或变形，形成丰富的城市空间(图 1-3)。其城市空间概念可表述为：“街道和广场是严格精确的空间类型，街区是街道和广场的构成结果”[41]。L. 克里尔则以类型学理论来分析城市形态是如何形成的，他认为城市的功能不能决定城市的形态，形态是由构成

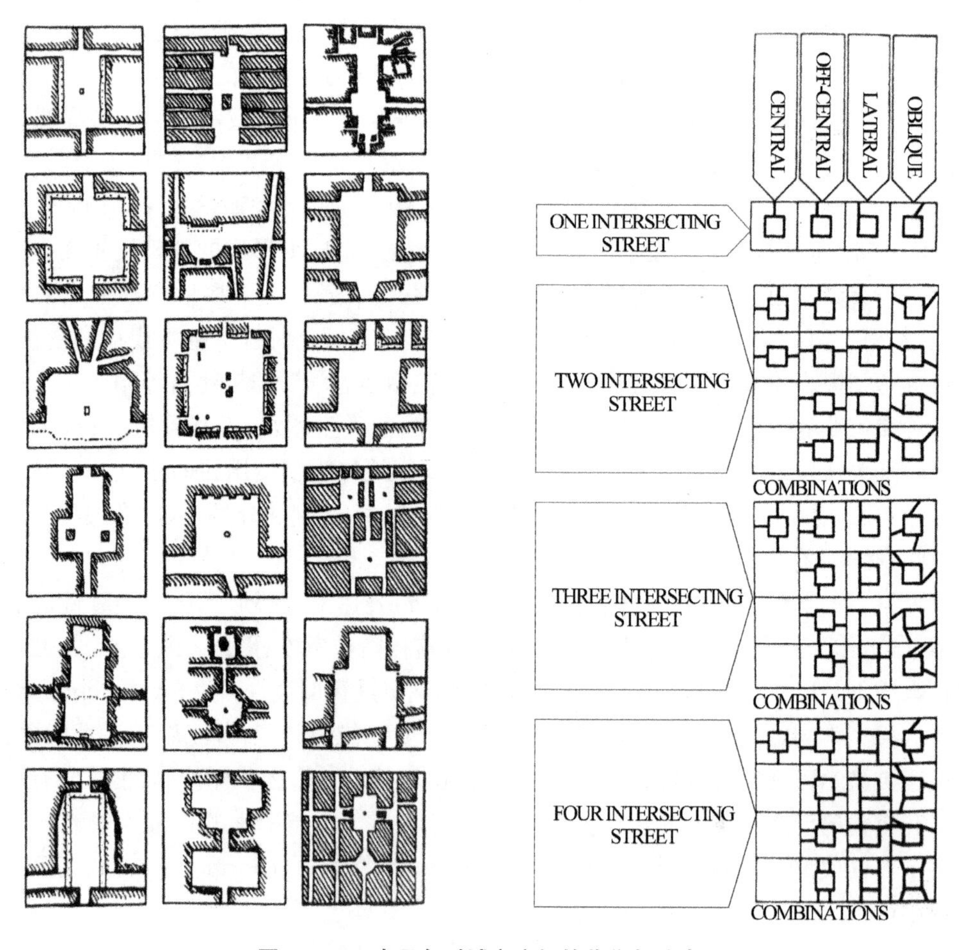

图 1-3　R. 克里尔对城市广场的收集与分类

元素及其组织结构共同构成的，他将城市分为街区、街道和广场 3 种元素，而三者的构成可分为 3 类（如图 1-4）：①广场和街道有类型之分，而街区是由广场和街道的形制的结果；②街道和广场的产生是由街区的位置决定的，而街区本身有类型之分；③街道和广场直接形成，无明确的街区存在，公共空间有精密的空间类型。无疑，这种城市空间类型分类方式结果可被认为是"广场与街道的类型学"，由于这种抽象没有那么玄奥复杂，研究结果可被应用到实际工程中，对美国的新城市主义设计理念有直接影响，被视为一种实用类型学。

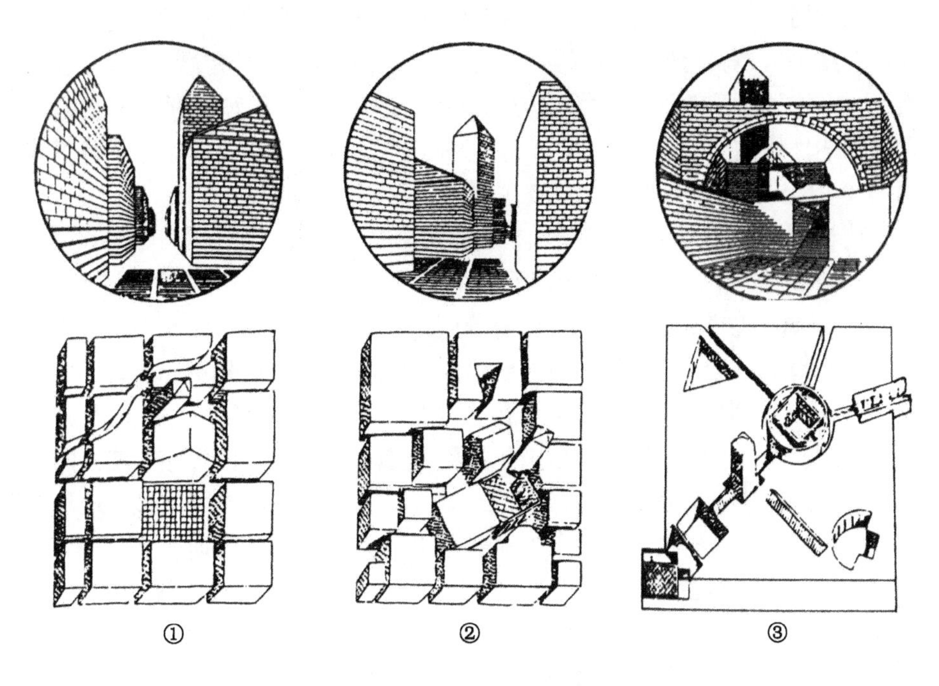

图 1-4 L. 克里尔对城市空间类型的形象化定义

综上所述，建筑类型学"在辩清城市转化的过程，并在历时、共时两个层面来理解和感受城市现象方面是一种有用的方法论"[42]，其理论的完备性和实践的灵活性使其成为建筑及城市空间研究领域兼具批判性和实用性双重工具，其对城市建筑和空间的归纳、演绎是对建筑和城市的一种有效的认知和思考方式，在不同层次上全面影响建筑和城市的建设行为。

二、城市形态学

城市形态学是对城市物质形态或建成组织的研究，其对城市发展过程研究的前提或者假设，是城市形态由建筑和相关开放空间以及产权地块、街道街廓等要素构成，在一定文化传统下和时间区段内，构成形态的要素及各要素间的关系不断受到外部和内部的作用而发展并累积变化，因此“历史性”和“动态性”是城市形态学中城市空间研究的核心内容。城市形态学的研究包含3个方面内容：①将城市形态作为城市现象的外化物质形态，对城市空间进行描述性分析，以客观展现物质环境形态的要素内容、整体关系及其历史演变过程为目标。②将城市形态看做是城市现象形成过程的物质产品，对建成环境与政治、经济、社会和文化的关联性进行分析，以揭示现实形态背后的复杂形成机制，属于成因性研究。成因性分析通常还伴随着对空间形态的历时演变过程的分析。③城市形态被视为“从城市主体和城市客体间的历史关系中产生”[43]，即城市形态是“观察者与被观察对象之间历史关系的综合结果”，是城市形态与其存在的社会文化间的关联研究，需要研究者的主观演绎。3个方面研究中，描述性研究为基础，而成因性分析和关联性分析通常需建立在描述性研究的基础上，三类研究并无高下之分，可依分析的对象和目标灵活运用。20世纪以来，城市形态学研究主要有德英和意法两大学派。

德英学派的核心人物为英国伯明翰大学的德国城市地理学家M. R. G. Conzen，其在地理学领域为城市形态研究搭建了一套完整的研究框架，引进了城镇景观(townscape)这个术语，并认为城镇景观是城镇平面格局(town plan)、建筑形态构成(pattern of building forms)和土地利用模式(pattern of urban land use)三者的综合反映[44]，其中城镇平面格局包含3种明确的要素复合体：街道及其在街道系统中的布局、地块及其在街区中的集聚、建筑物(更准确地说是建筑物的基底平面)。此外，他还提出城市形态过程、形态区域、城市边缘带、形态框架、地块开发周期等一系列形态分析概念。在其对诺森伯兰郡安尼克案例的研究中，Conzen认为现状格局是不同形态时期的特征元素累加的结果，因此首先应对研究对象进行分期，而后从一种演化的视角，综合考虑每个时期的经济和社会背景，运用历史地图对城镇平面格局进行分析，其中特别强调对城镇结构形成的关键过程的研究，从发展演化的视角研究归纳不同时代的特征信息，探究城市形态潜在的形成过程并加以诠释。

意法学派的创始人为建筑师S. Muratoni和他的助手Caniggia。该学派通过对典型建筑空间和结构的类型研究，衍生出对城市形态的研究，它将城市形态特征归纳为一种在使用者和设计者之间互动辩证关系中持续变化的实体，因此城市的形式应从历史层面来理解[45]，认为城市可分为不同的层级(parcel/building block/urban tissue/urban quarter/city)，地块是最基础的层级，每个层级都是上一层级建构的基石，层级之间的逻辑关系是解读城市关键。其对城市的分析方法十分独到，首先要搜寻一种基础类型(basic type)(如独户住宅)，而后梳理此类型的发展线程，进而获得对该类型的深度了解，并进一步分析其与上一层级或下一层级的结构关系。类型过程是该学派重要概念与方法,类型过程的研究主要是探讨基础类型在历史演变中,发展为各种特定时期变体的过程,并对相关变体进行类型解读,探索类型共时性与历时性的特征,类型与类型过程的研究最终可形成一种具有可操作性的分析和设计方法。而法国学派诞生于1960年代,建筑师 Philippe Panerai 和 Jean Castex 以凡尔赛的建筑学院为基地。该学派在 Muratoni 学说的影响下,将城市形态的研究与社会学研究结合,探讨社会变迁与城市形态之间的辩证关系,其城市分析还深受哲学家列伏菲尔(H. Lefebvre)的影响,其代表作《城市街区的生与死》(2012),在此书中,作者选取有代表性的 5 个案例,研究西方城市街区是如何一步步从私密到开放,最后趋于解体的(图 1-5)。

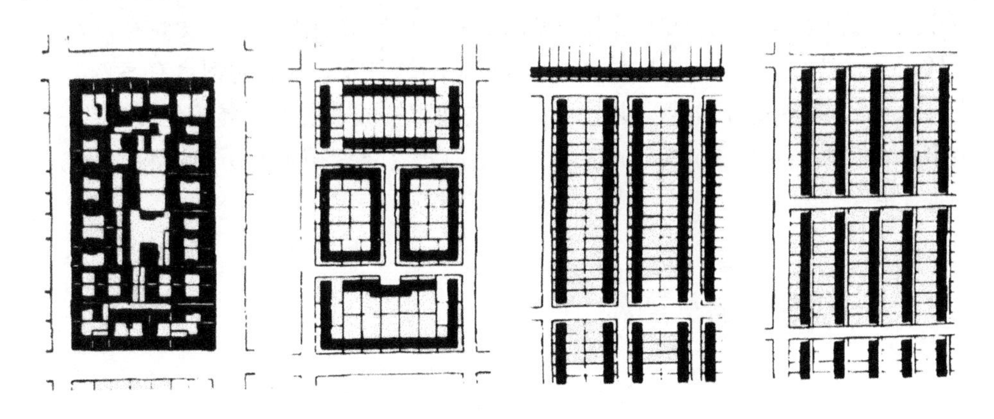

图 1-5 对城市街区演变的研究示意

三、城市形态、建筑类型学与本土化运用

城市形态学是对城市形式及其成因的研究,而建筑类型学可通过对建筑类型过程的研究,追溯上一层级的城市形态变化,因此,建筑类型在物质上构成了城市,这两个领域研究的是同一事实的两种秩序。面对相同的研究对象,虽然城市形态学和建筑类型学在研究目的和成果上有所差异,但对城市解读的核心方法上有相似性:即界定形式要素(form elements)、研究尺度层面(resolution)和时间,认为城市形态能够在四维背景下,在不同的尺度层级上被分析和理解,所以二者有综合的可能。

20 世纪 80 年代,西方学界开始探讨二者的融合运用,而这一时间点也恰是城市形态学和建筑类型学理论被引进中国的时间。以城市形态学的分析性和概念性的认知框架来理解形态结构和特征,配合类型学演进的观点来审视形态形成和变化的逻辑,是一种解读城市空间演化的可操作方式,对此学界已渐成共识,中国学者在这方面结合中国城市的历史与现状进行了一系列大胆的尝试。

华南理工大学城市形态研究小组对广州居住建筑进行类型过程的研究，提炼历史建筑和规划元素供当代城市设计参考。在平遥古城的研究案例中，应用新的城市地图中地块的几何特征和城市形态基因推断城市历史发展过程。学者武进提出城市空间系统由道路网、街区、节点、城市用地和发展轴构成，对全国范围内宏观尺度上的城市空间结构类型进行概括和总结。学者陈飞提出中国传统城市形态分析的7个方面：城市总平面、天际线、街道网络和街道、街区、公共空间、公共建筑和住宅，并通过对南京和苏州两座古城的分析对城市设计给出指导。学者王颖分析传统水乡城镇的结构形态和原型要素，着重于研究山地或水体要素对城市形态变迁的影响。学者陈锦棠就城市形态类型学在我国现有城市规划编制的应用层面做了具体探讨，认为形态类型的研究可以有效控制地区历史特征的流失。总体而言，我国运用城市形态类型学对城市空间的研究既有综述型也有案例型，宏观层面上的多，中观和微观层次上的少，这与较重视城市宏观发展规划和实践宏大叙事传统有关，同时也与传统城市与中观层面研究要素相关的历史资料非常缺乏的现实有关。

1.4 研究的思路与架构

一、研究的思路

杭州在近几十年的城市建设中，城市空间发生了深刻的变化，城市滨水公共空间作为整体城市空间系统的一个子项，其空间形态的变化程度亦可用“剧烈”一词来形容，而研究其演化过程，似乎最直接的方式是回答以下这些问题：

(1) 城市滨水区空间的历史形态和现状分别是怎样的?

(2) 古代、近代和现代，城市滨水公共空间与所在的街区、建筑、水域如何关联?

(3) 相较传统，当代城市滨水公共空间的具体功能、形态有哪些变化?

(4) 这些形态变化经历怎样的过程? 其影响因素有哪些?

可见研究的主要内容是在不同的城市分辨率下，滨水公共空间历史演化过程和相关解释，那么，如何找到恰当的支点和方法去具体深化以上问题呢? 建筑学中的图式分析、类型过程分析固然有效，但作为对具体案例特定空间的历史演化过程分析，这似乎还不够，因为空间的演化分析无法从社会组织和社会变迁的整体过程中完整地剥离或者说隔离出来，空间不只反映了社会，空间还表现了社会，是社会的基本向度之一。阿里·迈达尼普尔(Ali Madanipour)认为城市设计本身是一个

"社会-空间"过程(socio-spatial process)[46],如果城市空间的设计和生成是社会生产一部分,从社会学角度去理解城市空间形式和生成方式似乎就是必需的。作为自然、文化、经济多个维度的聚焦地带,"城市滨水区"成为城市社会学研究的关键词,常出现在城市研究学者哈维、佐京等人的著作中,这亦显示城市滨水空间分析社会性的一面。具体到本书的研究对象,城市滨水公共空间的历史演化便应当放置在一个广阔的社会发展的脉络下理解,其演化研究可以与城市空间发展联系在一起,尤其是近代以来城市空间的现代性转化联系在一起,即以城市发展中空间生产的视角去考察滨水空间,同时立足于建筑学的形态语言,运用形态学和类型学的分析方法去诠释这种变化,以及这种变化与本学科内设计知识与话语更新之间的关系。沿着这一思路,可将关注的问题具体和深化为:

(1) 杭州城市水系与城市形态之间是怎样的历史关系?城市发展如何改变城市滨水空间的整体布局?

(2) 城市经济和社会文化如何作用于城市滨水公共空间?

(3) 在城市发展中,尤其是当代城市的快速发展中,如何描述滨水公共空间的类型过程?

(4) 当代城市空间的规划内容如何影响滨水公共空间?

(5) 滨水公共空间的公共性与公共价值在城市发展中如何变化?

(6) 滨水公共空间近代以来发展变化有哪些因素?

二、研究架构的建立

在问题提出和深化后,如何建构恰当的分析架构去回答问题?空间三元辩证法给本书建立研究架构提供了许多启发。在城市研究理论的发展中,现代性问题是一个核心理论问题。现代性改变了空间和时间的表现,进而改变了人经历和理解空间、时间的方式。相对于时间,空间概念在很长的一段时间内都被认为是一个客观而均匀的范畴,直到列斐伏尔和福柯对空间问题的阐述,这种现象才出现根本改变。福柯在《空间、知识、权利》中强调"空间是任何公共生活形式的基础,空间是任何权力运作的基础"[47]。列斐伏尔在《空间的生产》(1974)提出资本主义的发展已从单纯的物质生产走向空间生产,空间已远不是社会关系演变的容器或平台,而是社会关系的重要组成部分,空间是在历史发展中生产出来的,随历史的演变而重新建构转换,对空间的研究必须从"空间性-历史性-社会性"三者之间的关联中进行探讨。在他们的影响下,学者戴维·哈维、爱德华·索亚等人继续空间理论的研究,并取得一系列丰硕的成果。空间反思的成果使建筑学、城市规划学、地理学、社会学及文化研究诸学科变得相互交融渗透,为建筑学领域内对城市空间的思考提供在了崭新的思路和研究前景。

列斐伏尔将空间理解为人类生产实践的产物，是一种历史建构，并基于此观点发展出“空间三元辩证法”[48]，列斐伏尔将空间三元辩证法中空间认识论的三个维度分别概括为感知的（perceived）空间、构想的（conceived）空间和生活的（lived）空间，并一一对应空间的实践（spatial practice）、空间的再现（representation of space）、再现的空间（representational space），由此实现了社会性、历史性和空间性的统一。“空间的实践”指空间性的生产，这是种具体化的、经验的空间，即感知的物质空间，它可被精确描绘和测量，是传统空间学科关注的焦点。“空间的再现”是指被概念化的空间，即构想或想象的空间，包括了逻辑抽象和形式抽象，产生自知识与逻辑，是科学家、规划师等专家们的工具性空间。而“再现的空间”是社会空间，可随着时间和使用而创造或改变，充满了开放性和可能性，是对“物质-精神”空间二元论的肯定性解构和启发性重构，它和物质空间、构想空间共同出现，但不是简单的二者内容的叠加或事物现象的罗列。列斐伏尔将这种辩证法概括为“回溯式进步”，其精妙之处在于引入了社会空间这一“他者”，将历史的解释方式从传统方法中解放出来，为空间和历史之间的理解注入了新的可能性。而笔者对此的理解是，列斐伏尔空间化的辩证法中的三元既不是一种线性关系，也不是对空间或历史一种螺旋上升式的理解，而是一种让三者相互对照、循环流动的一个立体结构，使辩证的三元形成循环和累进，这对论著的研究思路有着醍醐灌顶的启发。

“空间三元辩证法”不仅仅是一个哲学概念，它可以应用于解释社会构成、发展以及历史演进。笔者认为可以运用空间三元辩证法作为研究的基本思路，当然，本研究领域不是社会学，对空间三元辩证法的应用必须通过一定的专业转换，笔者根据研究对象的实际情况，并依据专业内容和方法，将空间辩证中的三元，即感知的空间、构想的空间和生活的空间引申为诠释滨水公共空间演化的 3 个维度，分别为空间认知、空间构想和空间过程，对应空间的类型分析、规划构想、场所内容 3 方面内容。由于“空间的三元辩证法”本身是一个循环立体的结构，因此本书未按照许多著作采用的“物质——精神——社会”的一般顺序，而是通过对空间的“过程——认知——构想”的论述来还原空间的历史。

具体而言，“空间过程维度”是在社会发展中具体化的空间，它包含了具体的带有典型意义的空间场所及其历史和相关的社会内容，是空间类型在日常生活中的具象表达，由于加入了人的社会活动而显得丰富真实，同时与社会性的空间生产和专业化的空间控制关联十分明显。“空间认知维度”讨论的是抽象化的物质空间，将看似纷繁多样的滨水公共空间还原为几个主导类型、归纳类型特征，并对主导类型在近现代的类型演进过程和功能变迁做出诠释。“空间构想维度”主要讨论建筑学领域内滨水公共空间的相关规划与设计，当代中国城市的空间形态是由强有力的自上而下的力量推动而成，而规划与设计就是这种力量的专业化代言，通过对设计文本内容的客观解读和批判性思考，透析城市设计的专业话语对滨水公共空间的塑形影响，分析设计理念和形式结果之间的关联。这 3 个分析维度相互关联，建立了批判性研究和形态分析相结合的研究模式，共同构成杭州滨水公共空间演化的研究框架(图 1-6)。

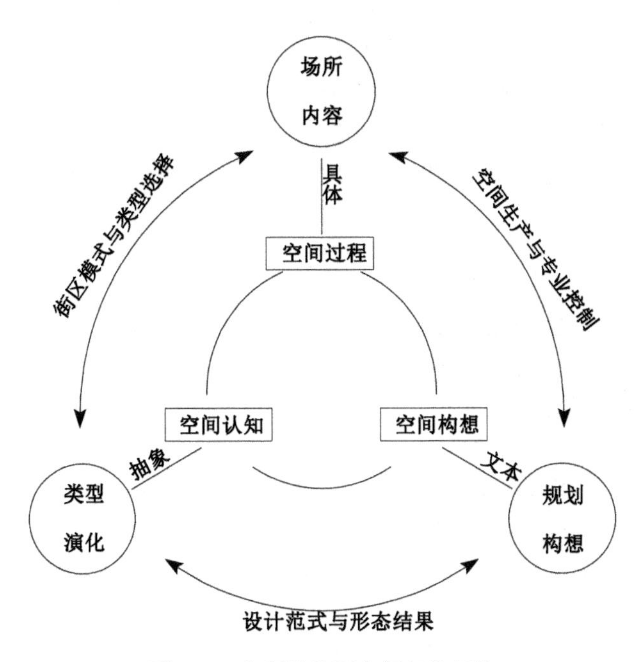

图 1-6 空间演化研究框架的架构

参考文献与注释

[1] 研究范围共涉及的 33 个城市管理单元，其中两个单元：紫金港单元与城东新城单元由于分别被城西交通主干道枢纽和高铁线切割，未被完全纳入研究范围，其余 31 个单元为全包含。

[2] 袁敬诚，张伶伶. 欧洲城市滨河景观规划的生态思想与实践[M]. 北京：中国建筑工业出版社，2012：52

[3] 以步行速度4.5 km/h 计算，则 5 分钟路程为 375 m，考虑到杭州市的路网较多为方格网式，因此以垂直水岸 300 m 作为 5 min 步行可达范围的距离。同理，以 800 m 作为自行车骑行 5 min 可达范围的距离。

[4] Nadai L. 对“公共空间”(public space)的谱系研究中，考证“public space”作为特定名词最早出现于1950年代，英国社会学家 Charles Madge 的文章《私人与公共空间》和政治哲学家

Hannah Arendt 的著作《人的条件》中。Nadai L. Discourses of Urban Public Space：USA 1960—1995 a historical critique[D]. PhD thesis. Columbia University,2000

[5] Madanipour A. Design of Urban Space：an inquiry into a socio-spatial process[M]. Chichester, New York: John Wiley&Sons,1996：148

[6] Carr S. Public Space[M]. Cambridge:Cambridge University Press, 1992:150

[7] 周进. 城市公共空间建设的规划控制与引导[M]. 北京:中国建筑工业出版社,2006:60

[8] 张虹鸥. 国外城市开放空间的研究进展[J]. 城市规划学刊,2007:5

[9] Town and Country Planning Act[DB/OL]. http://www. communities. gov. uk

[10] Planning Policy Guidance 17: planning for open space, sport and recreation[DB/OL]. http://www. communities. gov. uk

[11] Assessing needs and opportunities: a companion guide to PPG 17. [DB/OL]. http://www. communities. gov. uk

[12] The City of London Open Space Strategy 2008. [DB/OL]. http://www. communities. gov. uk

[13] 赵蔚. 城市公共空间的分层规划控制[J]. 现代城市研究,2001(5):8

[14] 周进. 城市公共空间建设的规划控制与引导[M]. 北京:中国建筑工业出版社, 2005:63

[15] (美)F. L. 奥姆斯特德. 美国城市的文明化[M]. 王思思,等译. 南京:译林出版社, 2013:3-27

[16] F. L. Olmsted. Public parks and the enlargement of towns[J]. CIUDADES，2002, 7:179-185

[17] [美]巴里·斯塔克,约翰·O. 西蒙兹. 景观设计学[M]. 朱强,等译. 北京:中国建筑工业出版社,2014:370-373

[18] Tseira Maruani. Open space planning models: A review of approaches and methods[J]. Landscape and Urban Planning，2007,81:1-13

[19] Tom Turner. Greenways, blueways, skyways and other ways to a better London[J]. Landscape and Urban Planning,1995,33:269-282

[20] J. G. Fabos. Greenway planning in the United States: its origins and recent case studies[J]. Landscape and Urban Planning，2004,68:321-342

[21] (美) 查尔斯·E. 利特尔. 美国绿道[M]. 余青,莫雯静,陈海沐,译. 北京:中国建筑工业出版社, 2013:5

[22] Flink C. A.，Searns R. M. Greenways:a Guide to Planning,Design and Development[M]. Washington DC.：Island Press,1993

[23] J. G. Fábos. Greenways: The Beginning of an International Movement[M]. Elsevier, Amsterdam, 1996

[24] Jack Ahern. Greenways as a planning strategy[J]. Landscape and Urban Planning,1995, 33:131-155

[25] [英]汤姆·特纳. 景观规划与环境影响设计[M]. 王珏,译. 北京:中国建筑工业出版社, 2006

[26] Mark A. Benedict. Green Infrastructure: Linking Landscapes and Communities [M]. Washinton DC: Island Press,2006

[27] [美]查尔斯·瓦尔德海姆. 景观都市主义[M]. 刘海龙,等译. 北京:中国建筑工业出版社, 2011:3

[28] [美]查尔斯·瓦尔德海姆. 景观都市主义//James Corner. 流动的土地[M]. 北京:中国建筑工业出版社,2011:13

[29] B. S. Hoyle. European Port Cities in Transition[M]. London:Belhaven Press,1992

[30] B. Shaw. 'History at the water's edge', in R. Marshall (ed) Waterfronts in Post-Industrial Cities[M]. London :Spon Press,2001

[31] Mohsen Mostafavi, el. Landscape Urbanism: A Manual for the Machinic Landscape[M]. London : Architectural Association, 2003

[32] Moulaert F. , Rodriguez A. , Swyngedouw E. The globalized city: Economic restructuring and social polarization in European cities[M]. Oxford: Oxford University Press,2005

[33] Gotham K. Tourism gentrification: The case of New Orleans' Vieux Carre[J]. Urban Studies,2005 (42): 1099-1121

[34] Annika A. , Peter V. H. , Pamela S. Asserting historical distinctiveness in industrial waterfront transformation[J]. Cities,2015(44):86-93

[35] Andrew Jones. Issues in Waterfront Regeneration: More Sobering Thoughts-A UK Perspective[J]. Planning Practice & Research, 1998,13(4): 433-442

[36] Han Meyer. The Dutch Delta: Looking for a New Fusion of Urbanism and Hydraulic Engineering[J]. Urban Planning International,2009

[37] 吴良镛."山水城市"与21世纪中国城市发展纵横谈——为山水城市讨论会写[A]//鲍世行,顾孟潮. 杰出科学家钱学森论城市学与山水城市[C]. 北京:中国建筑工业出版社, 1996:246.

[38] 鲍世行,顾孟潮. 山水城市与建筑科学[M]. 北京:中国建筑工业出版社, 1999:421

[39] Anthony Vidler. "Three Types of Typology", in Kate Nesbitt(ed). Theorizing a New Agenda for Architecture, an Anthology of Architectural Theory 1965—1995[M]. New York: Princeton Architectural Press,1996

[40] Alan Colquhoun. Essays in architectural criticism : modern architecture and historical change[M]. Mass: MIT Press,1981

[41] Robert Krier. 城市空间[M]. 钟山,等译. 上海 :同济大学出版社, 1991:24

[42] Micho Bandini. "Some Architectural Approaches to Urban Form" in Urban Landscapes: International Perspectives[M]. London:Routledge,1992:135

[43] M. Sturani. Urban Morphology in the Italian Tradition of Geofraphical Studies[J]. Urban

Morphology,2003,7(1):40
[44] [英]康泽恩.城镇平面格局分析:诺森伯兰郡安尼克案例研究[M].宋峰,等译.北京:中国建筑工业出版社,2011:3
[45] 沈克宁.建筑类型学和城市形态学[M].北京:中国建筑工业出版社,2010:108
[46] [美]阿里·迈达尼普尔.城市空间设计:社会空间过程的调查研究[M].欧阳文,译.北京:中国建筑工业出版社,2009:12
[47] 包亚明.后现代性与地理学的政治//福柯.空间、知识、权力[M].上海:上海教育出版社,2001:13
[48] 包亚明.现代性与空间的生产//列斐伏尔.空间:社会产物和使用价值[M].上海:上海教育出版社,2003

2 杭州城市滨水空间演化的背景

研究城市滨水公共空间的演化，无法回避其所在地域和城市的整体发展背景。杭州地处太湖流域与钱塘江流域交汇处，同时又是京杭大运河的南端，特殊的地理文化环境赋予杭州城市空间独具一格的特质。本章从杭州所处的江南地区的城市地域性景观特征入题，依次描述传统江南城市空间形态与城市水系的关系及其在当代的发展概况、杭州城市水系构成、城-水关系在不同历史时期的演化过程，勾勒出杭州城市滨水公共空间发展演化的客观地理条件和城市发展背景。本章涉及的多方面历史背景观察，都将超出杭州主城区的空间范围，用较为宏观和整体的视角进行讨论。

2.1 江南城市的地域性景观特征

2.1.1 传统江南城市空间与水的联系

“江南”作为一个特定的地理区域名称，其历史可谓源远流长，最早可追溯至秦汉之前，其所指的地理范围也不持续固定，是随着时间的推移而有所变化。隋代以前，长江中下游南岸地区都被称为“江南”，唐代在长江南岸地区设置了“江南道”，当时“江南道”又被分为“江南东道”“江南西道”和“黔中道”，渐渐地“江南”一词开始特指“江南东道”一带的江左地区，至明清、近现代所认同的“江南”一词的地理范围大致得以确定，指长江下游的太湖流域地区，即现在的苏南、浙北及上海地区[1]。江南不仅是个地理范围的概念，也是一个经济和文化区域。在经历了中国历史上三次大规模的人口迁徙[2]后，江南地区无论经济还是文化均处于全国领先的地位。历史学家王家范在其早期对江南市镇结构的研究中认为：至迟在明代，江南地区就已是一个有着内在经济联系和众多共同点的区域整体，这个区域以苏州和杭州为中心城市，构成都会、县城、乡镇多层级的城镇网络。后文中的江南城市是指明清时期在江南地区既已存在的城市，包含有苏州、松江（上海松江区）、常州、镇江、江宁(南京)、杭州、嘉兴等府城,以及次一级的县城,如常熟、无锡、宜兴、昆山等[3]。

江南地区地势低平,高密度的水网是该地区最明显的地理特征,平均每平方公里土地河流的长度达 6～7 km,杭嘉湖地区更高达12.7 km。太湖及其周围上百个湖泊之间有数量惊人的河、渎、浦、港交错相连,加之江南运河及其支线等人工水道,在近代公路和铁路大量修筑之前,太湖水系和大运河构成该地区内部最重要的交通联系网络,而众多江南城市与市镇就是这个交通网络中权重不等的交叉点。水系在该地区的重要作用使江南地区有了“水乡”的称谓,然而“江南水乡”一词成为该区域城市空间意向的概括并不仅仅是因为该区域水网密度高,城市交通对水系有依赖,更在于水系与各个尺度层级的城市空间都有密切的关联性,从区域到城市,再到城市内部的街区和地块。

近代以前江南地区的城市在营建理念上参照了传统,基本遵循以《周礼·考工记》中的“匠人营国”为原型的营城制度,但由于其与中原地区有着较大的地理环境、交通条件和社会文化差别,其城市形态形成了有别于其他中国古代城市的特点。比较在城市型制上归源正统的中国七大古都:北京、西安、安阳、洛阳、开封、南京和杭州,可直观地发现位于江南地区的南京和杭州在城市形态上不似其他古都规整方正(图 2-1),如再将其他江南城市一同列入比较,可发现该地区城市普遍有

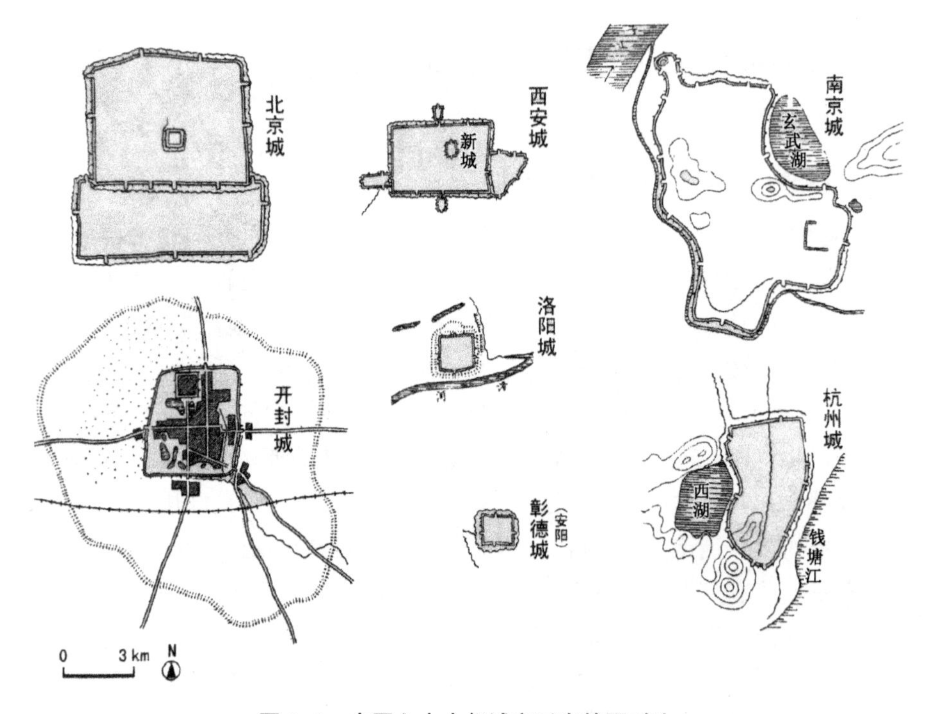

图 2-1　中国七大古都城市形态简图对比

着以下特性:首先,城市整体与较大尺度的江流或湖泊相邻,这些大尺度水体对城市的整体形态和扩张方向有所制约。受地形和地理要素的影响,城墙不是规整的矩形围合,形态呈自然曲线展开,对周围的山脉、水系有所呼应,在杭州、南京两个古城,水体成为城市的边缘形态参照。其次,城市内部均有河流穿过,城市的功能布置(如:道路、治所衙门、市场等)与城内河流均呈现明显的相关性,并不拘泥于古代营城制度的排定。在典型水网城市(如苏州),多条河道穿入城中,在城中联结成网,形成水陆相邻、河街平行的双棋盘的格局。再次,在城市的内部滨水地段,人口密集居住区及商业区沿河设置,在河道周围形成细致均匀的块状城市肌理,河道作为较强的线性构型因素,与城市街巷布局具有相当高的关联度,水系和与之高度关联的街巷成为城市的骨架,将块状街区连接成一体,形成稳定细密的整体。综上,城市水系尤其城内河道与城市空间形态在各尺度层级上的高度协调,形成江南地区城市明确的以小桥流水、枕河人家为主要内容的、水乡式的地域景观(图 2-2)。

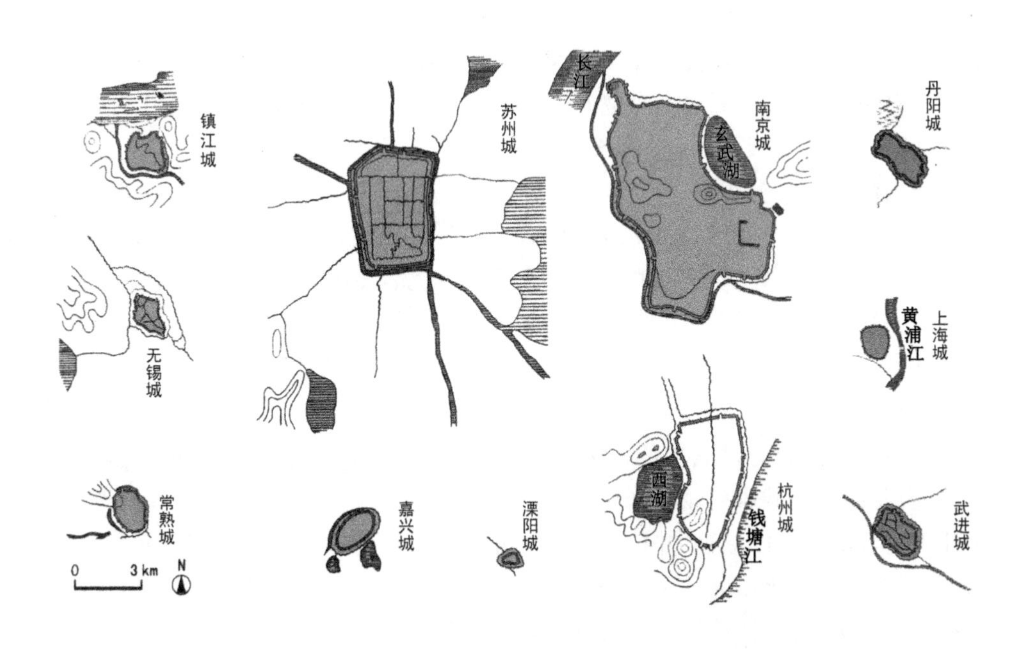

图 2-2　古代江南城市城市形态与水系的关系

2.1.2　江南城市滨水空间近现代的更新与发展概况

中国近现代史的分期节点虽未有定论,但大部分以1840年鸦片战争至中华人民共和国成立的1949年为近代，新中国成立后为现代，本书亦采用这种分期方法。

除了近代上海(其主要特点是大部分城区由租界通过规划快速发展而成，松江古城只是城市中的一小部分)，大部分江南城市的近现代都经历了由城市道路建设开始的渐进式更新。清末民初，可以通行汽车的城市道路开始在江南地区加速建设，这使城市的交通、商业、日常生活渐渐整体摆脱对水系的依赖，以河道为城市生长轴的传统发展模式渐被取代，如无锡、南通由于工业的兴旺引发城市适应工业发展的局部区域快速建设；杭州，由于旗营的拆除，建设“新市场”而引发城市格局的变化(在后续章节详细讨论)。但是，虽然这些城市在近代城市建设中经历了不同以往的发展模式和速度，但在城市街区层面，水网与城市街道、街区的联系依然紧密，传统的城市水网交通依然运转，只不过由于主导城市交通工具的更迭，其重要性已大大减低。

新中国的建立，在政治、经济和土地制度上都发生了重大革新，城市的更新目标和方向更多体现的是国家意志，指导城市建设的规划完全采取自上而下的形式，各级政府及规划部门的政策及法律文件对城市空间的更新发展起决定性作用。新中国成立初期，随着城市内部水上运输，特别是客运的进一步衰退，城内水系实际上成为阻隔城市交通的障碍，在物资匮乏和实用主义思想盛行的大背景下，大量河流在被填埋或盖板筑路。当水系萎缩甚至消亡，与之高度关联的街道系统及建筑群亦开始消解。

1980 年代，历史城市的价值开始受到重视，江南地区的中心城市(如南京、苏州、杭州等)位列国务院审定的首批 24 个历史文化名城中，城市水系的历史价值回归人们的视野，将水系和相关城市空间格局进行整体保护的思路首次被提出，其中古城苏州是先行者。由于在 1980 年代便将城市定位为“我国重要的历史文化名城和风景旅游城市”，且较早建立“分散式组团”的总体城市布局，苏州老城区在相当程度上缓解了保护与发展之间的矛盾。1986年《苏州市城市总体规划》更确立了“古城内要保护古城风貌，新区要吸取地方建筑风格特色”的规划原则，古城内不仅主体干河大部分得以保存，并且保有小部分原始风貌良好、水网街巷俱存的城市区块，如平江历史文化街区。至 1990 年代，由于 GDP 的增长速度是评判地方政府工作的核心指标，为了快速提高城市竞争力，大部分江南城市即便在总体规划层面已经显现出对城市水系保护的全局观念，但在城市建设的实际操作层面，依然对历史城区进行了大量粗放式的旧城改造。江南地区除了一些古镇和个别城市(如苏州、宜兴)勉强保持了古城的主体水系，大部分城市的河流水网及滨水街巷系统大面积消失。在无锡、常州等地，古城水网的消亡情况尤其严重，除个别主河道外，古城内水网几乎全部填河筑路。在这一时期，江南城市滨水地段的传统风貌遭到了严重破坏，古城内滨水区要么随着水系的消亡而不存，要么以一种碎片化的方式存在，原有江南古城那种从水网至街巷，再到建筑群落环环相扣，水网和城市公共空间相依相连的空间组织方式完全被抛弃。

进入21世纪，江南地区经济得到长足的发展，不仅中心城市（如：苏州、南京、无锡、杭州）长期稳居中国城市GDP前20强，另有近20个全国经济百强县，经济实力的增强使人们对城市建设有了更高的品质要求。当城市特色丧失和文化消亡对城市发展的负面影响被普遍认知，当地政府也意识到开发城市的独特性是增强城市竞争力的捷径，这在市县各级政府对评定历史文化名城及名镇的热情，以及对申请世界文化遗产项目的巨额投入均可见一斑。同时，在21世纪初江南地区城市的总体规划中，大量涉及对城市文化及山水景观特色的保护与传承。杭州市提出建设"五水共导"的生活品质之城；苏州市提出"青山清水，新天堂"的城市发展总目标；镇江市提出突出"山水城市"的形象特征，提高城市的可认知度等。在新世纪的城市愿景中，城市的建设目标变得复合化，城市山水及空间之间的呼应关系作为城市的景观特色及文化传承的载体已被普遍确认。同期，关于土地管控的城市绿线、蓝线、紫线等一系列具体管理规定的出台，也为城市滨水区的更新和发展提供了技术参考和操作限定。不少城市出现了专门针对城市水系及滨水空间的综合性建设项目，如上海黄浦江东岸的公共空间贯通工程、上海苏州河景观改造、杭州的河道综合整治工程等。

2.2 杭州城市水系与山-水-城的空间格局特征

2.2.1 杭州的水系概况[4]

杭州市域地处于东天目山余脉的低山丘陵与平原的交替地带，地势自西南向东北和缓倾斜。境内西南为低山丘陵地形，海拔多在500 m以下，江流溪河穿行于山谷之间，水量丰富；境内东北部及钱塘江两岸均为广阔的堆积平原，海拔在2～10 m之间，平原上河流纵横交错，大小湖泊水荡分布其间，水网密度约达每平方公里10 km，呈现典型的江南水乡地域景观，主城区内现状水体类型多样，包括了江、河、湖和湿地，主要水系分为两大部分：钱塘江水系和太湖水系。

一、钱塘江水系

钱塘江水系在杭州市域范围内主要由钱塘江干流、支流、新安江水库和萧绍平原河网组成，本书研究范围内涉及的是钱塘江干流。钱塘江干流流经杭州市境内的淳安、建德、桐庐、富阳、萧山、余杭 6 县及杭州市城区，在杭州市境内不同区段分别称为新安江、桐江、富春江和钱塘江。其中杭州市区段为闻堰以下的河段，水流经过杭州市区至澉浦注入杭州湾，此段干流称为钱塘江。钱塘江的入海段呈巨大的喇叭形，杭州湾口南北两岸相距约 100 km，至钱塘江澉浦段口宽缩小到 20 km，再上至海宁盐官，仅为2.5 km，此段受江面束窄、河床隆起的影响，潮波汹涌，每遇天文大潮或台风暴雨侵袭，受杭州湾涌入的潮水影响，沿江水位急剧壅高，可高出两岸平原 2～3 m，因此，自古钱塘江的治理系关城市安全问题，其海塘需要不断的修筑和维护。历史上杭州有多次潮水倒灌入城的记录，倒灌的潮水造成杭州城市洪流遍野，土地房屋淹没，甚至人畜溺死，即便潮水退却，田土也已咸化，数年不能耕种。因此在现代水利工程技术成熟以前，钱塘江一直是一条既为杭州带来交通便利同时又威胁杭州城市安全的城外河流。

钱塘江水动力条件复杂，河口宽浅，河槽和坡岸极不稳定，变化的总体趋势是北岸冲蚀、南岸淤涨，历史上其河道经过多次变迁或改造，南北摆动频繁。自唐朝开元元年（713 年）至民国五年（1916年）有明确史料可考的明显变动即达 8 次[5]。相对杭州古城而言，最初钱塘江是城市东面一条南北向的江流，随着江岸的向外推移，钱塘江与古城有了一定距离，方向转换为东北-西南方向，现在的钱塘江河口段河道由 1916 年的基础上演变而来。新中国成立后，自 1960 年代起开展大规模治江围涂工程，闸口至盐官十堡的 64 km 河段，江面已大为缩窄，河床和岸线基本稳定。钱塘江两岸近江地段的土地在现代工程及水利技术的支撑下，成为城市的可建设用地。随着杭州城市建设的发展，杭州市区跃过钱塘江向外扩张，1996年钱塘江南岸新设滨江区，2001年萧山撤市设区，钱塘江河口段的河道大部分便成为杭州市区内部河道。另外，除了对城市安全和城市形态的影响，钱塘江水资源丰富，环境容量大，是杭州市城市供水及环境用水的主要水源，也是杭州市污水处理后排放的受纳体，同时值得注意的是钱塘江杭州段属感潮河流，潮汐带来的泥沙和氯根（Cl^-）是其用水过程中需要特别解决的问题。

二、太湖水系

杭州市域内属于太湖水系的主要水体为苕溪、西湖和市区河道（包括京杭运河杭州段）。苕溪为市区外河流，本书不涉及。

（一）西湖

西湖是杭州主城区内最关键的城市形态要素和认知元素。现状南北长 3.3 km，东西宽2.8 km，面积6.03 km^2，除去湖中小岛、长堤、孤丘，水面积约 5.66 km^2，由外西湖、北里湖、西里湖、岳湖和南湖组成。西湖平均水深约1.55 m，最深处2.80 m，控制常水位7.15 m（黄海），相应蓄水量923万 m^3。西湖水与京杭运河及市区河道相通，湖水可经过圣塘闸排向古新河，至左家桥流入京杭运河。虽然随着城市建设发展，古城内河网与往昔鼎盛时期相比有缩减，但西湖仍为老城内诸河的源头之一。西湖的补水原先主要由其西面山上的金沙涧、龙泓涧、长桥溪以及环湖零星低丘的来水补给，1980年代西湖引水工程建成后，通过输水隧道，每日输送30万 m^3 钱塘江水补给西湖，这不仅使西湖水体变活，还可利用其溢流的湖水冲洗中河、东河、古新河和京杭运河杭州段，以增强这些河道的自净能力。

西湖原是自然形成的湖泊，成因推测有不同版本，但原始的西湖比现存的面积要大许多已是共识。因地理因素西湖容易淤积，西湖南北诸高峰川流汇集，裹挟着泥土的溪水流入湖中以后，速率顿减，泥土就淤积起来，现在西湖周边的土地如耿家步、金沙港、茅家埠等处，就是溪流带下的冲积土堆积而成的。因此，倘若通过自然的循序演变，而没有历代的人工开浚修葺，消失将是西湖的宿命，从这个角度看，西湖的存在主要倚仗人工因素（图2-3）。

（二） 市区河道

杭州城内河道稠密且纵横交错，河流之间的平均垂直距离不超过500 m，现今绕城公路内有超过1 km的河道291条，按照地形地势，杭州市区河道可按水系划分为相对独立的5部分，分别为：太湖流域的运河水系、上塘河水系、钱塘江流域的上泗水系、下沙水系和江南水系（图2-4）。本书研究范围内的42条河道（见表2-1），均属于太湖水系下的运河水系和上塘河水系。

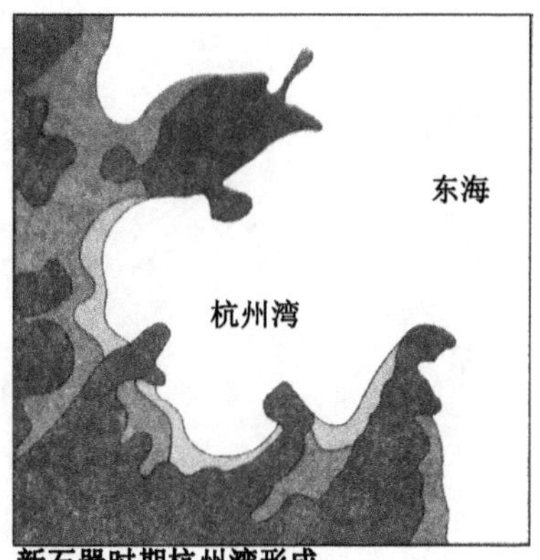

新石器时期杭州湾形成

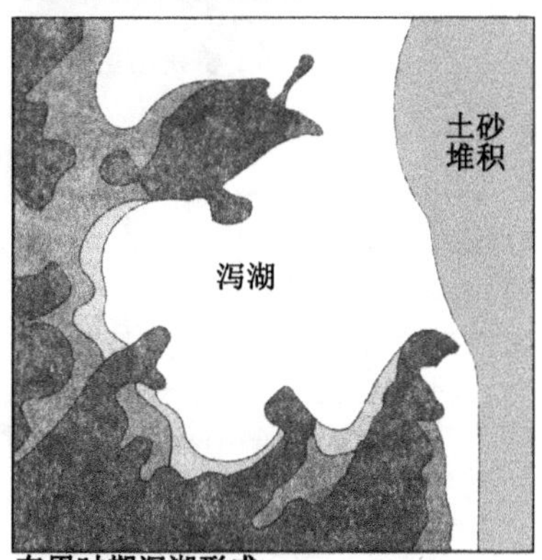

东周时期泻湖形成

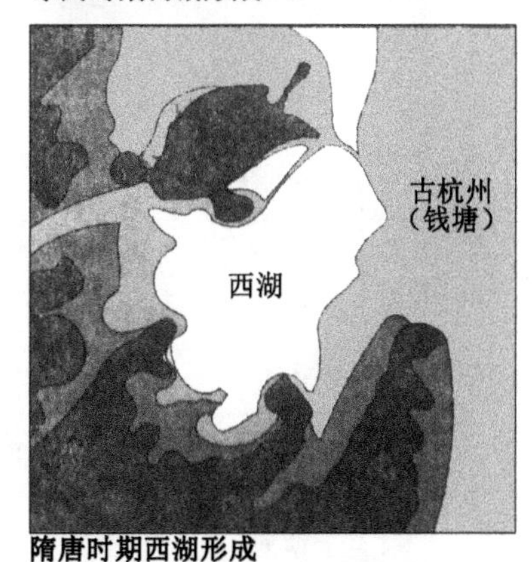

隋唐时期西湖形成

图2-3 西湖形成示意图

图 2-4 杭州市区及主城区研究范围内水系构成示意图(参阅书后彩页)

表 2-1 主城研究范围内河流基本情况一览表[6]

河道等级	编号	河道名称	起　点	终　点	现状长度(m)	现状宽度(m)	属地(区、县)
主干河道	1	电厂热水河	上塘河	电厂河	4 950	9～30	拱墅
	2	余杭塘河南线	余杭塘河	运河	2 300	7～33	拱墅
	3	西塘河	余杭塘河	绕城北线	5 500	6～62	拱墅
	4	古新河	运河	圣塘闸	3 700	5～32	拱墅
	5	运河	钱塘江	绕城北线	21 200	37～185	拱墅、下城、江干
	6	陈家桥河	电厂热水河	红建河	940	16～44	拱墅
	7	新塘河	京杭运河	取水泵站	5 850	10～34	上城、江干
	8	中河	东河	钱塘江	10 300	3～20	上城、下城
	9	沿山河	绕城西线	西溪河	11 000	4～94	西湖
	10	余杭塘河	绕城西线	运河	11 000	22～83	西湖,拱墅
	11	上塘河	运河	区界	15 400	28～80	江干、下城、拱墅
	12	备塘河	北面上塘河	西面上塘河	12 396	4～35	江干、下城
	13	红建河	胜利河	莫婆桥河	3 960	3～30	拱墅

（续表）

河道等级	编号	河道名称	起　点	终　点	现状长度（m）	现状宽度（m）	属地（区、县）
次干河道	14	姚家坝河	上塘河	运河	2 070	2～21	拱墅
	15	十字港河	西塘河	运河	3 770	4～38	拱墅
	16	贴沙河	运河	新开河(铁路)	6 370	3～100	江干、上城
	17	新开河	运河	贴沙河(铁路)	6 550	3～39	上城,江干
	18	东河	运河	断河头	4 070	6～37	上城
	19	永兴河	三墩港	北庄河	1 170	10～30	西湖,拱墅
	20	北庄河	永兴河	婴儿港	890	11～33	拱墅
	21	婴儿港	虾龙圩河	余杭塘河	3 260	3～26	拱墅
	22	莲花港	沿山河	余杭塘河	2 500	19～36	西湖
	23	紫金港	沿山河	余杭塘河	3 420	17～48	西湖
	24	冯家河	沿山河	余杭唐河	2 300	3～34	西湖
	25	六塘坟漾	上塘河	东新河	1 512	8～32	下城
	26	东新河	上塘河	备塘河	4 237	10～32	下城
支河	27	隽家塘河	电厂热水河	上塘河	980	9～25	拱墅
	28	连通河	十字港河	运河	630	2～21	拱墅
	29	丰潭河	阮家桥港	余杭塘河	660	8～27	拱墅
	30	庆隆河	婴儿港	丰潭河	1 620	1～26	拱墅
	31	江干渠	新开河	新塘河	1 380	10～14	江干
	32	育英河	族滨洋河	永兴河	990	0.4～24	西湖
	33	石桥港	虾龙圩河	丰潭河	1 885	8～20	拱墅
	34	南应加河	上塘河	东新河	1 625	6～10	下城
	35	麦苗港	备塘河	运河	2 560	14～35	江干
	36	西溪河	余杭塘河	沿山河	2 770	8～20	西湖
	37	益乐河	莲花港	冯家河	1 300	15	西湖
	38	德胜河	上塘河	运河	1 660	30～5	拱墅
	39	虾龙圩河	西环河	婴儿港	1 850	20	西湖
	40	胜利河	运河	上塘河	1 590	30	拱墅
	41	古荡湾河	余杭塘河	沿山河	2 330	8～20	西湖
	42	阮家桥港	石桥港	婴儿港	1 895	20	西湖、拱墅

1. 运河水系

运河水系包括了京杭运河在杭州市区的运河干流及两侧众多的支流，它属太湖流域杭嘉湖平原上游的平原水网。运河干流是杭州重要的水运交通线和景观河，为京杭大运河的一部分。隋朝大业六年(610 年)京杭运河开通至杭州，其镇江至杭州段又称为江南运河，运河常年水深 2～4 m，流向不定，基本流向是自南向北流入太湖，主要接受余杭泰山、石鸽、闲林及杭州城郊部分径流，经水网调节后，通过运河干线，分别注入太湖和黄浦江，还可通过海盐长山闸往南，排入杭州湾，但在枯水时期，其水源又可由太湖补给。运河杭州段干流的南端起点原来是艮山门，1988年艮山门至三堡船闸长约6.79 km的运河沟通工程建成后，京杭运河和钱塘江连通，南段的起点延伸至江河联结处的三堡船闸，并使其贯穿杭州市主城区。一般意义上的运河杭州段指三堡船闸至余杭区的武林头河段，长约29.2 km，从三堡船闸，经艮山门、中北桥，江涨桥、大关桥、拱宸桥、义桥、武林头至塘栖出境，贯穿杭州下城、江干、余杭、拱墅 4 个区，流经之处，地势低平，水流平缓，与苕溪、上塘河以及其他河渠相通，共同构成杭州主城内稠密的水网。历史上，京杭运河还与杭州老城内茅山河、盐桥河、小河、清湖河等相通，是杭州市区主要排水河道，也是杭州城乃至江南地区的主要货物和客流的集散交通渠道。当前，京杭运河杭州段开始建设第二条与钱塘江沟通通道，从博陆镇东侧至八堡入钱塘江，全线25.7 km，流经京杭运河、上塘河、下沙及钱塘江 4 个水系，规划航道为三级。该通道建成后，可分流大部分货运物流，不但提升了京杭运河杭州市区段的等级，同时从根本上改善当前运河干流的噪声和环境污染。

除运河干流外，当前市区运河水系还包括中河、东河、新开河、古新河、贴沙河、新塘河、余杭塘河、沿山河、西塘河等河道，这些河道根据所在的地理位置，分别有行洪排涝、城市排水、航运通行、环境用水和城市景观等功能，如古新河有西湖泄洪通道的重要功能，贴沙河有备用水库功能。在这些河道中，位于古城范围内仅有两条：中河及东河，但古城历史上河道密集，远不止这两条河流，许多历史河道已湮废不存，如市河、茅山河、里横河等，还有浣纱河、横河等河道在1969—1970年间被改建为防空坑道。中河、东河、浣纱河等古城历史河流在不同的时期有不同的名称，表 2-2 列出同一条河道在不同时期的名称，以便读者在阅读后文相关内容时易于一一对应。

表 2-2 古城河流不同历史时期的名称

时期	南宋时期	元、明时期	清朝时期	民国时期	当前
古城内河流的名称	盐桥河	盐桥河	大河	中河	中河
	市河	市河	小河	(填埋)	
	菜市河	东运河	东河,上河	东河	东河
	清湖河	清湖河	浣纱河、西河	浣纱河	浣纱河(盖板)
	茅山河	茆山河	茅山河	(填埋)	
	外沙河	沙河	沙河	贴沙河	贴沙河

2. 上塘河水系

上塘河水系位于杭州主城区东北部,流域内的主要河道有上塘河、备塘河、大农港、南黄港、机场港、白石港、和睦港等,水系中的主干河道上塘河南起杭州朝晖路施家桥,经余杭区临平、海宁县许村和长安,止于海宁县盐官,全长44.5 km。上塘河始凿于隋大业六年(610 年),其时为江南运河的南端主干河道。河道经过半山、皋亭山南麓,因基岩距地表浅而难以深挖,故筑坝以衔接河段,又筑塘堤以养护水流。元末,张士诚另辟武林港-北新桥-江涨桥一线为京杭运河进杭州的新航道,从此,上塘河便成江南运河的支流。因而,宋代称之运河,至清代《艮山杂志》卷二亦称长河,《仁和县志》卷十二称之上塘河,并沿用至今。上塘河流域地势高程在3.8～6.5 m,较古城低,干流连接众多支流,相互沟通。目前上塘河的水源主要来自降水、地表径流和从运河的配水,流量大小与降雨量密切相关。春季雨水量充沛,上塘河水位较高,除向北流外,也部分汇入运河。通常情况下上塘河从德胜坝翻送运河水,并通过上塘河水系,为各河道配水,解决区片内灌溉和水环境用水。

总体而言,杭州市区水系密集,且水系的高差级数多,主城区范围内水系基本可划分为 6 个水级(西湖、中河、钱塘江、东河、上塘河及运河),每个水级常水位相差1.0～2.0 m[7](表 2-3)。这一方面使各水系间有各类闸坝设施控制其沟通方式,以使各水系更好地发挥泄洪排涝、城市供水、农业灌溉及航运等功能,另一方面多级数的水网使得其相互之间的沟通不直接,随着城区扩大,其水上客运交通流线无法简单地向外延伸,一般的市内水上客运交通流线只能在同级水系中循环。

表 2-3　杭州主城区水系水级一览表

水系	京杭运河水系		上塘河水系		钱塘江水系	
	西湖	老城区	运西、运东片	杭宣铁路西	杭宣铁路东	钱塘江
地面高程(m)	>7.5	6.2～10	2.2～4.5	3.8～4.3	5.0～6.5	
常 水 位(m)	7.15	3～6	1.6～1.1	3.2～3.5	3.2～3.5	3.87～4.36

杭州城内的河流多为人工开挖和干预的河流，再加上竖向级差多，因此其水体的流动方向及配水方式与其当时的水利技术息息相关。古代水流配水主要依靠重力，所以水的流向基本与地势同向，为由西南到东北，即西面群山汇水至西湖，通过数个泄水孔入古新河及浣纱河，再由浣纱河向市区其他河流如小河、中河补水，最后通过运河和上塘河向北汇入太湖，其中中河南段及茅山河可通过水闸与钱塘江沟通，当钱塘潮水上涌，潮水可通过河流分流散去，不至于淹没城区。而当代的河道配水工程则以钱塘江为水源，利用已建成的西湖引水泵站、中河双向泵站、三堡船闸、德胜坝翻水站等引配水设施，结合正在建设中的钱塘江引水入城工程，在主城区形成“钱塘江(上游)-运西河网-西湖-上塘河-中河-钱塘江(下游)”的河网水体循环系统(图 2-5)。钱塘江水通过 4 个渠道进入运河与上塘河水系：①从白塔岭排灌站以 6 m^3/s 流量抽引钱塘江水进入中河，并经德胜坝翻水抽至上塘河流域，经上塘河、和睦港，从七堡排灌站泄入钱塘江，江水用于改善主城区河道水质。②以4 m^3/s流量从钱塘江抽水经太子湾入西湖，再从二条线路进入运西片河道，改善运西片河道水质。③三堡船闸专用输水通道以 25 m^3/s 流量引钱塘江水入运河，主要用于改善运河水质，并从三堡排灌站翻水至彭埠地区，从七堡排灌站泄入钱塘江，改善上塘河水质。④以 25 m^3/s 流量从九溪引钱塘江水经留下出口进入运西河网，改善西溪湿地和运西河网水质。因此，当代钱

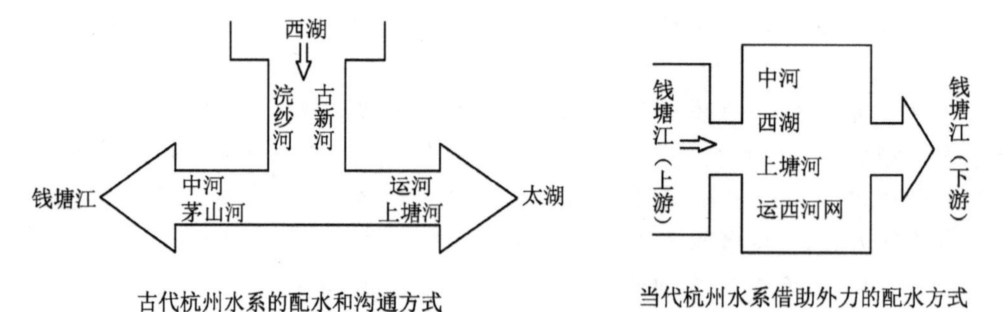

图 2-5　杭州水系连通和配水古今示意图

塘江、西湖、运河及其他市内河道这四者水流的沟通方式已随着水利设施的改进而与古代大有不同。

2.2.2 杭州城市空间的山水结构

在中国七大古都中，杭州由于特殊的地理环境因素，城市形态自成一格。与传统都城的规整对称、前朝后市的布局不同，杭州的城市形态和发展方向受到钱塘江、西湖及周围群山的限制，城市轮廓与钱塘江、京杭运河、西湖等水体密切相关。杭州西湖南面的凤凰山一带近钱塘江的台地是杭州古城的发源地，该地区地面高程在8.0 m以上，正符合古时技术条件下择城址应“高毋近旱，而水用足，下毋近水，而沟防省”的原则，之后随着西湖滨湖地区淡水井的开挖，城市开始向西湖沿岸的平原地带迁移。由于钱塘江海潮对城市安全的威胁，城市建设密集区始终与钱塘江岸保持一定距离，并在城内外挖置数条南北向河道，用以分流涌上陆地的江潮。杭州城市建成区面积自元末至新中国建国初期，基本保持在钱塘江北岸至西湖东面的古城城墙范围之内，大小约 13 km^2，平面轮廓呈南北长而东西短的类矩形，发展轴线与城内的主要河流同向。明代杭城郡守杨孟瑛曾如此描绘杭州：“杭州地脉，发自天目，群山飞翥，驻于钱塘。江湖夹挹之间，山停水聚，元气融结……南跨吴山，北兜武林，左带长江，右临湖曲，所以全形势而周脉络，钟灵毓秀于其中”[8]，此言概括了杭州的山水形胜，杭州的山、水、城及其之间的关系共同构成了这个城市的基本形态。

在山-水-城的结构中，最重要的一组关系为城湖历史关系。以西湖的角度看，自 12 世纪以来就形成的三面环山、一面临城的空间关系，并延续至今。而从城市的角度看，早期杭州城紧邻凤凰山而建，而后逐渐位移至西湖之滨，虽然毗邻西湖，但长期以来由于一道城墙将二者完全分开，城和湖的关系只是简单并置，居民只能通过几个城门出城到达湖滨，西湖只是文人雅士赏景悠游、赋诗作画的地方，是高远淡泊之处，与百姓的日常生活空间并没有直接的关系。因此古代杭州与其说是一座湖滨城市，不如说是一座充沛着溪水、河流、水塘的水乡城市。直到近代民国时期拆除城墙后，西湖才真正融入城市。自民国起，西湖东岸湖滨地区成为城市的商业中心区，西湖北部的宝石山与东部的吴山形成岬角之势，限制了城市在湖滨带的横向发展和竖向的高度。优美的山体、开敞的湖面和都市建筑群——近代杭州的山、湖、城呈现极为独特的三面云山一面城的城市空间形态，是认知杭州城市空间最重要的元素和意向，并一直延续下来。

1980 年代开始的中国城市建设浪潮中，杭州经历了高速的城市扩张，市区建成区面积和人口成倍增长，城市的山-水-城结构也发生了一定改变。自1949

年以来，市区面积净增长较大的记录有 3 次[9]：第一次是1952年，原属市郊的西湖、江干、拱墅 3 区首次划入城区，使市区面积从13.09 km²增至110.42 km²；第二次是1977年，撤销杭州市郊区，市区面积从173.46 km²增长到412.46 km²；第三次是2001年，余杭、萧山两市撤市改区并划归杭州市，使城区面积从682.85 km²跃增至3 068 km²。与此同时，杭州城市建成区面积[10]也从1952年的13.09 km²跃增至1998年的168.83 km²，城区面积的扩张使得城市形态的结构元素在尺度上有了明显的变化，中小型河道对城市形态的作用式微，在工程技术的支撑下，城市建设区越来越靠近钱塘江，并最终将其跨越，使其成为城内河流。同时，随着钱塘江江道的冲淤交替作用，水、陆域位置也在变化，长期的人类活动，尤其建国后大规模的滩涂围垦，逐渐形成今杭州市区东南部、下沙城和滨江区的陆域轮廓。

根据2007年国务院批复的《杭州市城市总体规划(2001—2020)》，杭州的城市布局形态从以旧城为核心的团块状布局，转变为以钱塘江为轴线的跨江、沿江、网络化组团式布局。组团之间保持必要的绿色生态开敞空间，形成“一主三副、双心双轴、六大组团、六条生态带”的开放空间结构模式。城市的边界形成新的山水控制带，6 片绿色生态开敞空间穿插在各城市组团中间：灵山-西湖风景名胜区，径山风景区，超山-半山、皋亭山、黄鹤山风景区，东部沿江湿地，青化山风景区和石牛山风景区。由此可见，在城区面积数以倍增后，城市的发展已脱离原有的山水结构框架和发展轴线，西湖及周围主要山体成为了城市内部组团的一个组成部分。原主城的沿河方向的发展轴转化为围绕西湖呈扇形团块发展后，又被垂直于钱塘江的两条平行城市发展轴所取代，城市呈现更为宏大的空间格局。

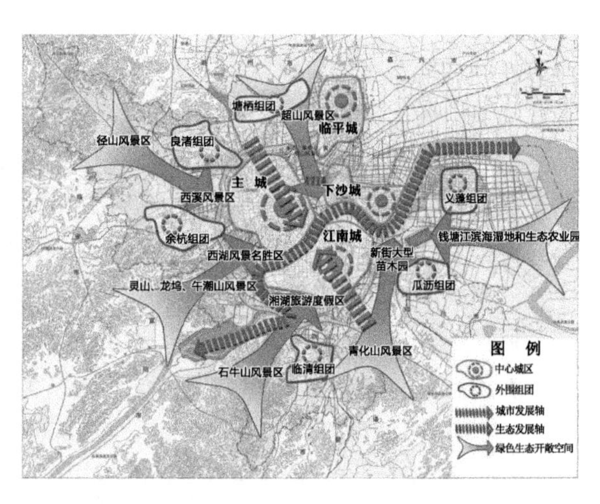

图 2-6　杭州总体规划空间结构图(2015)

从以上的对城市山水构成的简要描述可以看出，城区水体始终是城市形态重要的结构要素，在城市发展扩张的过程中，杭州山-水-城的结构在改变，原来分布在城市外围或边缘的山地、水域成为城市空间的组成部分，西湖与钱塘江两大水体从城市形态的边界要素成为内嵌于城市的结构要素，在不同历史时期分别对城市空间起到了不同的影响作用。城市尺度的持续扩大使原本就不宽大的城区内河网几乎湮没在城市的水泥森林中，同时城市范围的扩充也使古城外围更多的河流纳入城区河网中，城区水系呈现面（西湖）、线（钱塘江）、网（河网）三者集合的状态，丰富复杂的水网形态提示了这样的可能，将河、湖、江联结成网，而依附其上的滨水公共空间整体将呈现当代杭州最富特色的空间意向和地域景观。

2.3 杭州主城区城市空间形态和水系的互动演化

杭州作为中国七大古都之一，有着2 200多年的建城史（从公元前 222 年秦置钱唐县算起），在城市的漫漫演化过程中，自然山水环境对杭州城市形态在不同历史时期起着制约、牵引和提升的作用。本节将在一个较为宏观的层面上，以时间为轴，截取轴上 4 个有代表性的重要的时段，以分析历史切片的形式，解析水系与杭州城市空间形态在漫长时空演化中的相互作用：①吴越首府时期，②南宋临安时期，③清末民初时期，④改革开放后。它们分别对应了杭州的城市框架形成期、古代城市发展鼎盛期、城市形态变革期和快速扩张期，通过各历史时期形态的叠加和比较，诠释杭州城市空间形态和水系的互动演化过程。

2.3.1 吴越首府——城市框架形成期

一、总体发展简述

五代十国时期，杭州为吴越国首府，自唐末（907 年）钱镠受封为吴越国王，至宋朝初期（978 年）钱俶纳土归宋，吴越有国 72 年，加之唐末（公元 887 年），钱镠作为杭州刺史，为杭州的实际统治者和管理者，钱氏经营杭州前后有近百年的时间。期间，钱氏扩罗城、修夹城、浚西湖、治江河，在都城杭州的城市规划和建设上多有建树，奠定了其后千年杭州的城市发展框架。

古代杭州城的城址基本确定于隋朝开皇十一年（591 年），柳浦西的杭州州治。柳浦，位于杭州凤凰山下，为钱塘江北岸渡口，有相当面积的可耕土地和充沛的山泉作为生产生活资料，此外，柳浦还是当时已初具规模的江南运河的南向终端。适宜的生活环境和重要的交通地位是隋代确定杭州城址的两大因素，而后者为决定性因素。杭州城区逐渐发展，至唐朝，李泌在西湖东岸开 6 井，有了生活淡水的来源，城市聚落日渐向西湖东岸土地延伸。唐末，钱镠出于军事和经济需要，开始扩建杭州城。唐末大顺元年（890 年）钱镠“筑新夹城，环包家山，泊秦望山而迴，凡五十余里”[11]。使东西向城墙沿吴山以北的古运河(即清湖河)直抵今德胜桥以西的夹城巷,城墙范围东西相距不到300 m,南北却长达6 km,故称夹城,此次修建主要扩展了隋唐杭城的西南部。唐末景福二年(893年),钱镠在夹城基础上,“新筑罗城,自秦望山,由夹城东亘江干,泊钱塘湖(西湖)、霍山、范浦(艮山门),凡七十里”[11]。后梁代开平四年(910年)钱镠在前两次扩城的基础上,继续“广杭州城,大修台馆”,将杭州城墙的东界,从盐桥河(今中河)西侧东拓到菜市河(今东河)之西侧,盐桥河成为城内运河,而菜市河遂为城濠。经过几次扩城,吴越杭州城的四至范围为东临菜市河(今东河),南至六和塔一带,西濒西湖,北达武林门一带,南北修长而东西狭窄。从大顺元年“筑新夹城”至开平四年的“广杭州城”,钱镠20年所拓城区,基本就是今日杭州老城的核心区。

隋唐杭州将州治设在城南的凤凰山麓,城北为居民和市场,符合中国古代城市营建朝市分离,前朝后市的原则。钱氏在隋唐杭州城基础上营建都城,将州治扩建为子城,形成内有子城,外包罗城的格局,同时,受制于襟江带湖,西南多山的特殊地理环境,杭州打破传统都城形态方整,布局严谨的模式,根据地形,城区向外扩张中,城墙顺势自然弯曲,形成“南北展而东西缩”的腰鼓状城市形态。城市扩张的同时,杭州城市的发展主轴线也显现出来,这条主轴线是同盐桥河基本平行的主干道,主干道的南端是吴越国王宫,北段是市坊居民区,这一河一道,纵贯全城。吴越都城的建设奠定了杭州随后千年城市建设的基础,直至清末,杭州的城市范围(除南部稍缩,而向东扩张至贴沙河外)以及发展轴线与此时的吴越杭城仍一脉相承,无太大出入。

二、水系在城市空间发展中的形态作用

钱塘江是影响古代杭州城市东部边缘线和市内河道水系走向的强力因子。虽然古代杭州的城址离钱塘江有一定距离,但钱塘江海潮自古就是杭州城市安全的最大威胁,史书对潮水冲漫江岸,奔逸入城而成灾的情况多有记载,唐朝咸通二年(861年)杭州开挖了3条沙河:里沙、中沙、外沙。当潮水涌上江岸,可由此3条沙河泄去而不至于直接涌入城区。至吴越时期,杭州城内河流除了清湖河原为江南运河的城内延伸段外,其余的主要河流为市河、盐桥河、茅山河,有研究人员认为这3条河流或盐桥河、茅山河、菜市河3条河与唐代开凿的3条沙河有一一对应的关系,但由于未有确切资料能证明,这两种假设都有争议,可以明确的只有盐桥河发展于唐代开凿的3条沙河之一。从城市形态的角度看,无论唐代沙河还是吴越城内东部的3条人工开凿的河流,由于需要抵御钱塘江咸潮,均与当时钱塘江的走向相同,为南北走向的河流,而其中盐桥河、菜市河由于是城濠,均曾作为修筑城墙的参照,是城市形态的边界要素。

在数次扩城中,城内的盐桥河由城市边缘成为城市的发展轴线。景福二年(893 年),钱镠在夹城基础上修建的罗城,其东界从今东新关桥起沿五里塘河向南,再沿盐桥河(今中河)西侧向南抵六和塔江边。盐桥河成为这一时期的城濠,在盐桥河西侧,至宋代还有朝天门(今鼓楼遗址)、炭桥新门(今丰乐桥西)、盐桥门(今盐桥西)等城门名称。至钱氏再次扩城,城市东界从盐桥河西侧东移至菜市河西侧,原为城市边缘的盐桥河被纳入城中,菜市河成为城市新的边缘线,直至元末张士诚重筑城墙。纳入城内的盐桥河在形态位置上处于城市东西向的中心位置,并贯通南北,吴越王钱镠还开挖新河龙山河,使盐桥河中的船只经由龙山河可通过龙山闸或浙江闸直接出入钱塘江,遂盐桥河取代了西湖东岸的清湖河成为江南运河的杭城段水道,成为杭州城中最重要的水上交通要道。在 3 次扩城后,盐桥河的南端指向吴越王宫,南向可延伸直通钱塘江,北段是居民和商业区,并连接江南运河,且盐桥河的河水是活水,不但通行舟船,也可做生活用水,所以河两岸居民渐渐密集,城市生成了一条与盐桥河平行的城市发展轴线(图2-7)。

图 2-7 吴越时期杭州城水关系示意图

前文提及吴越杭州城中的数条人工河道,或为航运,或为防潮汐,人们改造甚至创造水系,使之适应生活生产需要。在水利建设的过程中,城市空间发生了相应的变化,回顾历史,水利技术的进步可以说是吴越时期杭州扩张和城市轴线形成的主要原因之一。在钱镠筑海塘前,杭州东部地区深受钱塘江海潮之害,开平四年(910 年)钱镠筑捍海塘,南自六和塔,北至艮山门,即今建国路——复兴路一线[12]。钱镠针对前人所筑土塘经不起潮水冲击的弊病,采用了以石筑堤的新方法新技术,即用竹笼盛巨石,用木桩固定,筑成石塘。海塘筑成之后,其西部“重壕累堑,通衢广陌,亦由是而成焉”[13],海塘的筑成在较长的一段时间解除了杭州的海潮之患,使杭州沿江的可建设面积大大增加,为居民聚落和城址范围的东扩奠定了物质条件。除了修筑海塘,保障杭州多年免受钱塘江潮水侵袭外,钱镠在盐桥河的南部延伸段龙山河入钱塘江段巧妙地设置了龙山、浙江两个闸口，两个闸口的海拔高度及高差恰是钱塘江的平均低潮位和高潮位的高差值，使盐桥河与钱塘江的通行不受潮水涨落限制，同时钱塘江潮水的泥沙也不会带入市内河道形成淤积。此外钱镠组织治理西湖，开池井，仿照六井做法，开涌金池引西湖水入城，并入运河，至此，城内运河、西湖、钱塘江三水互通。这些古老的水利建设，扩大了城市范围，重塑了城内外水上交通路线，对城市空间形态发展影响深远。

2.3.2 南宋临安府——古代城市建设的鼎盛期

一、总体发展简述[14]

宋建炎三年(1129年)，朝廷南迁，以在吴越宫城基础上发展而来的北宋州治为行宫，升杭州为临安府，绍兴八年(1138年)，正式定都临安，在这之后的百年间，作为南宋政治、经济、文化中心，临安发展迅速，人口剧增，成为当时世界上最繁华的消费型城市。临安的城市布局延续了吴越都城的框架，同时又另有创新。由于财力的限制和政局的动荡，临安延续吴越南宫北市的布局，跳出传统皇城位于整座京城中心偏北的都城规制旧窠，皇宫仅在吴越子城的基础上扩建，城墙也在吴越时期的基础上修建，除西北方向略缩，范围大致相同，共建城门 13 座，全城仍呈南北长(约7 000 m)而东西窄(平均约2 000 m)的矩形。城墙范围内的居民聚集区被分为 8 个厢(淳祐年间分为 9 个厢)，厢中设坊，坊中有巷。南宋形成的坊巷格局仍是近、现代杭州老城街巷的基础，许多坊巷名称沿用至今。

在城市营建上，与汉唐长安及北宋东京相比，临安具有强烈的现实主义色彩。中国古代城市尤其是都城的建设一般都带有数字及形态的象征意义，象征天子所在是天地的“中心”，而临安特殊的地理位置是没法符合这些传统象征的，它被西湖、群山和钱塘江夹在狭窄的平原里，街巷网格不成方形，城墙弯曲，更谈不上对称，其“中心”象征性上无不缺憾。但从经济上看，临安的中枢性又是无可置疑的，商业的高度发达强有力地推动了城市的建设和发展，所以在这一时期临安的城市建设体现的是新旧两种城建制度交融。传统的都城规划原则主要体现在皇城上，如皇城正门为南面的丽正门，皇城亦如北宋东京正对御街，但由于临安城市布局为南宫北城，实际正门的职能又由北门和宁门承担，且御街也未正对皇城，中途还有两处折西。现实主义的营建方式则体现在城市功能分区和交通网络设置上。城市的东西向中心位置设置了南北向主干道御街，以御街为中心由南向北形成分区，城南为政治中心和官绅区，城西为高端居住区，中部结合城内运河形成规模盛大的经济中心，中部往北为文化娱乐区，城北靠近京杭运河码头为中下层居民居住区和物流仓储区。除御街外，城内还有两条南北向主要道路：后市街和西大街（今武林路）。东西向的大街则均以御街为终点，是城门与御街的垂直连接线。御街东边主要有与崇新门、新开门、候潮门相通的 3 条大路，西边主要有与钱塘门、涌金门、清波门、余杭门相通的 4 条大路。除陆路外，城内的 4 条河流与城外的众多河道相通，河上桥梁众多，高效运行的城市水网，与陆上道路一起形成临安城内水陆并举的交通网络。而坊巷制此时已代替里坊制，成为街区组织的手段，坊巷结合沿河近桥处和城门口形成了各类界面开放的商业街，延续并发展了自北宋东京开始的非封闭性的街市。总体而言，临安的城市建设超越了中国都城的旧制框架，浓厚现实主义色彩的城市布局促其成为当时世界上最大、最繁华的都市。

二、水系与城市的空间关系

根据《咸淳临安志》以及《梦粱录》等志书的记载，临安城墙范围内有茅山河、盐桥河、市河，清湖河 4 条河流。其中茅山河与盐桥河均为前朝既存的城内运河，分别连接江南运河和钱塘江。至南宋时期，茅山河的南端已经缩短到了保安水门一带，较北宋时期，长度大大缩短，且仅有北面一段尚通舟楫。而盐桥河“南自碧波亭、州桥、通江桥，与保安水门里横河，过望仙桥直北，至梅家桥，出天宗水门；一派自仁和仓后葛家桥、天水院桥、淳裕仓前，出余杭门水门”[15]。盐桥河，即今中河前身；碧波亭在今凤山门以北；州桥即今稽接骨桥；通江桥、梅家桥，今俱存；天宗水门，在今武林门东；余杭门即今武林门，出余杭门的这“一脉”今已不存。与盐桥河平行且相近的市河，也叫小河，自宗阳宫西由盐桥运河分出后，沿今光复路、焦营巷、北至天水院桥折西，沿体育场路西行，至天宗水门出城。城西的清湖河（今浣纱河），又称西河，沿河两岸为早期城市聚居区，是古代杭州早期的城内运河，后其城内运河的地位被盐桥河和茅山河所取代。清湖河分支较多，走向大致为“西自府治前净因桥，过闸转北，由楼店务桥至转运司桥转东，由渡子桥与涌金池水合流，至金文库与三桥水相合，由军将桥至清湖桥投北，由石灰桥至众安桥又投北，与市河相合，入鹅鸭桥转西”[15]。对照今日的地名，清湖河由清波桥下入城，沿河坊街、劳动路，北流至渡子桥与涌金池水汇合，向东至定安路，再汇合三桥水，转北，经井亭桥，沿浣纱路、八字桥，至众安桥与市河汇合。而入鹅鸭桥转西的“一派”则“自洗麸桥至纪家桥转北，由车桥至便桥，出余杭水门”[15]，即在今平海街以北与干流分流，沿今龙翔路、武林路向西北流，由武林门出城。清湖河的水源主要来自西湖涌金池，既能防止西湖水暴溢，又因其与市河连通，还能将西湖水补给至市河、盐桥河。除城内 4 条河道外，城外的河道主要有贴沙河、龙山河、菜市河（今东河）、下塘河、余杭塘河，下湖河（今古新河）等。城市水网纵横，发达的水路交通将临安与其经济腹地紧密地联系起来，成为其商业发达的关键前提。

南宋时期，临安的城内河道，是城市道路的定位元素和交通骨架，尤其是盐桥河，是城市经济中枢的组成要素，而夹在几条河道中的御街（其主要路段为今杭州中山路）是临安的城市中轴线和中心商业街。参照南宋临安复原图（图 2-8），它的位置不仅是城墙内城区东西向的中心，也是 3 条城内运河的中心，处于清湖河与盐桥河的中心位置，与市河相距不过 50 m。如果说御街是临安城政治意义和城市形制上的轴线，那么盐桥河就是临安的经济意义上轴线。根据斯波义信在《宋代江南经济史》对临安城市经济地理的分析，杭州城的北面是京杭运河的终点，南面是内陆河道与海洋的交通连接点，自然地，杭州城外西北郊的江涨桥市、湖州市以及杭州东南郊候潮门外一带的湾岸沙地被确定为全国性的南北货物集散地，而临安就是这两大集散地之间纵向狭长地块，经济功能上的干线便是南北向、连接京杭运河和钱塘江的盐桥河，它把直接辅助它的市河及御街，间接辅助它的茅山河、清湖河整合成集城市客运和货运的交通骨架，与其所在厢坊共同构成临安最重要的滨水商业区（图 2-9、图 2-10）。

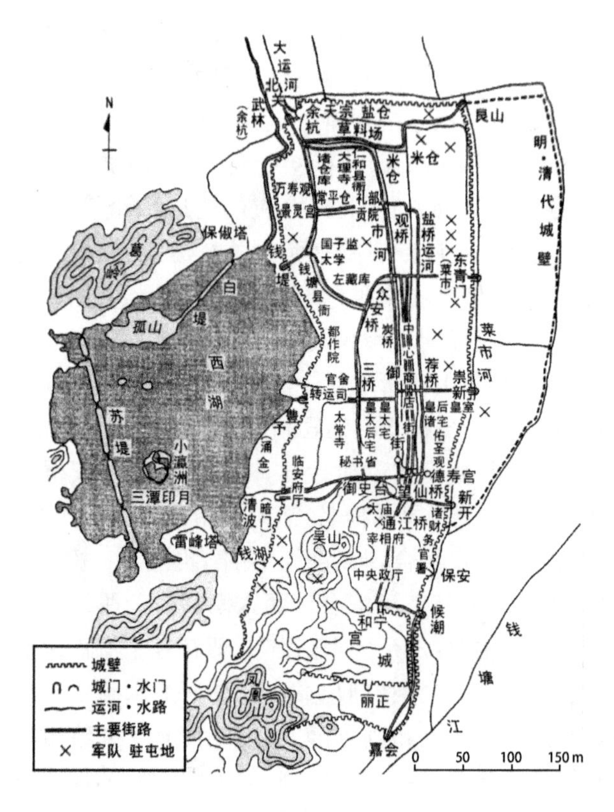

图 2-8 南宋临安复原图

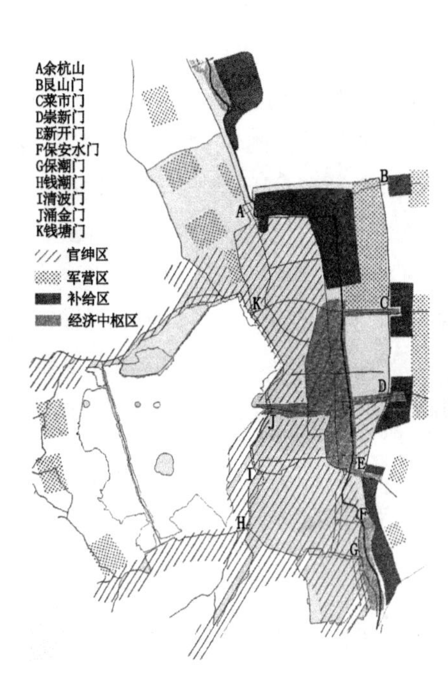

图2-9 临安城内外经济生态区划示意图

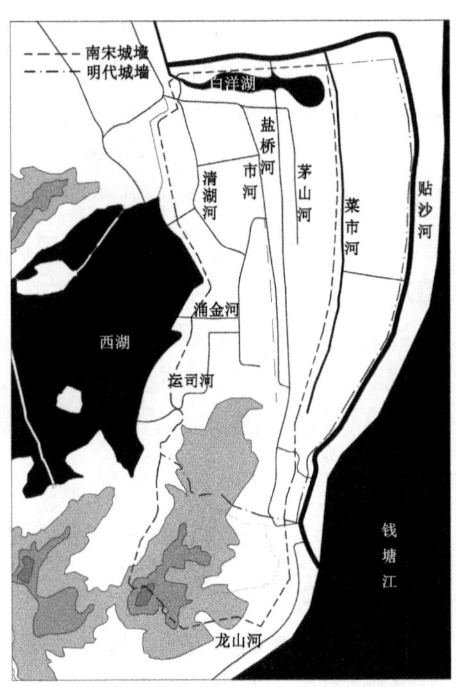

图 2-10 南宋时期城水关系示意图

城内河道是城市经济的引擎，而城外的西湖则成为城市的人文景观。南宋时期，西湖与城市关系为并置关系，距其历史性地转折为“城湖一体化”的时点仍有几百年，然而造成这一未来空间转折的重要前提在此时已规模初具，那就是西湖丰富悠久的文化历史景观。南宋以前，虽然西湖周围以寺庙园林为主的城外园林已具备一定规模，但西湖作为农耕生产资料，更多地呈现自然田园的景致。南宋在此定都后，杭州政治经济地位上升，各路官绅富豪、文人雅士及各行各业的能工巧匠都汇聚在杭州，使西湖园林有了爆发式的增长和根本性的转变。首先是量上的增长，除了寺院园林外，南宋西湖周围出现了许多大型的皇家园林以及官绅私园，如规模最为宏大的聚景园(今柳岸闻莺便在此园旧址范围内)；其次，西湖的美好自然风光促其文化景观的形成及相关旅游业萌芽。南宋绘画以山水画最为突出，在南宋理宗之前，画家对西湖的赞颂描绘一般都从整体入手，采用长调大幅的形式，而后期皇家画苑的画家们则倾向于截取西湖几个代表性的景致加以渲染和重点描绘，并用四字词语来概括画意：断桥残雪、平湖秋月、苏堤春晓、雷峰落照、南屏晚钟、曲院风荷、花港观鱼、柳岸闻莺、三潭印月、两峰插云即为后人不吝赞颂的“西湖十景”。诗人词人常以此为题咏对象，较著名的有张矩《应天长·西湖十景》、周密《木兰花慢·西湖十景》以及陈允平题十景词等。

原本作为自然景观资源的西湖渐渐趋向精致化、人文化，与相关的诗画、故事融为一体，成为独特的文化景观。值得注意的是，大量关于“西湖十景”的诗画都是由不怎么出名的画家和词人所画所题，从十景的名称也可感受到一种地方性景点指南性质的意韵，这样的命题题材其实并不适合画家词人的创意发挥，因此十景之名的产生极有可能是基于现实需要，而这种需要来源于南宋发达的庶民文化和新兴的旅游业。南宋西湖周边商业繁华喧闹景象使得西湖的山林本色渐渐褪去，文化商业氛围泛起。南宋一朝，对西湖管理经历了从简单疏浚到特色经营的转变，西湖功能定位开始转向，由灌溉储水等农业生产功能转向城市园林景观功能，当然这种转变不是一蹴而就，只是初现端倪，从城市空间发展的角度看，西湖从功能湖向景观湖的转变，对西湖湖滨地区乃至整个杭州城的空间意象都有着深远的影响。

2.3.3 清末民初杭州府——城市建设的变革期

一、总体发展简述

清代杭州的城墙沿袭明城墙的范围，即元末张士诚重筑的城垣，东为今环城东路、江城路，南界为万松岭，西界为今南山路、湖滨路、环城西路一线，北界为今环城北路。与南宋临安相比，东界向外扩展，将东河纳入城内，南界北缩，将原南宋宫城划出城外。杭州城如此东拓南缩后，南北距离仍然比东西长，城内变得以平地为主。城墙是中国古代城市的军事防卫设施，同时也是城市范围的一种限定，但至清末，杭州城市建设区实际已超越城墙之外。沿着运河和钱塘江，在城市外围近城地区新增了数座大型集市，如北郭市、江涨桥市、龙山市等，今天这些地区都已成为现代城市的一部分。民国初年，拆城墙，迎西湖，筑马路，城区继续向城墙外溢出，一个近现代杭州城市轮廓其时已然显现。

清代至民国初年，杭城最大变化就是清初城中新筑的满城和民国初年满城的拆除。清初，由于在江南地区受到抵抗，清政府认为杭州“江海重地，不可无重兵驻防，以资弹压”[16]，遂重兵屯于杭州，同时认为兵民杂处，容易引发矛盾，于是在杭州城内划定地段，建设驻防营垒。顺治五年(1648年)，清廷礼工二部议定“于西城濒湖中段，圈定市街坊巷而版筑焉”[17]，而这个地段恰是居民最为稠密的地方：“杭州自张士诚改作城垣，终明之世，居民以濒湖一隅最为繁盛”[17]。1650年，满城建设完毕，驻防八旗入驻(图 2-11)。“终清之世，驻防旗人居焉，视同禁苑”[17]。满城在古城城西钱塘门和涌金门之间构筑了一个封闭性的空间，满城西侧沿用杭州城的城墙，其余周边另建石墙，石墙高度超过 9 m，共 6 个城门，面朝西湖的钱塘门也成为满城的城门之一。满城的建成使杭州形成城中城的格局，并阻隔了西湖与城市的联系。直至民国初年，满城及其城墙被拆除，民国政府没收了满城土地，着手建立“新市场”，并由此联结西湖与城市，西湖开始成为城市的一部分。

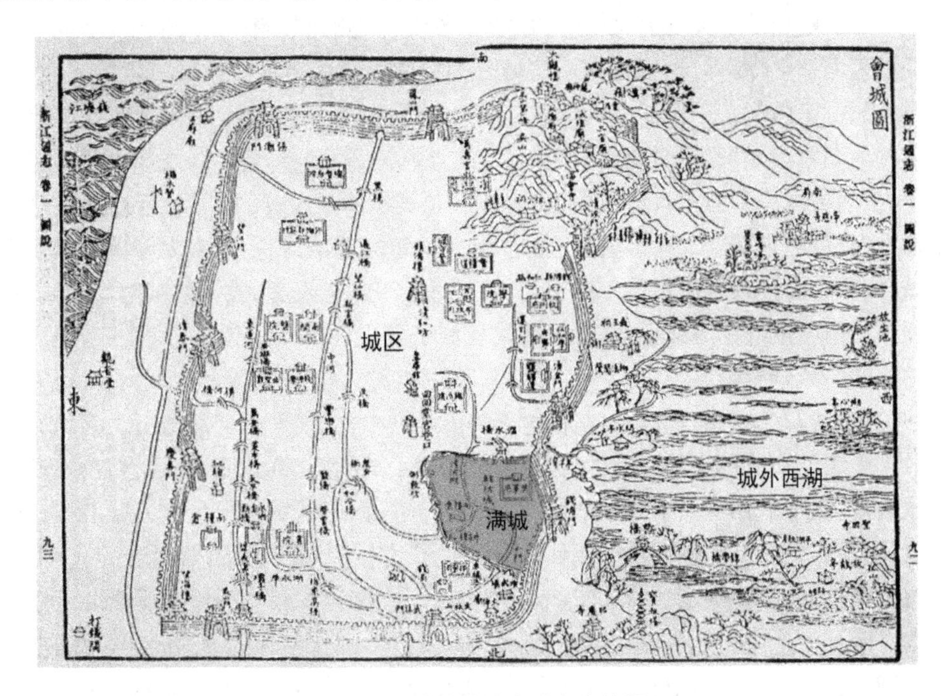

图 2-11　清代满城在城市中位置

虽然西湖与城市的关系有所变动，但作为城市交通干网的河网在这一时期始终保持运作良好，其水利管理建设的主要成就在于使西湖、内河网、京杭运河三者科学连通，内河网受到西湖水灌注的同时，又与大运河相通，对此乾隆《杭州府志》记载如下：“有上、中、下三河，转辗递注，皆受西湖水。水三道入城，一由涌金水门，一由涌金陆门之下，一由清波门流福沟”[18]。可见，西湖水由 3 条路线进入古城西部的清湖河（浣纱河），再由清湖河依次进入下、中、上河（即小河、中河、东河）。由于城市水系有大半为人工渠化而成，需要不间断地疏通和清淤，据统计，治水的频率与经济社会的发展有一定相关。清朝统治 265 年间，兴修杭州水利工程的年份至少 29 个，平均每隔 9 年一次，但清朝末期政局不稳，相隔时间拉长[19]。另外，清代对城外的钱塘江进行了大规模的海塘修筑，建成钱塘江北岸海塘。民国初年，水利建设基本以整修巩固为主，其重点也是在钱塘江。在清末民初时期，除了直接威胁城市安全的钱塘江，对杭州其他水系的关注度在下降，这从一个侧面可见城内水系式微已初现端倪，内河在民国时期开始走向全面的衰退，其对城市空间形态的影响力下降，其原因将在后文详细阐述。

二、水系与城市空间的演化互动

清初至民国初年，西湖与城市的关系可谓峰回路转，在重大城市事件的推动下，西湖与城市经历了分离而后又融合的过程。清代，杭州建起满城后，高 9 m 多的城墙和满城这两道屏障有效地把西湖和杭城分割成两个空间单元。在城市生活中，西湖相对杭州城市内部是一个城外的风景区和一个季节性活动场地(每年的花朝节至端午节的西湖香市)。民国时期，西湖和城市的分隔关系发生颠覆。满城作为清政府的象征，土地被国民革命军政府没收，所有旗兵及其家眷被驱逐，民国政府计划在这片土地上建设“新市场”。“新市场”的建立，有其特定的经济背景，清末太平军摧毁了杭州城，杭州的经济和城市建设一落千丈，而此时上海迅速崛起，成为远东第一大城市，杭州在江南城市群中等级下降，杭州面临着城市发展的重新定位—— 由江南经济文化中心转向风景旅游城市。为大力发展以西湖赏游为主的城市旅游业，杭州国民政府快速推进“新市场”的都市计划，在这项都市计划中，从钱塘门到涌金门之间的城墙以及剩余满城均被拆除，并在城墙的旧址上新筑了湖滨路，杭州城面向西湖东岸没了视觉遮挡，原本呈封闭形态的城市堡垒向西湖开放，西湖从城外景色变为城市的景观组成，西湖在空间上与城市融为一体。“新市场”所在的湖滨成了杭州新的商业中心和旅游集散地。满城拆除的意义远不止建设一个新兴的商业中心，这项都市计划使原本位于吴山附近的城市商业中心开始转移至湖滨，加上新建的湖滨公园，湖滨地区成为城市公共生活的新中心。城市重心向湖滨地区的转移对城市形态的影响是巨大的:一方面城市形态从封闭走向开放，开始脱离古代城市的形态旧制向现代城市转变。另一方面，杭州城市空间发展的模式改变了，延续千年的南北向城市发展轴线终结，城市发展开始了以西湖湖东地区为中心的团块发展(图 2-12)。

在城内河道方面，近代科技的进步已使主城的内河系统处于无用的尴尬境地。以城防视角看，在火器时代，城墙与城濠结合作为防御手段已落后不堪，甚至成为城市发展的障碍。从城市的交通、运输上看，清宣统元年(1909年)，沪杭铁路建成通车，车站设于清泰门内的羊市街，杭州第一条正式修筑的可供汽车行驶的道路就设置在其周围，为一段长 320 m 的弹石路。随后杭城政府又修筑清泰门至涌金门道路、湖滨路、延龄路、迎紫路等城市车行道，城市交通、运输向车行道路转移。为了建设现代化的旅游城市，道路系统成了国民政府在民国初年城市建设上的重点。民国五年(1916年)孙中山在杭州作了题为《道路为建设着手的第一开端》的演讲，提出道路对于国计民生的重要性。1927年，专司城市市政园林建设的杭州工程局制定《拟定杭州市街道路线号数图》，标志着杭州城内道路的系统化发展。火车、汽车的推广使城区内河航运无论客流还是货流在交通总量上所占比例都大幅减少，内河航运的萧条使得内河系统发展和管理的动力锐减，内河河网的疏浚间隔时间

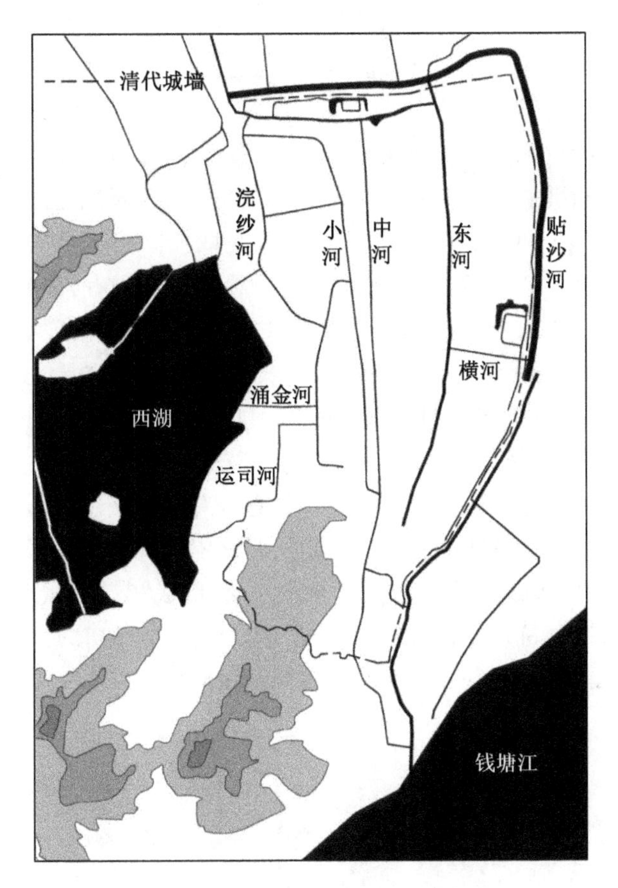

图 2-12 民国初期城水关系示意图

明显加长,河道无论水质还是通航条件都走向退化。在近代杭州,城内交通水路与陆路的关系不再相辅相成,而是此消彼长,道路系统迅速发展的同时,内河系统迅速衰败,在数次道路修建过程中,城内的浣纱河、运司河、涌金池、三桥址河、市河等多段被填埋,河上桥梁均被拆毁。另外那些没有被填埋的河流也疏于管理,水质、通航能力持续下降,至新中国成立初期,原城墙范围内只剩下几条孤立的河道。功用性的河道网络初步瓦解,杭州城市发展从"运河时代"逐步让渡到"西湖时代"。

2.3.4 改革开放以来的杭州——快速城市化时期

一、总体发展简述

新中国成立以来,杭州的城市建设以 1980 年代为分水岭,形成分水岭最重要的关键词是"尺度"。1980 年代前,城市发展始终在古城框架内延续,城-水关系除民国时期西湖与城市联结外，河道、钱塘江与城市空间的关系稳定，没有太大变革。而 1980 年代后，城市建设突飞猛进，且一度失控，完全脱离了原有古城框架和结构，由环湖发展向跨江发展演进。

1980年以前的杭州城市形态类似“手状”形态，城市建成区集中连片的部分形似“手掌”，而“手指”则分别是沿重要交通干线两侧和钱塘江北岸布局的城市建设用地。1982—1989年间，城市空间扩展的方式是依托原建成区向四周蔓延和沿干道的轴向扩张，这使得“手指”形态逐渐变粗。到1993年，杭州城市形态已经演化成“折扇状”，2002年余杭、萧山和杭州三地合并，城区面积急剧扩大。2000—2003年间，杭州城市形态增长的无序造成“摊大饼”式、无主导方向的形态格局(图 2-13)。2007年国务院批复的《杭州市城市总体规划(2001—2020年)》将杭州市城市性质确定为“浙江省省会和经济、文化、科教中心，长江三角洲中心城市之一，国家历史文化名城和重要的风景旅游城市”。2007年版“总规”指出：从以旧城为核心的团块状布局转变为以钱塘江为轴线的跨江、沿江、网络化组团式布局。采用点轴结合的拓展方式，组团之间保留必要的绿色生态开敞空间，形成“掌形”城市空间布局形态。经过 20 余年的扩张，杭州的目标形态的类型与 1980 年代初的“手状”形态是同类的，但“尺度”却是两个级别的，尤其对于杭州老城而言。

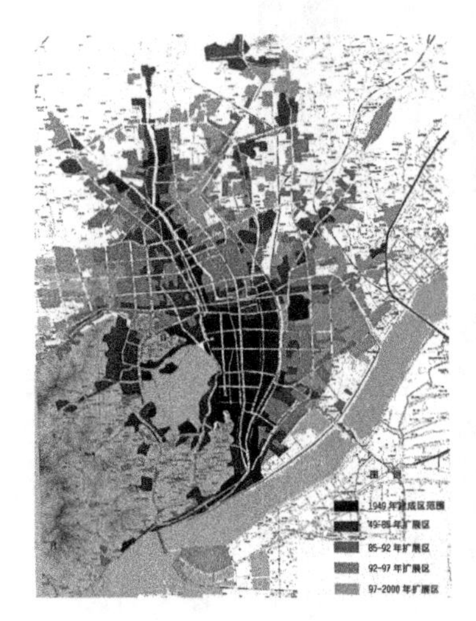

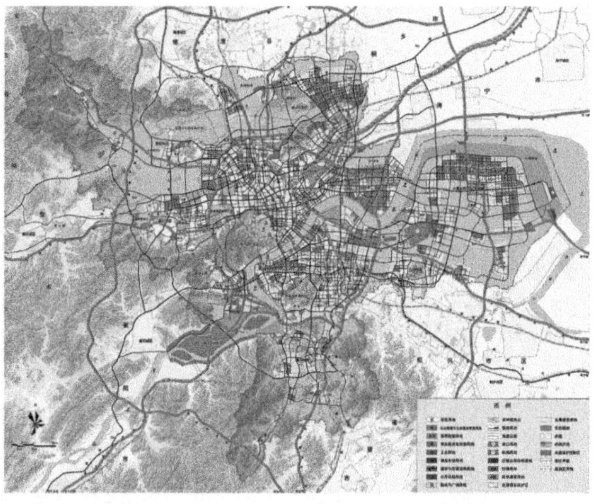

图 2-13　1980 年前后杭州城市形态围绕西湖“手状”“折扇状”到以组团形式跨江发展的变化过程

在这种城市快速更新和尺度骤变的背景下，虽然杭州市在1983年就被公布为国家及历史文化名城，但旧城仍然历经了部分消亡、大规模的旧城改造、重建的过程。杭州古城内大部分历史街区被拆除，城市滨水空间无论是空间定位还是空间景观都随之变化。古城的河网系统消失，剩下孤立的中河与东河，与河流相互依存的街巷空间消失，新式居住小区集中成片开发，城市肌理骤变，过快的尺度变化撕裂了原本具有连续尺度层级的城市空间，使城市空间的尺度层级断裂。除此之外，城市更新或新建了两个重要的滨水区：湖滨地区和钱江新城。西湖东的湖滨地区作为民国时期业已成功的商业区在20世纪末遭到过度开发，大尺度建筑连续出现在湖滨地段，高层建筑形成簇群，大有压过西湖周围山体高度之势，使西湖东岸景观面临巨大压力。而在钱塘江北岸原城市边缘带选址建设的钱江新城，被定位为城市的CBD，一个图式化的现代建筑群——高层林立、外加大尺度户外空间和公共建筑迅速在几年间被堆砌在钱塘江北岸滨水区。

二、水系与城市空间的互动演化

原有城市内河网在城市生产生活中有重要的实用功能，作为城市空间构成的结构性元素和城市交通的有机组成，在城市空间形态上与周边滨水街区结合紧密，但在当代城市扩张中，其功能地位受到巨大冲击。随着机动车出行量大幅攀升，水上交通量大幅缩减，城市街区在规划设计时，以适应汽车交通需要为基本前提，深入城市中心的河网在交通上不仅是可有可无的鸡肋，甚至是提高通行效率的阻碍，所以一些河流和水塘被填埋，成为机动车道路或者城市建设用地，城市水网密度降低，一些富有特色的桥梁也被改建为公路桥，成为机动车道的一部分。同时，城市的当代建设使内河网在尺度上与现代城市元素（如：主干道、高层建筑等）无法抗衡，对城市空间形态的影响有限。古城区内最重要的3条南北向内河——中河（盐桥河）、东河、贴沙河均成为绿化景观带，而在新的城市建设区内，湿地大量消失，但仍留存大量河道，古城外的河道除了运河、余杭塘河、西塘河等主干河道外，其余大部分河道隐藏在住区和滨水绿地当中，并不做为城市空间的显性要素出现，这与古代杭州街道与河道并行并互补的形态迥异。在20世纪末，城市内河水网整体已不再承担原有主要的交通及用水取水功能，转而在城市生态环境、历史文化信息表达和旅游休闲景观等方面发挥积极的作用，同时兼顾城市排水的基本职能。

除了河道，西湖和钱塘江也在城市的发展扩张中改变了原有与城市空间的关系。城市的扩大使西湖不再仅是毗邻城市建成区，而是成为城市中心区的一部分，西湖的区位与主城核心区交织在一起，良好的区位条件使其周边土地受到城市开发强度增大的负面影响，尤其在西湖东岸，出现了一批大体量建筑，湖与城的关系由“三面云山一面城”趋向“四面围堵”。而21世纪以来杭州跨江发展的城市发展战略，使钱塘江这条历史上一直处于城市边缘的大尺度水体成为城内重要结构性元素。在杭州过往的城市发展中，城西南为西湖和群山，东边和东南又受制于钱塘江，只能往北和西北向发展，近代和新中国成立初期的城市建设也印证了这一客观地理环境对城市发展的制约影响。随着水利工程技术及建筑工程技术的日新月异，这一制约变得可以克服，钱塘江对城市的安全威胁变得可控，江畔土地虽然工程地质条件较差，但可以通过技术手段进行克服，同时跨江的交通干线建设也不像从前那般困难。由此，城市的跨江发展成为可能，钱塘江由城市的形态边界转化为城市的发展轴线。在钱塘江北岸，高强度的城市开发改变了江与江畔山体的空间关系。历史上，凤凰山、玉皇山是钱塘江的天然屏障，山与江在视觉上是直接相连的，但随着钱塘江对城市发展的主导作用逐渐加强，沿江基本为高层建筑，现状下钱塘江和群山之间的视线通廊已被高层建筑群阻隔(图 2-14)。

图 2-14　2000 年后主城区水系示意

2.3.5　叠合与比较

在对杭州主城区 4 个具有代表性的历史时期进行切片式解读后，本节尝试将不同历史时期的信息叠合起来，从中读取水系自身演化和发展过程，同时，比较其在城市形态发展中的形态作用，期望通过这种叠加和比较，能够动态地把握城市和水系在历史发展过程中的关系，从而深度理解和诠释现状水系所蕴含的历史信息和价值。

一、不同时期杭州古城“城-水”形态的叠合

在前文分析杭州古城城内水系时，根据已有的并受到广泛认可的地图和文字资料，按照历史分期分别绘制水系与城墙定位简图，力求将水系与城市形态的互动关系简洁明了地表达出来。而后，将相邻的两个时期水系图叠合，即显示水系在特定历史时期的空间分布和与前一历史时期的增减变化，反映出现状城市水系的生成过程(图 2-15)。

从一系列的叠合图可以看出：

(1) 主城区内水系的发展均建立在前朝水网基础上，水系本身在较长的历史

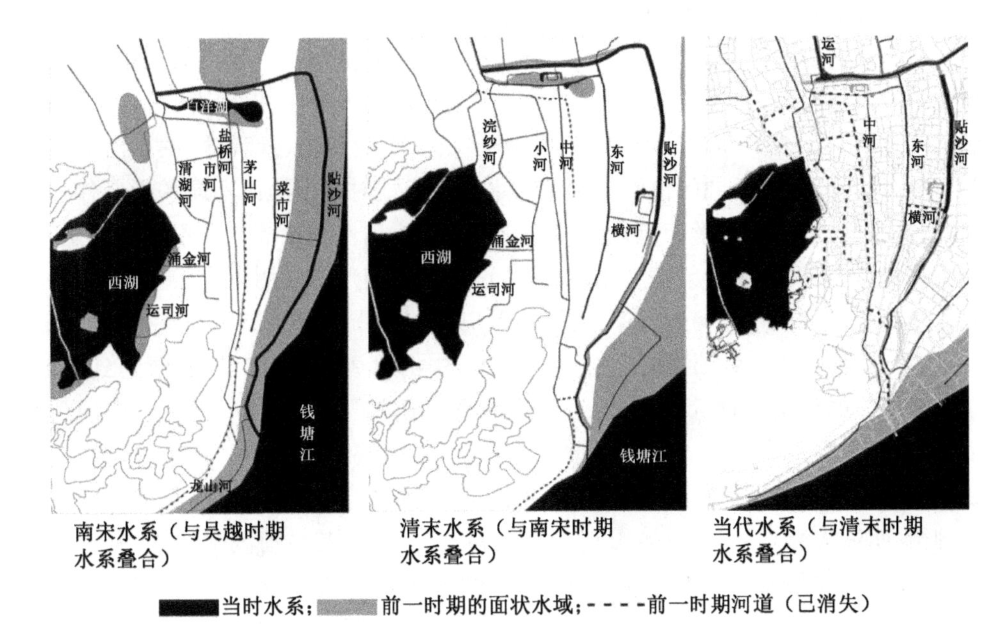

图 2-15　不同时期杭州水系的叠合分析

时期内没有发生突变，只有在当代城市扩张中，由于纳入了原本位于城墙外的大量水体，城市水系的整体形态结构发生改变。古城内大部分现存的水体，其具体地理位置至少从南宋起便存续至今。

(2) 自吴越时期至清末，钱塘江岸线在不断外移，城市东面、东南面的土地在增多，杭州城内的河网在规模上不断增长，而城墙内城北的泛洋湖、上湖，城东的池塘、泽地等中小型面状水体却不断消失。推测有两方面的原因：其一是杭州城墙内的面积长期没有大规模增加，而杭州地区缓慢的城市化进程却没有停止，城区人口在不断增多，城内一些小水体的消失是人水争地的直接表现；其二，随着工程水利技术的发展和一些自然水文因素，钱塘江江岸向东、向南移后趋向稳定，杭州东部土地咸泽渐退，成为适宜建设的土地，城市和外来人口逐渐向城东疏散。

(3) 从当代水系与清末水系的叠合图看，古城内河道消失过半，历史水体的生存状态堪忧，古城内河网系统已经破坏，现存河流为原有的几条主干河流，大部分为南北走向，古城河网与西湖及运河的联系大不如历史时期紧密，原本西湖、运河及钱塘江三者通过内河网沟通联系的关系已经不存。另外古城内现存有一些由河道改造而成的暗渠，它们提示了历史河网原有的完整结构。

二、水系的形态作用变迁对滨水公共空间的影响

从上文对城市不同时期城-水关系的描述中可知，杭州由古至今的城市发展史与城市汲水、理水、治水的过程密不可分。水系在城市发展中的作用可分为功能和形态两方面。功能方面有汲水源、交通、引导城市用地布局、景观、防洪排涝等，功能与形态相互关联，不同区位不同功能的水体相应地对城市施以不同的形态作用，如形态主轴、形态骨架、形态定位元素、形态边界、附属性元素等。在不同的历史时期，随着时代背景和社会经济文化的变化，这些功能与形态作用也会相互转化或相应改变。从前文的描述与分析中，可知水系对杭州城市的形态作用主要有 3 类。

(1) 是城市的发展轴线。在杭州历史上，中河自唐末吴越时期起便起到了城市交通主线的作用，与城市居民的生产生活密切相关。至南宋临安时期，中河(盐桥河)是城内最重要的交通和经济轴线，连接了城南城北两大商品集散地，沟通了钱塘江和京杭运河，具有交通航运、取用水、防洪排涝等复合功能，它与中山路(即宋御街、明清大街)共同构成城市交通主轴和发展轴线，其沿河滨水地段是当时的商业中心区，亦是城市公共生活的集中区，这条轴线一直延续至民国初年。而在 2000 年后城市发展中，钱塘江成为新的城市扩张发展轴线。2007年的城市总体规划确定的城市空间布局将从以古城为核心的团块状布局，转变为以钱塘江为轴线的跨江、沿江网络化组团式布局，并在钱塘江北岸建设起市级城市公共中心，城市范围的扩大和水利技术的成熟，使钱塘江由历史上限制杭州城市发展的城市边缘转化为城市发展轴。

(2) 是城市形态边界。在中国古代城市，城市的边界一般是由城墙、城门和护城水系共同组成的城防体系。对杭州这个傍湖襟江的城市而言，作为城市形态边界的水系种类便略显丰富。古城西面的西湖是城市发展中最为稳定的形态边界，在民国初期破除钱塘门至涌金门的城墙之前，西湖和城市的形态边界是十分清晰的。城墙拆除后，西湖与城市融为一体，成为城市的标志性景观，在 1980 年代，已成为主城区的团块发展的核心因素。在古城的东面，中河、东河、贴沙河都曾经是护城河，随着城市东扩，它们陆续转变为城市内河，在杭州古代城防体系中，贴沙河为城濠。贴沙河尺度较大，最宽处达百米，现为主城区最宽的河流之一。

(3) 是城市空间的形态骨架。在古代杭州，城市内河连接成网，航运发达，是城市的交通骨架。内河网络对城市的街巷布局有较大影响，杭州城市空间呈现出典型江南水乡水路陆路交错的形态。而在当今杭州，内河的大型交通骨架功能已退化，但仍对城市有较强的构型作用。基于现行规划，对城市内河网的滨水空间的主要功能定位在休闲景观和生态景观上，水系成为城市的景观生态骨架。一方面，内河河网与西湖、钱塘江及其滨水公共空间构成杭州的城市慢行系统，成为城市交

通的补充；另一方面，数条内河被设定为滨水绿廊，是当代杭州城市绿化系统的重要组成。鉴于杭州水系的悠久历史和与城市发展的较高关联性，未来杭州主城水网有望成为城市的复合形态骨架，高度整合城市的公共空间系统、慢行系统、生态景观系统和历史文化空间系统，成为城市空间发展的创新之举（图 2-16、图 2-17）。

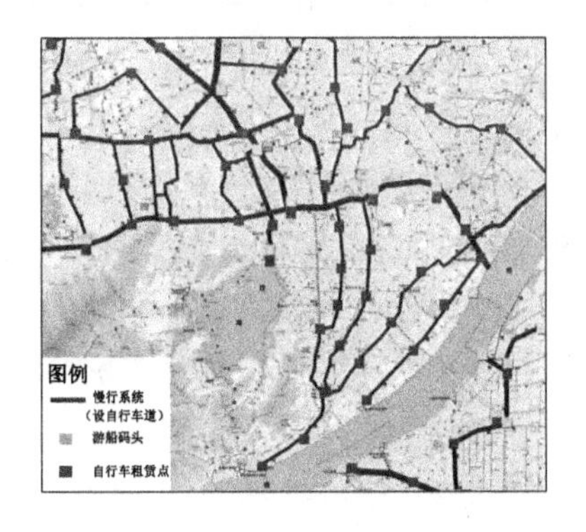

图 2-16　当代杭州水系作为慢行系统的骨架

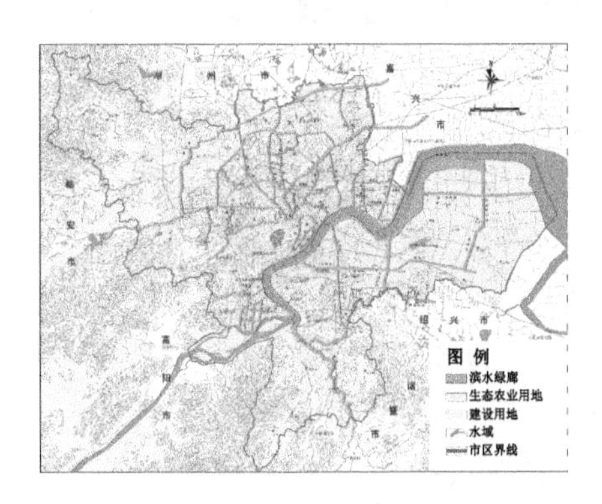

图 2-17　当今杭州水系作为绿化系统的骨架：滨水绿廊规划图

不同的历史时期，水系承担着不同的功能，展现不同的形态价值，而不同的形态价值又结合时代发展的节奏指向了不同类型的滨水公共空间，如古代中河作为城市发展轴线，其滨水公共空间为大量带有商业性质的街巷，当今中河主要起水利方面的作用，作为中河高架路与城市的缓冲隔离带，其滨水公共空间主要为滨水绿化和滨水道路；古代东河作为城市的边缘，东河四周存在许多林地和空地，而当今东河作为古城重要的景观河道，其临水的滨水公共空间是公共绿化和一些开放性的历史文化街区片段。因此，水系自身形态作用和功能定位的演化直接影响了滨水公共空间的建设发展。

2.4　本章小结

首先就江南水乡这一文化及地理区域范围，简要陈述该地区城市空间与水系之间的固有联系，并描述由此形成的富有特色的地域性景观，接着聚焦本书的案例城市杭州，从相对宏观的角度概述了杭州主城水系构成和城-水的形态结构关系，在杭州城市发展时间轴上选取 4 个重要的时间节点，对杭州旧城的水系及城市的形态的互动演化过程进行解析，最后将不同时期的水系进行叠加和比较，使旧城水系在城市发展过程中沉淀的形态信息和与城市公共空间的互动关系初步显露出来。

在对杭州旧城城-水关系做一系列的描述和分析后，笔者认为城-水关系是研究杭州城市空间演化最重要的线索。从古至今，每一次杭州城市建设的重要变革或转向，都与城-水关系的转变相关，水系以多元的方式参与了城市构型。有专著将杭州城市的发展分期归纳为："运河时期""西湖时期""钱江时期"[20]，虽然笔者对这种城市发展分期的看法不尽相同，但这种以水系为城市发展分期命名的方式，恰也说明了城-水关系与城市形态空间演进及城市经济发展之间重要的关联性。当然，水系是无法完全孤立地对城市形态和空间构成影响的，在城市的发展演化中，与城市水系唇齿相依的滨水街区，以及街区中的滨水公共空间，是水系与城市空间张力关系的具体外化，随着城-水关系的改变相应地发展演化。因此，在不同的历史时期，在城市水系有不同定位的背景下，滨水公共空间将以不同的形态和方式参与到城市发展中，这是后续章节对滨水公共空间演化研究讨论的重要前提背景。后面的章节笔者将视野转向城市具体的滨水街区段落，并将其形态的发展与其时城市经济文化发展结合起来，分析城-水关系变化中的滨水公共空间演化。

参考文献与注释

[1] 对明清"江南"地理范围之争未有定论，笔者采用历史学学者李伯重对"江南"地理范围的界定。李伯重认为"江南"的合理范围应当包括今天的苏南浙北，即明清时期的苏州、松江、常州、镇江、江宁、杭州、嘉兴、湖州八府及后来由苏州府划出的太仓直隶州。这"八府一州"之地不但在内部生态条件上具有统一性，同属于太湖水系，经济方面的相互联系也十分紧密，而且其外围有天然屏障与邻近地区形成了明显的分隔。

[2] 指分别在永康之乱、安史之乱、靖康之难后，中原人口向江南地区的三次大迁徙，迁徙人口中大量的文化精英和能工巧匠成为江南地区经济文化高度发展的重要因素。

[3] 明清江南地区除了有治所的城市外还有大量市镇。根据赵冈对中国城市发展的研究，两宋以后，中国大中型城市的发展几乎停滞，城市化的主要方向在于市镇。清代江南地区的市镇星罗密布，高度发展，有些在人口和经济规模上堪比府城，如乌镇、南浔镇等。在民国年间，有"湖州整个城，不及南浔半个镇"的俗谚。那么这些高度发达的市镇是否是城市呢？笔者认为不是，因为城市不仅仅是经济概念，不能简单以经济学对城市的定义(如人口数量或非农化的程度)来判定，但就本论著部分章节讨论的城市内部微观层面滨水公共活动空间的范畴而论，江南大量滨水市镇有很强的参考意义。

[4] 杭州市地方志编纂委员会. 杭州市志，第一卷[M]. 北京：中华书局出版社，1995：308-320

[5] 杭州市规划局. 迈向钱塘江时代专题研究[M]. 上海：同济大学出版社，2002：233

[6] 杭州市规划局. 杭州市主城区和下沙城河网水系专项规划[R]. 2010

[7] 杭州市规划局. 杭州市主城区和下沙城河网水系专项规划[R]. 2010

[8] (明)田汝成. 西湖游览志[M]. 上海：上海古籍出版社，1998：卷一

[9] 杭州市规划局. 迈向钱塘江时代专题研究[M]. 上海:同济大学出版社,2002:242
[10] 建成区面积以城市行政辖区内实际已建设发展起来的,现状城市建设用地相对集中分布的地区计。
[11] 阙维民. 杭州城廓的修筑与城区的历史演变//吴越备史,卷一[J]. 浙江学刊,1989(6):114-116
[12] 1983年,江城路南星桥立交桥施工发现开平四年(910 年)海塘遗址。
[13] 阙维民. 杭州城廓的修筑与城区的历史演变//《吴越备史》卷一[J]. 浙江学刊,1989(6):114-116
[14] 徐吉军. 南宋都城临安[M]. 杭州:杭州出版社,2008:29-40
[15] (宋)潜说友. 咸淳临安志,卷三十五,城内河
[16] 张大昌. 杭州八旗驻防营志略[M]. 杭州:浙江书局,1893 :卷十五
[17] 徐映璞. 两浙史事从稿[M]. 杭州:浙江古籍出版社,1988:321,325
[18] (清)杭州府志,卷四十
[19] 阙维民. 杭州城池暨西湖历史图说[M]. 杭州:浙江人民出版社, 2000:62

3　杭州典型滨水街区中城市公共空间的发展

第 2 章对杭州滨水公共空间发展的城市背景做了全景式的概述，本章将从空间过程、空间认知和空间构想 3 个方向解读并还原杭州城市滨水公共空间的历史演化过程。讨论的重点是滨水公共空间的空间实践过程，即探讨其作为城市空间和城市生活的一部分是如何参与或协同城市发展的。前文以宏观视野沿着杭州城市水系与城市空间形态发展之间的互动关系这条线索，分析推论出水系是杭州城市形态发展的结构性元素，伴生的滨水公共空间就是城市中人、水、城关系的反映，是杭州城市意象和特质的主要载体。但在前文宏观层面的分辨率下，滨水公共空间与城市、与城市中的人之间的关系尚无法被直接描述与感受，也无法回答在近现代杭州城市发展过程中，滨水公共空间如何参与城市空间的组构？它在人们的公共生活中担任何种角色？它如何与城市建筑及水域协同产生明确的城市意象？如何获得认同感从而形成场所？为了对这些问题进行有效的回应，本章将分析视野由宏观转向中观。

在城市空间的中观视野中，街区是一种重要的中介尺度，它不同于城市的宏观形态，也不是具体的空间细节，而是城市肌理的组织单元。作为城市空间的基本单元，它包含了一系列可识别的城市实践要素，是大众审美、市民生活、市场选择、城市管理等因素融合的集结点，其形成过程反映了社会意识、市民日常生活、规划范式和城市经济发展的轨迹，容纳了城市空间的生产过程与结果，因此，街区尺度是分析空间过程的良好介入途径。本章将选择杭州主城区内 4 个生成于不同历史时期的典型滨水街区或由数个街区构成的地段，通过对街区发展、公共空间、水域、人的活动四者关系的分析，考察滨水公共空间在具体街区语境下的形态内容、公共价值（可达性判别）及与其他城市空间的关系的发展变迁。

3.1 街区的选择和分析方式

3.1.1 滨水街区的分类

对城市街区类型的分类有多种方式，通常与研究的目的有关系（图 3-1），Siksna A. 主要从尺度与形状区分街区，以便于对不同城市的中心区街区进行横向对比[1]，M. R. G. Conzen 为分析城市空间地理形态的变迁，提出基于“平面单元”(plan-units)的街区类型概念，即从城市肌理出发，对产权地块、街道系统和建筑布局进行综合考察，将具有同质性的三者集合辨识为一个平面单元，类似特征的平面单元进一步构成平面分区[2]。本章对滨水街区分类的主要目的是提取典型滨水

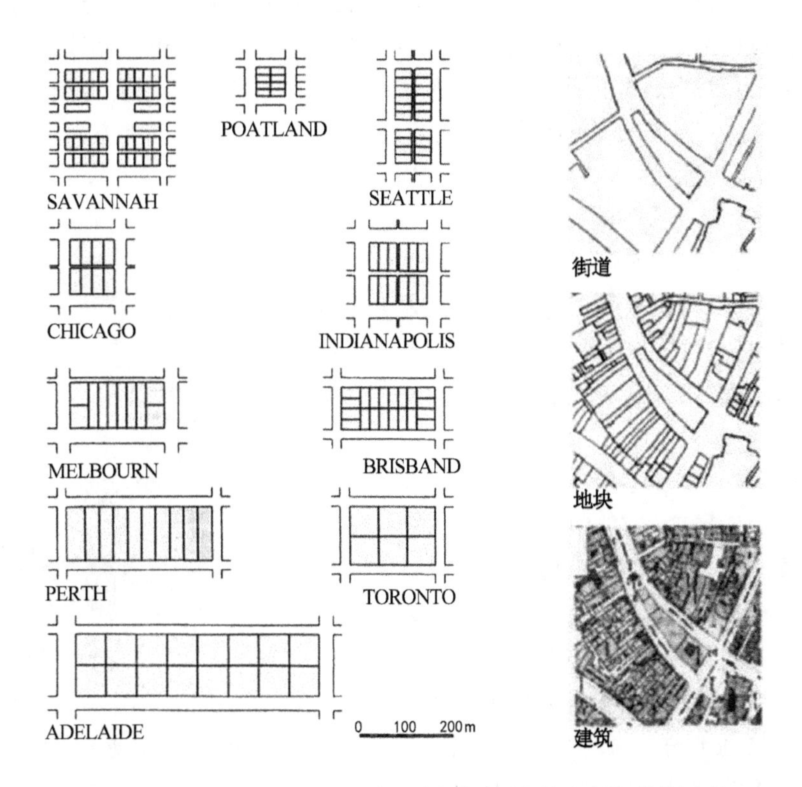

(a) Siksna 通过街区大小，形态及内部地块划分来对北美及澳洲不同城市核心区的典型街区分组。(b) Conzen 通过街区街道、地块和建筑三者及其之间的关系来识别街区类型和平面单元。

图 3-1 街区的不同分类方式

街区，分析滨水公共空间在街区尺度层面的历史演化。作为城市的组合单元，城市街区的塑形是时间、空间、社会三者的共同作用，因此不能仅从滨水街区的尺度或肌理这些单一视角进行分类，应考虑多级综合的分类方式。我国城市学学者王建国曾对城市形态提出“型（paradigm）、类（type）、期（period）”的三级分类方法[3]18-22。“型”是城市形态生成的内在原型规范模式，是城市形态内涵中隐性层面，其不做为形态优劣的评判标准，而是提供了一个成因研究的视角。“类”指某些具有共同或类似特征的形态类别，可以细分为结构、地点、职能、规模等维度，是城市显性形态特征的反映。“期”是形态生成的时间维度，因为特定时期生成的城市物质环境往往具有某种类似性或是代表性，这对于研究历史维度下的城市空间变迁是一个不容忽视的参考变量。这种形态分类法的价值在于提供了一个将城市内在原型、外在物质形式、历史发展三者与具体的空间实践联系在一起的描述方式，有利于避免城市形态学研究中对形态演变过程纯历史性的、无特定指向的平直描述。这种城市形态的分类归纳方法在某种程度上对城市街区也一样适用。本书从生成时期、生成模式、肌理类型与水体的形态关系、土地功能类型等方面，对主城区的滨水街区进行多维度的甄别，并交叉遴选，最终选择在 4 个分类方向中有针对性和代表性的滨水街区，作为下一步分析的目标案例。

一、滨水街区发展时序

街区形成的时间与城市不同地区发展的时序有关，依据杭州城市扩张速度和对中国城市发展的一般性历史分期，杭州城市街区的发展塑形可分为 3 个时期，分别为古代和缓期、近代干道改造期和现代高速扩张期(图 3-2)。在上一章对城市空间与水系的发展变迁描述中，对杭州古代城市发展的基本状况已展开过讨论，在此不再重复。自宋室南迁，临安城(杭州)经历了一段时间的城市快速建设后，步入城市发展和缓期，这不仅从代表城区大小的城墙范围数百年来的微小变动可以看出，也可从研究中国古代杭州人口的相关历史学论著中得以佐证[4]。清代杭州除了在城内修筑城中城——满城，城墙范围基本延续自明代，与南宋时期相比，南部缩进，将原南宋皇城区域划出，而东部扩大到贴沙河西面，将从东河到贴沙河近 900 m 的沿河狭长区域并入城市内部，但这部分

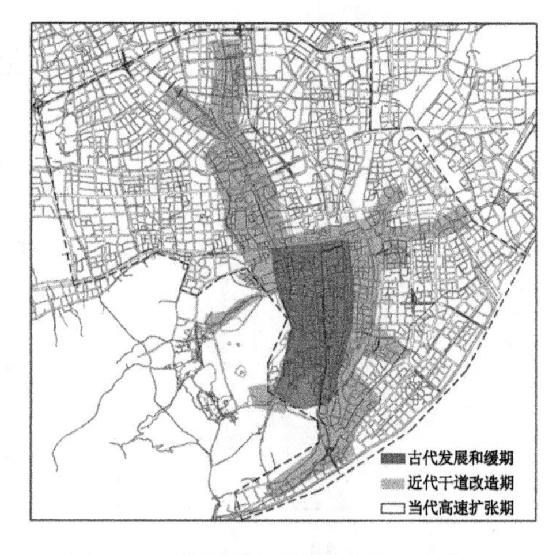

图 3-2　杭州城市扩张时序示意图

扩张出的城区从地图上看，直到清末，依旧水荡鱼塘密布，街道稀疏，属于城市建设强度较低的区域。近代改造期为辛亥革命后至新中国成立初期，这其间城市建设主要以城市的道路干道化改造为主要契机，城墙的逐步拆除给城市发展去除了限定和障碍，城市沿着主要的公路向外延伸，成为“手指状”形态，同时由于湖滨地区的建设，奠定“城湖一体”的城市形态格局。现代高速扩张期从 20 世纪 80 年代开始，城市依托原“手指状”建成区向四周蔓延，沿干道轴向扩张，“手指”形态逐渐变粗，直至消失。在这一时期，杭州城市的老城更新和新区建设同时高速进行，城区人口大增，使杭州主城区承受较高的发展压力，这种压力向下传导，使城市在街区这一层级上的肌理、开放空间、水网密度均发生变化。

二、滨水街区的生成管控模式

街区的生成模式可参考城市的生成的“型”，“型”是城市形态生成的内在动因，可区分为整体受控型、自由放任型和控制-放任叠合型，如北京城（明清时期）、巴西利亚、堪培拉、华盛顿等属于第一型；中世纪的意大利城市、1840 年前我国大部分江南城市属于第二型；当前我国大部分历史古城形态则属于第三型的范围[3]18。同理，城市街区的生成模式可相应表述为“自上而下型”“自下而上型”和“复合型”，在建成强度较高、发展历史较为长久的主城区，每块土地都受到了各种规章、法律及城市规划的层层限制，完全自下而上生成的街区是不存在的，杭州主城区城市街区普遍被自上而下地管控着，而一些生成于古代并被基本保存下来的历史街区的生成管控模式可被视为“复合型”。同时应该指出这种生成模式的划分只是揭示了形态生成并维持的内在主导动力，并非建立在精密的标准之上，较为主观。

三、滨水街区的肌理分类

在历史城市中，街区的肌理极为复杂，是不同时期、不同模式的城市规划建设层叠的结果，由道路结构、地块划分和建筑肌理共同塑造而成。相对而言，本书研究的滨水公共空间与道路划分及街区内部地块划分的方式相关度更高，因此对滨水街区的城市肌理划分主要参照道路结构、道路与水系的关系和地块划分利用方式，将滨水街区概括为 4 种类型：历史延续型、历史改造型、干道填充型和新城建设型（图 3-3）。

历史延续型 街区继承了传统的街-巷系统、地块划分模式及建筑对地块的占据方式，总体呈现江南传统城市细密均匀的城市肌理。这类历史延续型地段在城市中呈碎片式存在，大部分已被列为历史文化街区，建筑和街道得到修缮和整理，内部功能原本以居住为主，但在整修后均向商住综合街区的方向发展，并沿水系形成传统的街道式公共空间，街区与水域直接相连，如五柳巷历史文化街区、小河直

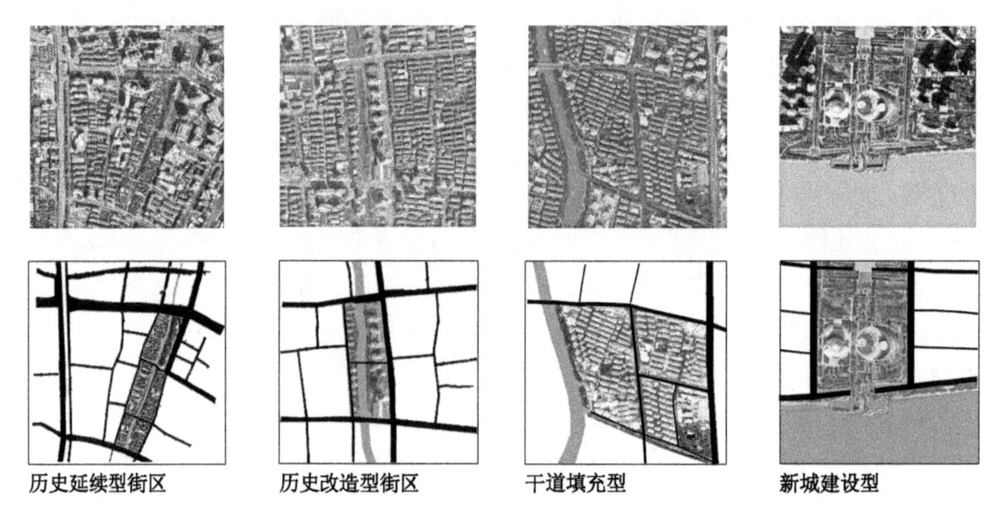

图 3-3　街区肌理的分类

街历史文化街区、大兜路历史文化街区、桥西历史文化街区等。

历史改造型　道路基本延续明清时期的结构，但街区内的地块大量合并，常形成与街区等同大小，甚至是合并几个原有街区的大地块，并以现代建筑肌理填充。其土地利用以居住用地为主，沿城市干道分布商业、办公等公共街区。这类街区在1990年代杭州旧城改造和城内住宅建设的过程中大量快速形成，在空间感及城市肌理上与历史延续型地段有较大差异，能被人们直观地感受的历史信息或许只是古老的街巷和桥梁名称，滨水公共空间主要是绿化为主的开放空间，街区与水系往往有滨水绿化带间隔。

干道填充型　街区地处古城外，道路结构经过现代规划建设，街区规模较大，产权地块作为建筑与街区之间的联结作用弱化或消失，土地利用以居住为主，也有少量商业及公共管理和公共服务用地。在建设时段和功能类型上可分为 3 类，一类是早期为解决住房问题而在古城外建造的大型居住区，如朝晖小区、流水苑和翠苑小区等，小区的建设用地大多是古城边缘的农田和闲置用地，建筑高度多在 8 层以下，以行列式均匀排布，在街区的滨水一侧多有公共的生活性道路，街区有一定的封闭性。第二类为 1990 年代开始兴建的商品化住宅小区，建筑高度及排列方式呈现多样化，街区有很强的封闭性，由于城市蓝线、绿线、道路红线及建筑红线等平行控制线对地块及建筑的控制，滨水建筑界面或地块内道路对水系有整齐的退让关系，街区建筑地块不直接延伸到水岸，而是通过滨水绿化带相隔，街区内的滨水边界常常是绿化加围墙的组合，形成较单一的滨水空间形态。第三类为科研院校、创业园及办公等单位大院型街区，水域成为其与外界隔离的自然分隔或是被其包含进院区内，由于单位大院有很强封闭性，大院内的滨水开放空间的公共性有很大局限，严格意义上不属于城市公共空间。

新城建设型 此类街区类型主要出现在钱江新城及城市中心区的商业地段，与前几种滨水街区最大的不同在于建筑与街廓的关系。前3种街区类型中建筑呈周边式或行列式围合占有街区，滨水公共空间的感受主要取决于街廓和水岸之间的关系，而在这类型的街区中，建筑不沿街区边缘布置，而是占据中心位置，城市肌理有着根本性的改变，而对滨水公共空间的感知重点也由街区与滨水地带的关系转移到建筑与水域的关系，或者建筑周围的滨水景观和空间。

四、滨水街区的土地利用类型

杭州主城区内滨水街区的土地利用类型主要有居住用地、公共管理与公共服务设施用地、商业服务业设施用地。其中滨水商业街区主要位于西湖东岸、钱塘江北岸的钱江新城以及大运河的南端及武林广场一带。公共管理与公共服务设施用地点状分布于钱江新城、西湖北面的沿山河-天目山路地段，除此之外，城区中大量的内河河道两岸主要为居住用地，因此，住区与水系的关系成了滨水公共空间发展需要重点关注的问题。

3.1.2 案例街区的选择与分析维度

对于滨水公共空间历史演化中观层面的探究，案例研究有其特别的优势。Robert K. Yin认为案例研究是在现实语境中对某种现象或某种环境进行的经验性探索，尤其是在现象和背景的界限并不清晰的时候[5]。对于城市公共空间及其与城市其他要素之间关系的研究涉及形态、成因、文化和社会价值的全面探索，其研究范围是极其模糊的，而选择数个街区案例进行研究有利于对背景的纵深挖掘和对多样资源的整合。在经典作品《美国大城市的死与生》中，简·雅各布斯在前言里写道："……我认为，要想理解这些看起来神秘、反常的城市变迁，就要近距离地观察，并尽可能地降低期望，在最普通的场景和事件中，尝试去发现它们的含义，探寻其间的蛛丝马迹……我用了很多纽约的例子，因为我住在纽约，但书中的很多想法，来自我最初在别的城市注意到的或别人告诉我的事……"[6]。典型滨水街区的案例研究，可以将滨水公共空间历史变迁不同阶段中的各类冲突、事件、形变串联起来，同时也可以将同类滨水街区所遭遇的变迁融合进行考察。本书所选择的分析案例尽可能覆盖各类滨水街区类型，涉及不同的建设时序、生成和管控模式、城市建筑肌理和土地利用方式，将所选择的案例在这4个方面的内容分别罗列，可以清晰地看到它们的分布与跨越的类型（图3-4）。

街区名称	拱宸桥东西街区	湖滨街区	五柳巷街区	钱江新城核心区
毗邻水体	京杭运河	西湖	东河	钱塘江
发展时序	近代干道改造时期	近代干道改造时期	古代发展和缓期	当代高速扩张期
生成管控模式	复合型	复合型	自下而上型	自上而下型
街区肌理	历史延续型	历史改造型	历史延续型	城市新城建设型
土地利用	居住用地 公共管理与公共服务	商业服务业设施用地	居住用地	公共管理与公共服务

图 3-4　案例街区分布图(参阅书后彩页)

对城市案例的具体分析目标是在城市街区的尺度层面上,通过描述滨水地带的物质空间构成要素内容和其所包含的社会价值,观察并诠释滨水公共空间与城市街区或建筑、水系、社会文化的关联以及关联方式的历史变迁。滨水街区的滨水地带构成要素包括滨水开放空间(街道、绿化、广场、空地等)、道路、街廓、建筑,由于对它们的描述主要集中于“空间过程”,即社会实践的空间维度,菲利普·巴内翰将其形容为“姿势、路径、身体与记忆、象征与意义”[7],因此案例分析不仅包含了建筑学学科传统领域内对空间形态、功能方面的描述和解析，还包含了空间在社会公共价值领域里的表现内容、空间场所在创造过程中所涉及的社会发展进程和事件。

对滨水街区案例的解析主要围绕 3 个维度：形态、功能和社会公共价值。形态维度讨论的内容主要涉及街区物质环境形态生成的历史、水系与街区的交通组织、街区街廓特征、建筑肌理、滨水公共空间类型的特征等。功能维度主要讨论滨水街区的土地利用、功能演替及对使用者需要的回应等。社会公共价值领域维度的讨论主要包括滨水空间场所感的产生、认同感的培育、公共空间可达性、人对滨水公共空间的权利、公共空间的管控等，其中空间可达性作为公共空间公共性衡量的重要标准，在各具体案例的讨论中都给予了高度关注。每个案例对 3 个维度都有针对性的讨论，但也并非面面俱到，每个案例根据其具体情况有所侧重。

3.2 古城传统滨水住区——东河五柳巷街区

3.2.1 历史沿革与当代更新

东河五柳巷是杭州主城区内仅存的几个传统滨水住区之一，其所在的五柳巷历史文化街区是《杭州市历史文化名城保护规划》(2003)中确定的历史保护地段。街区位于杭州市古城区东南，历史悠久的东河南端，属于历史延续型滨水街区。街区北靠西湖大道、南至河坊街、东依建国南路、西达城头巷，东河从街区中穿过。流经街区的东河在南宋时期为护城河，《西湖游览志》卷十四："菜市桥，旧在门外上唐沙，地宜菜。固宋时有'东菜、西水、南柴、北米'之谣。其河曰菜市河，又曰东运河。其源本通保安水门，自宋筑德寿宫而湮之，故称断河头也"。南宋绍兴三十二年(1162年)，宋高宗赵构填埋菜市河(即东河)南端建德寿宫，东河斗富一桥以南被掩埋，成断头河。元代城墙东扩，东河成为城内河道。街区西侧的城头巷口原为宋代杭州古城正东门——崇新门基址，城头巷即因此得名。街区东侧为建国南路，古为小道，元朝称百花池上，又名白花蛇巷，明代有孔雀园、茉莉园，因巷内木作坊较多，后又改称板儿巷。而街区内五柳巷之名源于宋代此处有一小御园，名为"五柳园"。据《梦粱录》载："五柳园即西园。余考斗富三桥下有五柳巷，地近板儿巷，去金刚寺不远，或即其遗址也"。另据《杭州市志》记载"五柳巷，南起斗富三桥，北折西接城头巷(图 3-5)。名始于清，其地旧有五柳园，巷以园名，1966年改名下友谊巷，1981年复名五柳巷。"因此，五柳巷及其周围的巷道、桥梁生成年代最晚可上溯至南宋。街区内及周围历史遗迹众多，有宋代五柳园、佑圣观、德寿宫、富景园，元代崇新门，

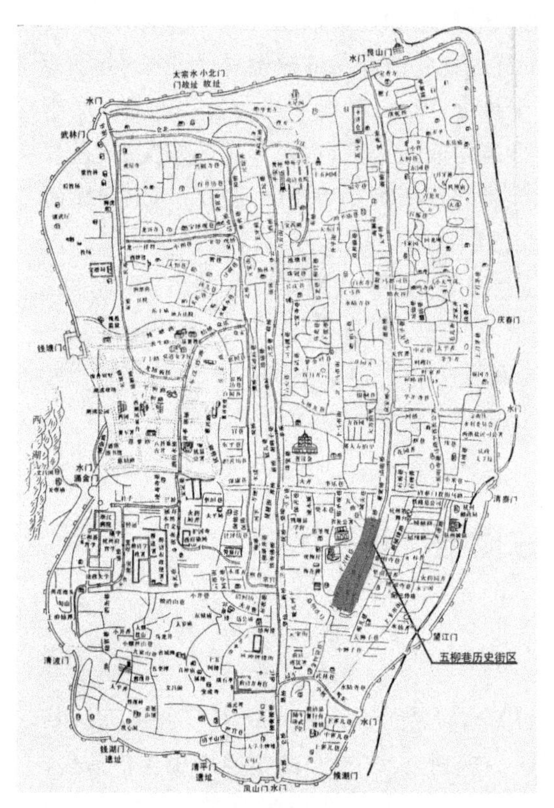

图 3-5　五柳巷街区在古城中位置

图 3-6　五柳巷现状鸟瞰

明代武林驿、郭童园，清代梅花碑（观梅社：民国时期省政府旧址）、育婴堂、总捕同知公廨、三昧庵，民国时期税务征管局旧址、省政府旧址、迁善公所旧址等。地段内历史遗存众多，这或许是五柳巷地段在历经两次大规模中东河改造及 1990 年代的古城改造，城中大量沿河民居被拆除的情况下，仍能独善其身的原因(图 3-6)。

回顾其历史，可梳理出该地区自宋代以来，随杭州古城城廓范围以及城市功能区划的变化而发展演化的线索，即由宋代以前的城墙周边的菜地→宋代护城河边御花园、道观寺庙聚集地→元明时期官属道观寺庙聚集地→清代以居住为主、米市和木器作坊众多→民国时期居住区的城市发展过程。图 3-7 是同比例不同年份的 3 幅五柳巷地段的地图，从图中可以看出地段内道路与河道的关系百余年来基本稳定，变化较大的是当代街区南北两端生成的较大尺度的道路。在民国时期地段内仍有保留自清代的 4 座桥，从北至南分别为安乐桥、斗富三桥、斗富二桥、斗富一桥，而现状只剩中间的两座，北面的安乐桥位置现为红线宽度近 60 m 的西湖大道，西湖大道将街区与东河其他滨河街区隔断，成为较独立的地段，南端的斗富一桥成

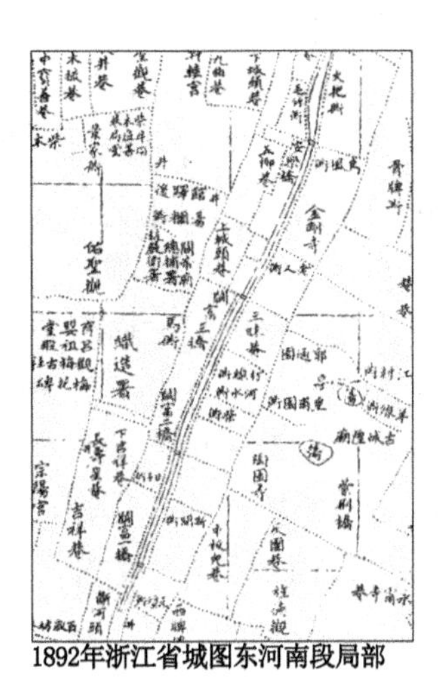
1892年浙江省城图东河南段局部

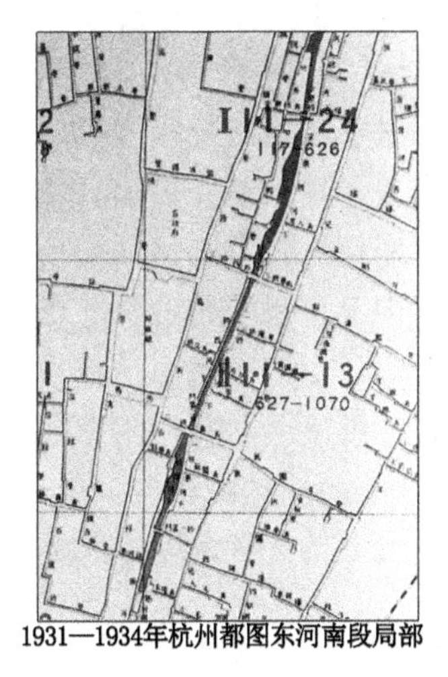
1931—1934年杭州都图东河南段局部

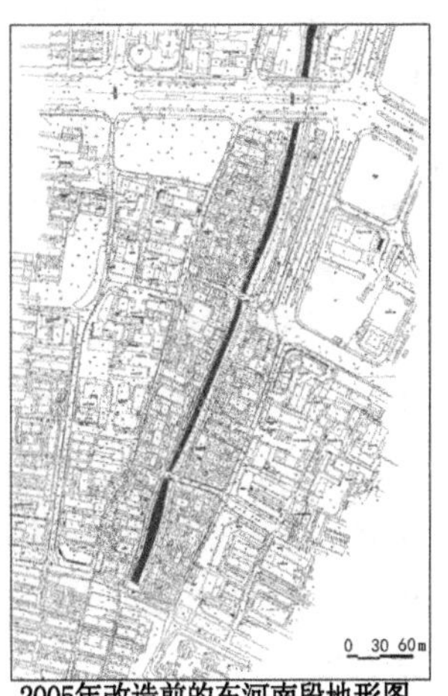

2005年改造前的东河南段地形图

图 3-7　不同历史时期的五柳巷街区地图比较

为河坊街人行道的一部分。街区周边其他街巷如城头巷、佑圣观巷、馆驿后、梅花碑、建国南路(板儿巷)等,虽历经变迁,但基本格局未变。五柳巷历史街区内目前保存的历史建筑大部分是晚清、民国时期的建筑,街区内部街、巷、弄基本保持原有尺度关系,建筑群体组合仍然保持传统空间格局,但街区外围周边的历史建筑已经拆除殆尽,北端、东端、西端各地块均已改造,新建建筑多为高层建筑,使整个街区处在高层建筑包围之中。

根据五柳巷历史街区在2005年前的调查显示,街区功能主要以居住为主,共居住1 173户,总计3 010人,其中 60 岁以上老年人约占 50%,人口结构严重老化,居住人口净密度为5.3人/100 m^2,属于拥挤型居住区[8]。因此,在对五柳巷的保护规划中,将其定位为居住功能为主,集居住、商业及休闲娱乐功能为一体的延续杭州地方传统居住文化的历史文化街区。2010年,结合中东河整治的市重点工程——五柳巷历史文化街区的保护整治工程启动。整治后,街区内建筑得到修缮和改良,内部庭院得到整理。清除了违章搭建,街区内的传统街巷严格保持原有尺度、比例和步行方式,严格限制机动车辆的穿行,街区的对外交通主要通过街区四周的城市干道和西侧的城头巷。街区内除了南部靠近河坊街地块引入“传统中华医学”中医街的主题式商业内容外,基本为居住用地,街区内大部分民居建筑得以保留,并按照原有城市肌理重建、新建了少部分建筑,用以填充拆除 1970 年代后期建设的大体量建筑和违章搭建后留下的空地。保护更新后的街区内小桥流水、街巷纵横,古朴民居有机错落、居住气息浓厚,是古城里仅有的体现古代滨河居住方式的滨水住区。

鉴于该区的区位条件(距杭州城站火车站仅 500 m 不到)和临近东河的景观优

势，平静的居住区氛围或许维持不了太久。根据近期出炉的《五柳巷业态布局规划指导意见》，文中提出："不单纯采用博物馆式的冻结保存或是拼贴式的重建，而是将商业开发作为主要手段，通过重新规划设计，以巷弄体验式旅游、零售休闲文化、传统手工业作坊为主导，形成一条体现杭州特有休闲文化氛围的历史文化街区"。在发展的压力下，城市管理者期望五柳巷街区由传统住区转换为商业区的政策导向已是了然明确，同时对街区内 5 个地块也有特定的商业主题安排，如民宿、工艺作坊、婚恋等主题。虽然笔者也认为该街区目前的功能业态与其区位优势不完全匹配，历史街区为了取得长远的可持续发展，可能需要选择除居住以外的新功能补充，使之成为城市经济的一部分，与周边城区共同发展，但功能的轮替和业态的选择都需要时间的磨砺，对这种由上至下有组织的主题式招商是否能成功，笔者持怀疑态度。

3.2.2 传统滨水住区公共空间的特点

五柳巷住区主要对外联系交通的街巷，南北纵向主要有两条：城头巷、建国南路；东西横向由北至南有 4 条：西湖大道、斗富二桥东弄、斗富三桥东弄、河坊街。在杭州传统滨水住区中，街巷以及可视为水上道路的河道是公共空间的主体，它不仅是居民公共生活的载体，也是居所内部生活空间向外的延伸，多样的行为活动出现在巷道的各处。在古代城市，除了出入城门的大道或一些特殊的有军事意义、政治意义的通道，大部分住区街巷在尺度上没有出现明显的层级，在2013年的探访中，五柳巷街区保持了原生的传统滨河居住环境，迷宫般的巷道使外来者需要不时地以东河及桥梁为坐标校正自己的方位。如此复杂而又与居民生活联结紧密的公共空间是无法被规划设计，而是在持续不断的历史更新中缓慢生成。不仅如此，传统住区的街巷系统在使用和管理上，都体现出古人对其日常生活中的公共空间拥有与今人不同的理解和权利，同时，其特殊的空间形态也为这种空间权利的实现提供了良好的物质基础。

一、层次性

五柳巷住区的街巷公共空间系统呈现明显的层次性。图 3-8 为五柳巷的建筑分布平面，与古代东河普遍存在的、建筑贴着河岸线的河房型民居不同，区块内沿河民居与东河之间有不规则的线性空地，将其街巷与空地抽取出来，街区内的公共空间可分为 3 个层次，第 1 层为街区周围的街道及连通东河东西两岸的斗富二桥、斗富三桥两条横向道路，这两条道路是整个文化街区地段内小街区分割线，机动车可以穿越，桥上可以纵览河道景观，一些居民商业网点和服务点（如小吃店、杂货铺、理发店、公厕等）都在这两条横向道路上，同时，由于东河沿岸城市建设历史悠

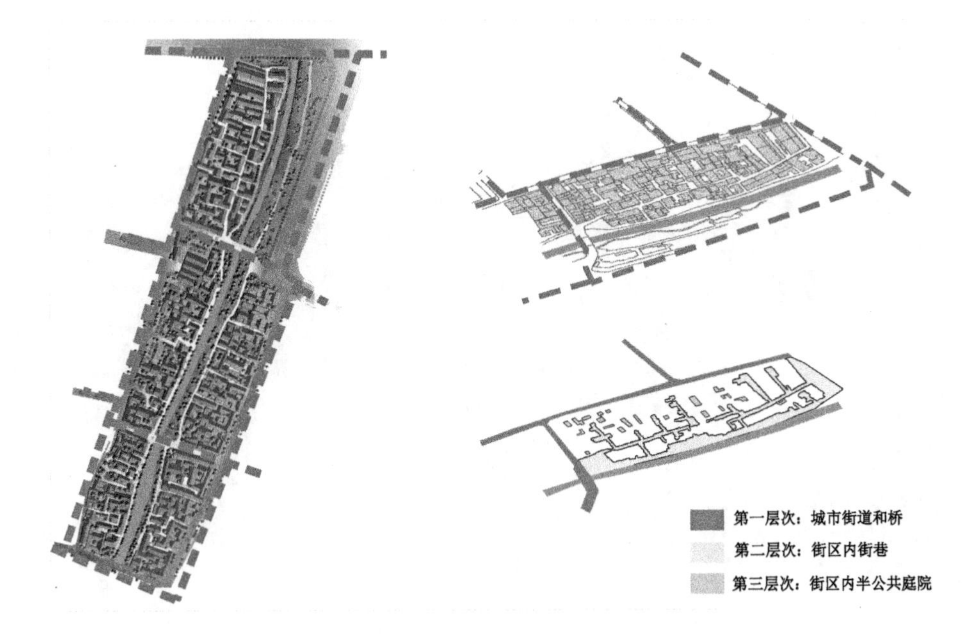

图 3-8 五柳巷街区多层次的公共空间

久，街区外的城市地表标高已比河岸边的历史地块高出 1～2 m，比河岸常年水面标高高出4 m，因此和周边道路基本高程相同的两座桥其桥面并未如一般古桥般拱起，而是和街区外围的城市地表在同一标高。第 2 层次由组成街区的 5 个地块内的交通动线即沿河步道和巷道构成。地块内的动线形态结构与中国传统城市中树形交通的鱼骨状街巷并无太大不同，但其街巷的限定与一般传统商业街有细微的差异。传统商业街以建筑界面来限定街道，由于地租昂贵，建筑排列往往紧密不留缝隙，而五柳巷巷道密集，且形态极不规则，其尽端和边缘有许多口袋型的小空地及建筑院墙内半公共的庭院。这些小空地是建筑单体较为自由的布局方式留下的“空隙”，它们出现在建筑山墙间、入户门前以及各种建筑构件搭接的节点周围，成为公共巷道与建筑内部院落的空间过渡，这些小空地没有制定明确的用途，但在现实生活中是街区居民活动频次较高的场所。第 3 层为建筑内部的院落，属于半公共场所，是居民私密生活空间的外部延伸。这 3 个层次不仅是街区内公共空间的形态层次，也是公共空间中公共性向半公共性转换的序列。第 1 层次中的城市干道和桥面街是各个小地块的入口，且担负着街区的对外交通，公共性最强，视野最开阔；第 2 层次中的沿河街巷由于地表高差，与第 1 层次中的桥面街需要通过阶梯、坡道等进行转换，同时有绿化或小品的配合，形成明确的地块入口空间，给予地块一定的独立感和领域感；第 3 层次中巷道深处的小空地和建筑围护的院落，由于建筑对其空间视线的遮蔽而呈现一定的私密性，居民可较自由地根据实际需要对空间进行使用甚至配置简单的家具(图 3-9)。

ⓐ街区内与桥连接的道路成为有一定商业功能的街道。ⓑ桥头小广场是居民的聊天、健身的地方。ⓒ和ⓓ街区内沿河步道，居民根据自己的喜好设置部分景观小品。ⓔ和ⓕ区内半公共性的小院落、空地上，居民摆上简易的家俱。

图 3-9　公共空间的自主性利用

二、自主性

学界对可达性是公共空间权利的基础已达成共识，可公共空间的自主性却较少受到关注。判断人们在公共空间使用中的公共权利是否全面，应从空间可达性、空间的可变性和人在空间中活动的自由度及自主性等方面进行全面考察[9]322。传统住区内的公共空间允许居民对空间进行自主性设置，显示了当地居民对地方公共空间的权利主张。在传统住区中，居民可在不同层次的公共空间中，对空间进行不同程度的设置甚至重构。在公共性较强的桥头、公共街道等可设置店招、商业展示等，在公共性次一级的地块内，巷道和滨河步道摆放可移动的座椅、盆栽、设置河埠头等，而在半公共的宅前空地和庭院里则有大量的私有盆栽、观赏鱼缸、晾晒杆甚至是洗衣池、茶饮座椅等。现代商业化住区中这类的空间设置是不被提倡甚至是禁止的，当然，对公共空间的过分占用是应受到管束，但传统住区中人们可以通过自己的意愿对公共空间进行一定程度的设置，使公共空间与日常生活之间有了有机联系，使公共空间成为构成日常生活的空间场景，场景中的种种细节与使用者的活动、意愿直接相关，这也是传统公共空间较易转换为“场所”的原因之一。

传统滨水住区内的街巷虽看似错综复杂，但通过河道、桥等地标的指引和高差、视线开敞度的变化实现了递进的层次，满足了居民由公共到私密空间的过渡和转换，在物质环境和心理体验上为居民自发的娱乐性、社会性活动提供条件。同时，公共空间内的大量细节，如丰富的建筑界面、变化的铺地类型、绿化休憩和生活设施，通过居民的自主设置在日常生活场景中被有机地组织在一起，形成独特的、生活化的"场所"，成为社区居民获得心理认同的途径之一。

三、可达性

五柳巷历史住区不是现代城市中的门禁住区，住区周边是城市道路，地块中东河河道里通行着公共水上巴士，在街区内部还设有站点，且街区内沿河步道、城市道路和内部巷道多点连接，其滨水公共空间具有物理意义上完全的可达性。但如前文提及的，可达性不仅仅包含有物理可达(physical access)，还包含视线可达(visual access)和象征可达(symbolic access)两项内容，这 3 项可达性的衡量标准"常常相互作用，对于谁可以自由进入空间和谁管控着进入的权利构成或强烈或模糊的空间提示"[9]150。因此，对公共空间可达性的评判和设计也应从这 3 项进行综合考量。

在五柳巷街区中，其公共空间拥有较高的物理可达性，视觉可达性则根据街巷与庭院的不同位置由公共到半公共的不同层次而逐渐降低，对空间局部而言，越少的外部视线穿透，意味着越强的内部空间独立感，随着视线可达性越来越低，空间对内部人员和外来人员呈现完全不同的心里暗示。在五柳巷内部巷道的实际空间体验中，当地居民对可视性较低的部分小巷使用十分随意，交通、停留和活动空间之间没有明显界限，而外来访客则需承受目光质询、视线受阻等造成的心理压力，因此，在视觉可达性较低的公共区域中，外来访客十分稀少。街区内象征可达性的情况与视觉可达性相仿，在视觉可达性越低的区域，空间内的私人物品(如车辆、晾晒的衣物、临时家具等)越多，它们似乎在提醒不相关的外来者，他们不属于这里，而在桥面街和沿河步道等视觉开敞的区域，商业店招、绿化景观、明亮宽松的空间环境对人呈现欢迎的姿态。传统住区公共空间在良好的物理可达性基础上，通过视觉可达性和象征可达性的自主控制取得了内部居民和外来访客、公共与私密之间的平衡，这一点对当代住区的设计具有很强的借鉴意义。

3.2.3 传统滨水住区与现代滨水住区的公共空间比较

将五柳巷住区总平面与同比例下的不同时期滨水住区进行比较(图 3-10)，其建筑肌理及街区内部公共空间形态的差异显而易见。杭州现存传统住区的街区形态延续自清末和民国时期，内部建筑没有明确的型制，有单开间的平房、有独栋小楼也有类似上海石库门的联排住宅。在城市肌理上，传统住区建筑密度高，大量小尺度的私人产权地块造成建筑平面多样，其形态的形成更多的有赖于街区内部地块的分割、合并过程以及住房的营建传统，在多样的平面密集组合中，城市肌理呈现均质化。在建筑与水的关系上，五柳巷街区中建筑与水体之间尚有少量距离，而在传统东河、中河的住宅老照片中，建筑一般紧贴水岸，甚至部分侵占水面。在外部空间与水的关系上，传统住区临水区域主要是部分巷道及少量硬质场地，滨水公共空间主要体现为街巷和房前空地、庭院组合的巷道系统，这类公共空间在形态上与其城市肌理有着类似的均匀性，其内部组成往往没有特别的中心，仅是参照水系有一定的平行或垂直关系，其形态构成和层次划分是在营建过程和日常生活中，依据当时当地的地形、水文、地价等外在因素有机生成的，不存在大规模的专业性设计。

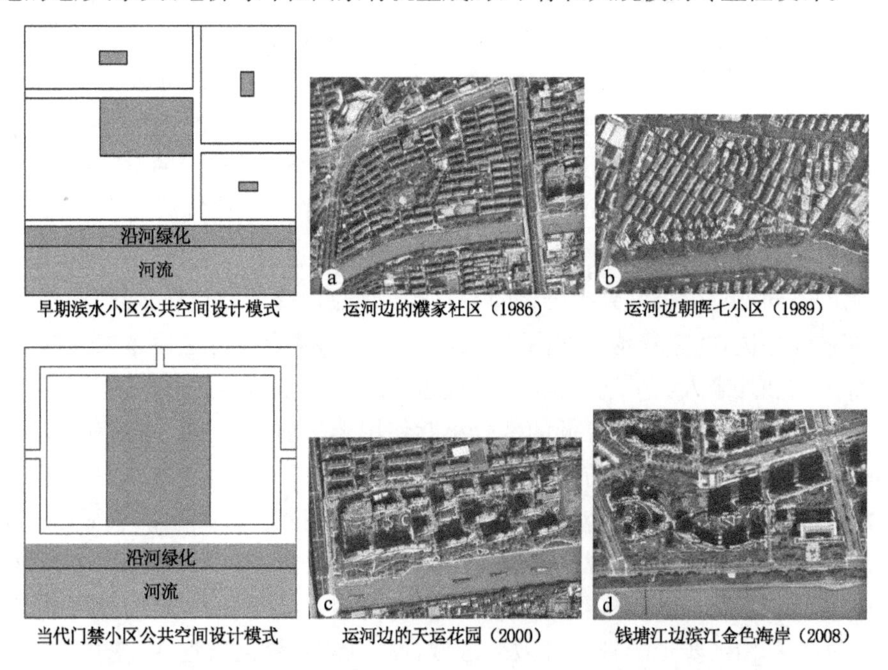

图 3-10　不同设计模式下滨水住区公共空间的布局差异

除了个别留存的传统滨水住区，杭州现存滨水住区基本以住宅小区的模式存在。住宅商品化之前的居住小区，概念来自于苏联的住宅区模式，形态上采用邻里单位的结构，围绕着街区中心的公共设施在外圈布置板式住宅，服务半径为 300～400 m，居住人口在 5 000人左右，街区大小约为 65 ha，4～5 个这样的小区组成一个综合居住区。区内住宅严格遵守朝向、间距等规定，在此基础上满足容量最大化的需求，在这种设计理念下建造的滨水住区往往是像兵营一样整齐的行列式布局，河流对于建筑而言只是一个简单的边界要素，住区内的建筑和外部空间对河流及其景观没有特别的呼应关系，临水建筑与河流之间往往有一条可通行机动车的支路，路与河流之间有部分绿化。改革开放初期，这类住宅小区集中营建，极大地推动了城市的功能分区。这类空间实践不仅是应对城市人口剧增，住房供给关系紧张的解决之道，也是专业化规划和建筑设计全面参与城市空间塑形的一个缩影。与此同时，土地制度的改革使传统延续下来的自建自住的住宅模式彻底完结，专业化的空间控制渗透到人们日常生活空间，其设计目标是提供一个理想化、数据化的高质量生活环境。这类住宅小区经过大量实践，其设计图式日渐完善，公共设施的服务半径、道路等级和组团划分成为其专业技术表达的基本要素，通过量化的住区日照、通风和绿化条件，最终形成均好的住区环境。这类小区的外部公共空间通过小区内等级化的结构，即不同的道路等级和组团划分来确定层级，其公共空间系统一般由居住区级绿化中心、小区级街道和组团绿地、宅间绿地组成。居住区级的开放空间，常表现为社区公园，处于几个小区的中心位置，若水系恰好流经居住区中心，社区公园便结合水系设置，而小区内其他公共空间设置主要参照建筑组团的平面排布，通过建筑形体的围合形成组团级公共空间和宅间共享空间，基本不考虑水系的因素。早期小区内的道路为人车混行，有等级化差异，第一等级的道路与城市道路相连接，而滨水的小区道路基本为第二等级道路。因此，除了水系正好处于整个综合居住区中心位置，成为居住区的开敞绿地这种情况外，早期居住小区的滨水公共空间，无论是滨水道路还是滨水开敞空间均处于整个公共空间系统的层级末端。同时，小区内的商业服务设施主要沿外围城市道路设置，这将居民的日常商业活动和休憩散步等行为在空间上进行了隔离，临水公共空间主要限于没有商业的林荫路和社区公园两种模式。毗邻单一的建筑肌理，容纳单调的行为活动，形成了此类街区沿河空间景观的无差别连续性。

1990年代后，杭州市住宅实行商品化，商品化后的住宅小区的设计目标除了创造良好的居住环境外，还掺杂了进行身份识别、制造销售热点等附加功能，这使住宅小区的空间设计对视觉冲击力的要求大增，在住区总平面中创造可识别的强烈的图形效果成了设计目标之一。同时，随着私家车数量的增长，人车分流成了当代住宅小区的普遍选择。住区在交通设计上采用外环路，或是将机动车地库出入口设置于街区入口的方式强制分流，如此，住区的内部可作为步行区，结合可识别性的设计要求，强化住区的中心景观或中央轴线，住区内的公共空间由早期的各组团均好性布局转换为由入口形成引导性景观导向中心，强化标志性中心景观的布局。由于住区内不再有等级化道路设置的羁绊，建筑和内部景观共同组成一个完形构图，同时，随着规划对于城市空间管控日渐严格，滨水地块红线出于城市蓝线、绿线的管控要求而与水岸有一定距离，建筑控制线对建筑的控制也常使建筑与地块红线有一定距离，这两个距离限制使建筑与水岸难以再有像旧时那样靠近、贴合甚至架跃的关系，建筑远离了水岸线，水岸线两侧形成一定范围的滨水公地，被设计成以绿地为主的带形公共开放空间。商品化后的住宅小区均为门禁小区，街廓外的滨水开放空间和内部景观弱相关甚至无关，其内部的公共空间（如中心绿化景观、组团绿化等）和滨水公地上的公共空间不再有层级上的联系，二者形成一种拼贴化的图景，并且是沿着整齐的城市空间控制线并置拼贴，二者之间的联系十分有限，滨水住区面向水体常常只有极少的地块出入口，在交通和视线上也有可能是完全隔离的，而且越是所谓高档住区，其内部公共空间设施条件较好，为防止住区外来人员“搭便车”的行为，其小区内部与滨水公地上的公共空间之间的隔离导向就设计得越明确。

传统住区和当代住区的滨水公共空间的差异不仅体现在生成方式或设计理念上，也体现在具体的使用上。如前文所述，在传统滨水住区，居民对公共空间有着相当的控制权和自主使用权，甚至出现一些公地使用的反面案例，如侵街、侵河、私占滨水纤道等，然而对公共空间的自主权和各类灵活可变的使用，使居民主动将自己的生活与公共空间连接到一起，这种连接灵活而且稳固，使空间成为场所。正如拉尔夫(E. Relph)认为“物质环境、人的行为及意义共同构成了场所特性的三个要素，但空间场所感形成的根本来自于人与空间的互动”[10]。当代住宅小区由于设计和管理上专业化制度的建立，其公共空间的使用显示出制度化，有明确的使用公约，有专人打扫清洁，极少发生对公共空间的改造行为。在早期的居住小区，尚有在公共空地上摆放临时座椅，或底层用户对户前的院落加以利用这类自主性使用，而在近年来产生的封闭性住区中，所有在公共空间的自主性加设或改造，原则上都是不被允许的。在明确规划为滨水公地上的公共绿化空间，人们只能按照其预设的方式使用，而由于滨水公共绿地的管理方和设计方与终端的使用者常常没有实际的关联，其预设的使用方式未必能真正符合使用者的需要，滨水公地上常见的是各种图式化的绿化和景观小品，其交互性能都不甚理想，造成对滨水公共空间最主要的使用方式是用眼观赏，而不是用身体来体验。

当代滨水住区公共空间与传统的不同点和特点，使当代滨水住区在设计上普遍单一地加强建筑对滨水公共景观的视觉摄取量，这种设计倾向一方面使大量滨水住区与滨水公地仅以围墙简单间隔，不重视其建筑底层界面与滨水公共空间的互动，强化了滨水公共绿化的独立性，降低了滨水公地的可达性和使用频率。另一方面，对滨水景观的视觉要求使许多滨水建筑将建筑临水面的面宽扩展至极致，一堵高墙似的临水建筑使水域景观在视觉上无法向住区内部渗透，在这种情况下，水域及其滨水公共空间相对于城市街区在空间、视线、活动上均被孤立起来。

3.3 西湖入城的起点——湖滨街区

3.3.1 从满城到“新市场”

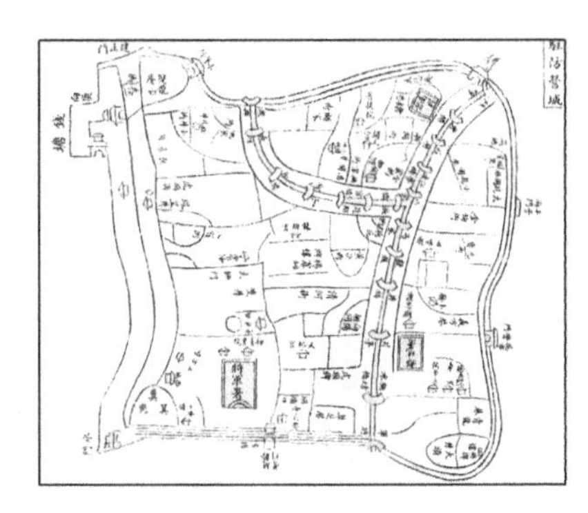

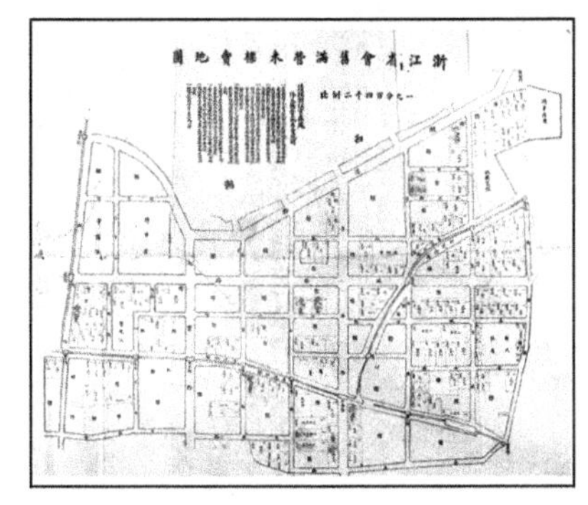

图 3-11 清代满城区位示意图(右)、满城(旗营)驻防图(左上)及新市场土地标卖图(左下)

杭州的湖滨街区是欣赏西湖的绝佳位置之一,但在民国之前,由于城墙的存在,该街区乃至整个城区与西湖在空间上是完全隔离的,这与西湖在杭州城市文化和城市意象中的中心位置形成了反差。一方面古代雅游西湖的文人墨客留下了众多诗词字画,使西湖闻名遐迩,构成了杭州重要的城市意象,使“杭州之有西湖,如人之有眉目”[11]。另一方面民国以前,西湖与城市被高大厚重的城墙隔离,城墙不仅遮蔽了视线,同时给城市空间一个清晰的边界限定,使城市成为一个与西湖并置的封闭空间。清初,清廷下令修筑满城(旗营),满城“北至井字楼,南至军将桥,西

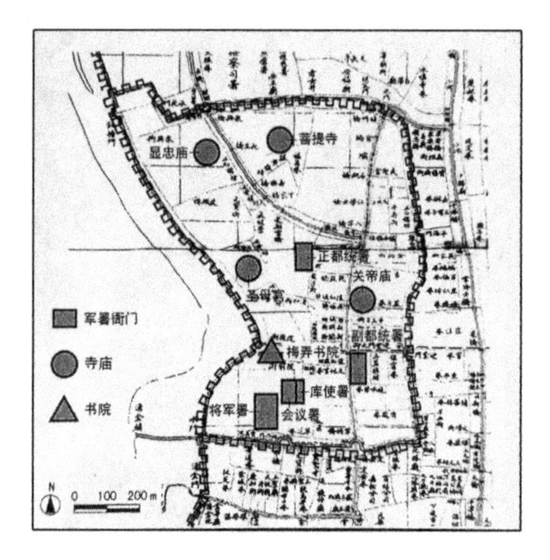

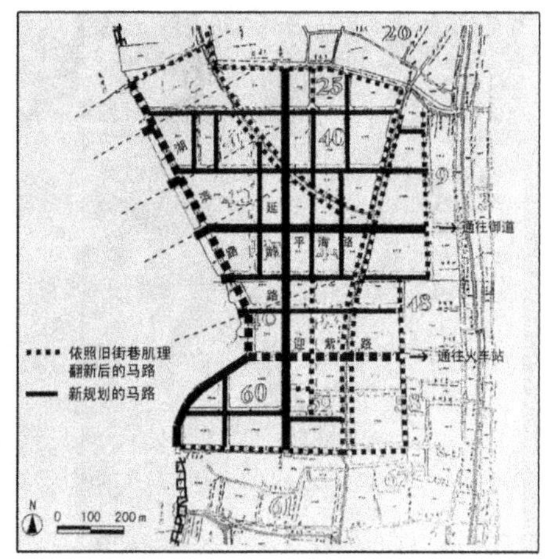

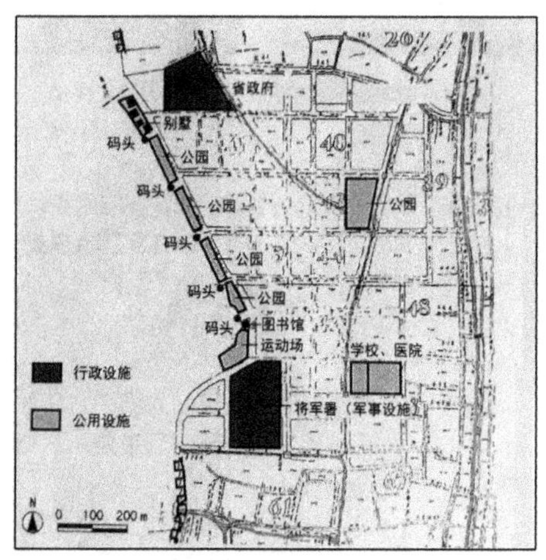

图 3-12　湖滨地区道路和公共设施在新市场计划前后的变化

至城墙，东至大街，筑砖界墙，环九里有余，穿城径二里”[12]，据城区中靠近西湖、沿浣纱河的较好地块，满城有着宽厚的城墙，城墙高度超过 6 m，城口、口楼、一应俱全，俨然一座孤立的城中之城。城墙不仅阻隔了空间，也阻碍了城市与西湖之间的人员流动，为了躲避例行检查等麻烦，老百姓只能在白天通过西边的城墙涌金门和清波门两座城门才能进出西湖，城市与西湖之间的交通并不便利。历史上民间在西湖的游赏活动虽然一直在持续进行，清代康熙、乾隆二帝数次南巡更是品题西湖，极大地推动了西湖山水风景的发展，但清代城墙和满城这两个体量巨大的屏障有效地将西湖和杭州城分割成两个独立的空间单元，游赏西湖被视为城外的活动。

1911年，辛亥革命废除了清王朝，象征清廷统治的满城首当其冲地被拆除。

"民国之初，首先拆卸满城……所有营房，大部拆毁，建筑马路，改造民商店，名之曰新市场。至于各城门，亦逐渐拆卸。最先拆卸者，为涌金、钱塘、清波三门。西湖之美不似昔时之屏于城外，杭人谓西湖搬进城也"[13]。城墙的拆除与"新市场"的建设是西湖入城的起点，这一城市事件使杭州城市空间格局发生巨变。从"新市场"的命名也可看出，当时的民国政府希望将湖滨地区建设成为新的城市商业区，其建成也确实导致了城市商业中心由"大街"(即南宋御街位置，今中山南路)一带向西偏移，重构了杭州的商业空间布局。

建设"新市场"的过程，可视为近现代杭州城一次有计划的城市现代化改造。首先是对原满城内的居民强制性的搬迁和没收土地，对该地区的道路进行重新规划。地段内的道路除了延续原有河道、沿河道路及迎紫门大街这条与满城外城市接续的东西向道路外，全新覆盖了南北正交的道路网格，道路南北间距 120～180 m，东西间距 90～180 m，"路分一二两等，一等路规定路宽 60 尺，左右人行路各十尺……二等路规定路宽三十尺，左右人行路各六尺"[14]，一等路有 4 条，沿湖设置 1 条(现湖滨路)，南北向 1 条(现延安路)，东西向两条(现平海路和解放路)，其余二等路 23 条。齐整的道路规划使湖滨滨水街区规整方正，街区大小均匀适宜，其格网的结构尺度与当时上海、天津等地租界内的道路格网尺度相仿，由此窥见西方现代城市规划方式对当时杭州城市建设的影响。规则、尺度适宜的路网在形态上的弹性和包容性，使湖滨街区经历风雨轮换，始终保持商业上的活力和生机，时至今日，原"新市场"所在的湖滨地区仍是主城区的商业热点街区。

在土地利用、居民构成和功能业态上，原有满城军事、居住混合的城市特殊用地转换为商业用地为主，兼容公共设施的复合用地。地段内的公共设施，从寺院、书院等转换为公园、图书馆、学校和体育场。其中公园最早建成，沿西湖东岸从北至南分布第一至第五公园，后扩建第六公园，是杭州最早的市政公园。原本居住在满城内的是满人，平日训练及打扫全杭城的街道，战时为军队，在满城被拆除后，旗人或逃亡或丧失住所，大量无家可归的旗人造成了一定社会问题，1914年在现百井坊巷位置新建 200 户住宅供旗人居住[15]。如此，原有湖滨地段的居民完全被轮替，就像清初兴建满城时将原居民全部驱逐一样。新规划的街区重划地块，并对外公开招卖。除了公共用地外，大部分用地都是标卖的，在1920年左右，所有的土地已经售卖一空。沿街地块被开发为商店、饭店、酒店等商业设施，作为日渐兴旺的西湖旅游业的配套设施。1920 年代后，湖滨街区从封闭的满城成为城市新的繁华的商业中心，作为游览西湖的起点，连接起西湖与城市空间，将西湖从城外风景转换为城市景观。

3.3.2 近代西湖东岸滨湖公共空间

“新市场”初具规模后，湖滨街区出现两种新的滨水公共空间形式，分别是公园和西式街道，这两种新型滨水公共空间的发展可被视为城市公园文化和新型商业文明在杭州生根发芽的标志，同时也是城市空间接受专业性管控的开始。

一、湖滨公园的建设与意义

近代湖滨公园无疑是个西方舶来品。中国古代江南城市早已存在城市公共园林，如扬州园林、西湖湖山、苏州虎丘等，但其无不是依照城市自然现状加以整理和点缀，再通过游览路线的设计以及相关文人诗词绘画的传颂，赋予景色特别的文化内涵，以达到一种将景色与意境共融的审美，其建设形成往往通过长时间的融汇调和及细微修正，是时间磨砺之下自然与人文的结合景观。而出现在近代中国城市的新建公园则是在划定的地块上，通过专业化的设计，在较短的时间内建设形成，具有改善城市环境、为市民提供休闲娱乐空间的功能。1868年在上海公共租界建造的“公家花园”(现黄埔公园)是中国最早的近现代公园，而后殖民者在上海又陆续建设了虹口公园、法国公园、极斯菲尔公园等，其设计图式主要为英国田园风景或法式的规则园林，在布局和风格上有明显的西方异域特征，这对杭州湖滨公园的形态设计产生明显的影响。

在建设“新市场”初期，沿湖的城墙拆除后的基址上建设湖滨路，同时将湖滨路以东约 20 m 宽、近 1 km 长的狭长空地辟为湖滨公园，以与湖滨路相交的 4 条东西向马路平海路、仁和路、邮电路、学士路为分界点，将空地分为 5 段，分别为湖滨第一至第五公园，是当时杭州城第一批由政府出资自主修建的城市公园。公园沿岸修筑了数个游船码头，通过游船码头，游客可以直抵湖心亭、三潭印月、跨虹桥等景点，这些码头逐渐取代了原涌金门码头的地位，成为大量游客和香客游览西湖的启程点。1928年，沪杭铁路的开通带来大量游客，杭州旅游业蒸蒸日上，此时湖滨第一至第五公园已建成使用 10 余年，实质上已成为西湖的旅游集散地，由于游客众多，公园不堪重负，园内游人拥挤、设施老旧，无法满足市民和游客对城市公共空间的需要。同年，杭州市政府收用长生路口盛姓家族空地，及毗连该处的警察所一所[16]，另在圣塘路附近，用疏浚西湖后留下的淤泥填了 20 亩地，一起辟为湖滨第六公园，同时对原有的第一至第五公园进行统一的规划和大范围整修，“规划苑路花坛，植芝草花木，沿湖一面，改造铁链水泥栏杆，置电灯，添设椅凳，便市民朝夕游览，随地休息”[17]。在对湖滨公园的扩建和整修中，市政府不惜花费：“经朱局长数度之审核，以式样最新，地势合宜，钟为巴黎市。虽建筑费用稍大，而可观性大，可生色不少”[18]。第六公园内设置音乐喷泉亭、花房、灯柱等先进新奇的设施，还开设了与传统茶室对应的咖啡馆，公园成为时尚生活的地标和陈列台，展示了当时最时髦的建筑、用品和时尚(上海游客)。民国初期，通过书籍、旅游图册、名人游记等各种形式对西湖景点和文化遗迹的赞扬和推销，上海到杭州之旅被塑造成从现代到传统的历时性旅行[19]，而现实中西湖湖滨“新市场”一派西化的城市景象却使人发出“欲把西湖比西子，于今西子改西衣”[20]的感慨。近代湖滨公园的建设和使用过程，时时透露着这样的信息：在那个承前启后的时代，人们对市民公共生活内容弃旧扬新，同时又喜追忆怀旧。当然，对新文化、新经济的欢迎毫无悬念地战胜了对旧时图景的怀念，在宣扬追随传统，仿效古人雅游西湖的背景下，人们建造了公园这一新式的公共空间用以容纳旅游集散、公民集会等新内容。

比较湖滨“新市场”建成前后的西湖湖滨图(图 3-13)，可清晰感知在公园这一新型滨水公共空间建成后，西湖东岸的风貌由自然山水园林转化为人工印记明显的西式园林。在设计上公园与城市街区连接和对应的意图十分明确，展现了设计者已考虑到未来的商业中心与西湖风景的衔接问题。6 个公园沿西湖水岸一字排开，每个公园对应一个面湖的街廓，公园具体设计为法式风格园林，设有开敞的草地，规则的花坛，各公园的相隔处还有雕塑或纪念碑，成为西湖边东西向城市道路

上图截自“杭州西湖各景全图”(1760年左右)，下图截自“杭州西湖全图”(1930年)

图 3-13　不同时期湖滨景观的比较

的对景，同时也形成地方性的地标，这些地标从南往北依次为教仁街(今邮电路)街口的炸弹模型(抗战胜利后建)，仁和路路口的北伐阵亡将士纪念塔，英士街(今平海路)街口的辛亥革命元老陈英士跃马横刀铜像，学士路路口的淞沪抗日阵亡将士纪念塔(抗战胜利后建)[21]。在形态上公园强调城市与西湖水域空间的联系，西湖东岸视线范围内对城市完全开放，没有遮挡，同时又根据道路的位置相应地设置了地标，使西湖通过道路向城市腹地渗透影响，加之其城市功能上的重要作用，近代的湖滨公园已然成为将城市与西湖牢牢联结的一块磁石。

"冀促杭州成为东方之瑞士，中华之乐园"[17]在这一城市建设目标下，杭州在近代现代化过程中，由军事重地和传统工业基地转向以旅游业为支撑的现代商业城市。如果将湖滨街区的重建视为在此背景下城市谋求发展的一种空间策略，那么湖滨公园就不仅仅只是市民的一处新式滨水公共空间，而是在剧烈政治变革和经济转型中社会空间的一部分。不同于过往古代大部分城市公共空间(如街道、桥头广场等)由居民在日常使用和长时间的城市建设中缓慢自然生成，湖滨公园从修筑到改扩建，一直由政府主导，采用公共资金在短时间内完成，这两类公共空间在建设方式、目标、建设主体、资金来源等方面大相径庭。湖滨公园的建设在杭州的城市空间史上有着非凡的意义，其设计、管理和使用开启了杭州城市建设现代化过程中专业化公共空间生产的先例。

二、城市商业中心的迁徙与滨水商业街景的改变

在机动车出现之前，杭州商业街区的交通主要仰仗人力和水上运输。"新市场"开发初期，杭州的商业重心尚在城区河流小河-中河沿线至吴山清河坊一带，清代杭州城的"大街"(今中山南路)是全市最繁华的一条商业街道。但随着机动车的出现及使用量的增加，传统商业街街道红线宽度不够、坊之间有牌楼、木栅栏的阻隔以及大部分桥梁结构强度不足以车行等不利因素渐显，暴露出明显的不适应性，而新建的"新市场"没有这些弊病。至 1920 年代初，湖滨商业区"新市场"的商业地位从其不断攀升的土地价格上得到反映，初辟"新市场"时(1913年)，最高等级的湖滨地块地价不过千元一亩，而到了1926年，"新市场"的地价比最初的官方卖价高出 8～9 倍[19]。以酒店、旅馆、茶馆等服务业为主流业态的"新市场"已取代大街-城隍山一带，重新定位了杭州的城市商业中心。

清代由于城墙、城门、河流、兵营等不同要素的综合作用，满城内除了沿清湖河、西河的街道遵循河流走向外，其余街道与水系的形态关联性相对模糊。而在湖滨地区"新市场"的建设中，湖滨路为原城墙的位置，随着西湖湖岸蜿蜒而行，而数条东西向的马路通过湖滨公园与水体取得一定的呼应关系，棋盘格式的新式道路在短时间内取代了满城内形态不规则的道路网，使其在整体形态、道路断面、沿街界面上呈现与传统商业街不同的景观。在整体形态上，古代城市商业区一般沿线性生长，形成以主商业街为主干，垂直于主干的巷道为枝干的鱼骨状交通体系，由于垂直巷道空间狭小，商业效率较低，商业店面主要集中在商业主干上。杭州也不例外，但由于河道的存在，它与其他城市单线性的商业区块又有区别。杭州古代城市最重要的商业街源自南宋的御街，至清末又名“大街”，街的西侧是满城的城墙，大部分为尽端式的垂直巷道，而东侧是小河和中河，河道与街道通过桥梁完全交织在一起，呈现细密的、东西短而南北长的街巷网格。因此，由于东侧河流在交通上的重要性和西侧城墙的封闭性，清代杭州主商业区的街巷呈现一种鱼骨与格网结合的特殊形态。相比之下，“新市场”的街道规则严整，小尺度格网创造了更多的有效商业临街面以及尺度适宜的街道空间。在街道断面上，传统“大街”没有明确的划分，人车混行、客货混流，一派生动的市井景象，虽然商业氛围良好，但也较杂乱无章。而“新市场”的马路不仅在红线宽度上较宽阔，且经过专门的断面设计，对车行道、人行道、行道树都有事先的规划，街景较为舒朗，街道的高宽比较小，不似传统商业街那般逼仄。在沿街界面上，传统的商业街没有严格的建筑红线管制，街道界面的生成带有很强的自发性和随机性，沿街面店招参差不齐，有明显的

ⓐ清末杭州“大街”(御街)街景，ⓑ1929年湖滨新市场街景(已出现骑楼)，ⓒ改革开放初期湖滨骑楼及其前的机动车道，ⓓ湖滨路步行街现状(街的东侧即为湖滨公园和西湖)

图 3-14 传统商业街景及各时期湖滨商业街景比较

侵街现象。而“新市场”的建筑用地有明确的红线范围，且多采用西式建筑或中西杂糅民国式建筑样式，街廓整齐。特别一提的是在“新市场”拍卖土地过程中，湖滨路地块由于土地的测量失误致使沿街业主土地面积不足，为此，时任浙江省民政厅厅长的褚辅成特准湖滨路沿线地块建设时可以加盖骑楼，以补偿土地面积的不足，于是就产生了沿湖滨路近 200 m 长的骑楼，形成湖滨地段独特的街景，而这种街道的界面形式在当代湖滨路的数次改造中得到保留和继承，成为西湖东岸城市空间的意象之一。

3.3.3 当代湖滨街区城市更新对滨湖公共空间的影响

一、两次重要的城市设计招标

20 世纪末，湖滨街区作为杭州市级商业中心，开发的强度不断增强。1980 年代，随着华侨饭店、大华饭店等临湖建筑的出现，西湖东岸城市景观问题开始受到关注，杭州市在该阶段的总体规划(1983—2000年)已有保护西湖景观方面的内容，20 世纪末便开始采用照片合成、数字模拟等技术严格控制东岸的发展，但在发展和控制的博弈中，仍出现众多问题。在 21 世纪初，东岸近湖处出现不少高层建筑，对西湖的景致和城市面向西湖的视线产生影响，“三面云山一面城”的城市空间格局岌岌可危，且随着开发强度和机动车数量的增加，沿湖的湖滨路拥堵严重，特别是节假日，大量的行人流量侵占至车行道上，交通问题十分突出。更重要的是，湖滨被定位为城市 RBD，这使原有的土地利用需要进一步优化，建筑空间需要更新改造，在这样的背景下，杭州2001—2002年连续进行了两次湖滨地区城市设计的国际招标，同济大学规划研究院和美国的 SWA 景观设计公司分别为两次招标的中标单位(图 3-15)。

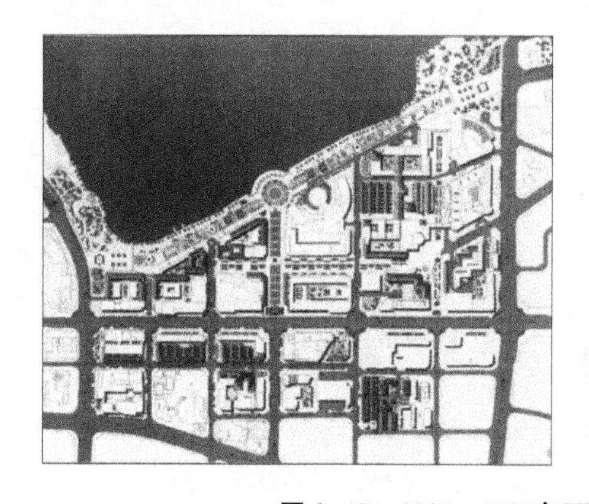
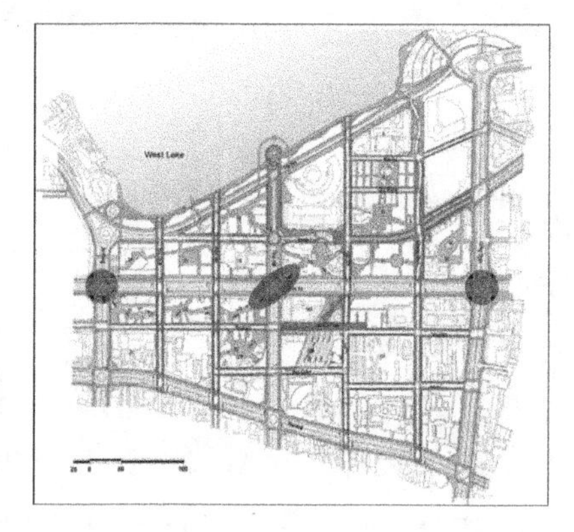

图 3-15　2001—2002年两次湖滨城市设计方案

同济大学规划研究院的方案，针对湖滨路大车流量阻隔城市到西湖的步行人流，沿湖凯悦酒店等大体量建筑是城湖形态恶化的现状，提出重构湖滨地区的步行系统，进而组织街区内的开放空间。其中，最重要的也是实施较为完全的是将湖滨路步行化，建成特色鲜明的步行街。在随后杭州园林设计院负责的湖滨步行带改造计划中，原湖滨路只保留 6 m 宽的机动车道，原有车流由湖滨隧道和东坡路分流，绿地和硬质铺装面积大大增加。在和湖滨路交叉的平海路口、仁和路口、邮电路口、学士路口各铺设一片铺装地，把湖滨路分成五段，与人们熟悉的第一至第五公园对应。2003年，改造后的湖滨路作为特色步行街开街，但仅两年后，就抵不住交通压力，开放了小型车辆的单向通行，2014年 6 月又恢复步行，除观光车外禁止机动车和非机动车通行。如此反复，不仅说明交通和沿线单位对步行改造计划的巨大压力，同时也表明沿湖空间的步行化对城市空间品质提升有实质性的作用。

SWA 景观设计公司在同济大学规划研究院方案的基础上进一步深化，提出一个将公共和私人领域在街区中实现空间共享的愿景，将湖滨街区建成一个适宜人行、充满生机、蕴含历史风韵的高密度街区作为设计目标。在交通设计上，地段内部除了平海路和延安路作为地区中心十字轴线是双向通车，其余道路均为单向通车。在人行外部空间上，其设想创造一个深入街区内部的人行开放空间系统，将人流引入每个街区内部，同时设置一条人工溪渠将西湖水引入街区内部，将绿化和街区内部的小广场串联起来。这个理念在更新改造初期临湖两个街区内得到了实现。临湖街区新建的商业建筑项目为湖滨国际名品街，面向西湖是规整精致的骑楼，而街区内则是围绕溪流的内部街道、小广场，其高宽尺度比例与传统街道相似，人们漫步于此，似乎能感受穿越到民国时期和更早之前的传统商业街的风味。按照 SWA 的设计意图，这样的开放街区及串联起它们的人行开放空间系统不仅局限于临湖街区，还可以垂直于西湖向城市腹地延伸数个街区，通过公共步行系统加强西湖和城市生活的联系，遗憾的是这个美好的愿景最后并未实现。

2002—2005年，湖滨路、湖滨公园、湖滨沿湖商业街进行了有明确设计目标的更新建设，这种更新不仅只是高质量、高标准地重建了滨湖的两个街区，还调整了临湖道路的人行活动空间和车行交通空间比例，使湖滨地段的公共活动空间环境质量大幅提升，创造了一个将零售、办公、娱乐休闲等功能融合的动态社区，不过这一切都有一个前提，那就是大量的资金投入，而投资最终是需要回报的，这也为近年来湖滨公共空间的微调埋下伏笔。

二、城市更新中滨湖公共空间的改变

当代湖滨地段的更新改造中，湖滨路的步行化加大了滨湖步行区的进深，扩大了人们临湖自由活动的范围，使滨湖场地设计有了一定的自由度，不像民国的湖滨公园那样方整规则。同时，该地区的交通管制使滨湖公共空间在空间和使用上趋于独立的同时，不再因为大车流量的城市道路而与城市腹地空间撕裂（图 3-16）。理论上说，这样的滨湖公共空间已是趋于完美：有一定的容量，景观设计良好，与城市在街区、交通上都能直接衔接。可如果仔细观察其使用情况，便能察觉其在公共可达性这一城市公共空间基本评价内容上的缺憾。

图 3-16　湖滨路由高等级车行道路转换为线状人行公共空间

2003年杭州市实施湖滨路改造工程之前，湖滨路是一条以普通市民和游客为主要服务对象的商业街，这使得该路东西两侧联系相对密切，同时也有效地带动了湖城之间的互动。而近年来针对街区的改造主要思路之一就是将空间商业化，在这种思路下，高昂的地租、绝佳的风景，必然会带来高档消费项目。如上文提及的湖滨国际名品街，除了开街初期由于新鲜感有些人气外，平日里人迹寥寥。滨湖街区商业所提供的大部分商品和服务其价格之高昂，均非普罗大众所能承受，其向人们传达出强烈的由财富作为标准的准入性信息，在象征可达性上显示出明显的排斥信号。不仅如此，由于商业利益的驱动，滨湖街区单位将街区内本来对公众开放的步行区域建筑化，进一步侵蚀滨湖公共空间。2010年，通过加设玻璃顶棚等手段（图 3-17），原本临湖两个新建街区内的公共庭院成了建筑内部空间，进一步恶化了滨湖公共空间的可达性。因此，当代湖滨改造工程虽然使湖滨地区在物质空间环境上有所提升，但在社会空间上割裂了沿湖步行区与城市腹地传统大众商业之间的联系，“创造了一个丰裕的市区孤岛”[22]。此外，当代湖滨改造在摒除机动交通对滨湖公共空间干扰的同时也带来新的交通问题。高端商业对临湖街区的盘踞迫使面向大众的普通商业街区向城市腹地东移，增加了滨湖步行人流东西向的步行距离，与此同时，临湖街区的高端商业和服务项目又会吸引车流交通向西，人流东移而车流西引，人车交织的概率大增，加大了步行空间的组织难度。SWA 方案中设想的将湖滨路步行道与滨湖街区内部的开放空间进行联结，从而形成有层次的公共步行空间系统，将西湖“水的意象”通过公共步行空间向城市腹地辐射的理

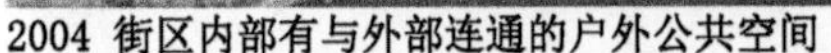

2004 街区内部有与外部连通的户外公共空间

2010 街区内部室内化，加盖玻璃屋面

图 3-17　湖滨街区内部公共开放空间的消失：不同时期湖滨街区内部空间比较

念，随着临湖街区内部开放空间的建筑化而在近期已无实现之希望，滨湖的公共空间基本被限制临水街区的街廓至水岸线之间（表 3-1）。

表 3-1　不同时期湖滨临湖公共步行空间比较

比较内容		民国时期	当代湖滨地段改造前	湖滨地段改造后
步行区进深		20 m	<20 m	平均 45 m
活动内容		游憩、游船码头、公民集会	散步、游船码头、大众售卖	晨练、游憩、码头、高端商业
与城市的联结方式		通过道路与城市联结	联系受湖滨路分割影响	独立，与城市并置拼贴
可达性	物理	可达性良好	物理可达性有阻碍	临湖绿地物理可达性良好，街区内部物理可达性不佳
	视线	可达性良好	可达性良好	可达性良好
	象征	可达性良好	可达性良好	滨湖骑楼部分象征可达性不佳

总体而言，湖滨街区所在的西湖东岸的滨水土地在近现代遭遇了两轮重大变革，首先在1913年后以公园的形式成为人工化的城市公共空间；而在2002年后的城市更新中，公园进一步结合步行化的湖滨路成为了城市滨水公共空间带。在空间形态上，这个条形地带是西湖自然风景和城市景观的过渡，在社会功能上，临湖高档街区使其与城市腹地有所隔阂，再加上地段交通的管制，其与城市联系的出入口和联系方式极为有限，成了独立、并与城市腹地街区并置的一个特别区域，这与民国时期的湖滨公园已有很大的区别。

3.4 从边缘到中心——钱江新城CBD核心区

3.4.1 从无到有的城市CBD

2001年市域范围调整以前，杭州城市的发展主要是以西湖及古城为核心的团块发展为主。而杭州的古城区在东、西、南3个方向被西湖、钱塘江所限制，发展空间有限。随着区域城市之间竞争程度不断升级，杭州城市发展与用地之间的矛盾日趋激化。1990年代政府开始组织研究在钱塘江北岸建设新城的可行性，在20世纪末已初步制定跨江发展的战略，明确提出中央商务区的建设概念，2001年以行政区域调整（钱塘江南岸的萧山撤市并区）为契机，作为市域面积扩大后城市几何中心，“钱江新城”被选址为城市新的中央商务区，并启动开发建设。钱江新城一期用地15 km^2（后有钱江新城二期项目），CBD核心区占地约4 km^2，核心区功能定位为市级中心，以行政办公、商务贸易、金融会展、文化娱乐、商业功能为主，居住和旅游功能为辅，是体现21世纪杭州现代化城市景观的行政商务中心区。其基地大部分位于城市老海塘以外，在大规模建设之前，该区域为杭州的城郊结合带，有少量村镇，临江地区大部分为水塘和农田，经过十多年的建设，基础设施基本完成，大部分土地已出让并陆续开发，公共空间网络也日渐成形（图3-18）。

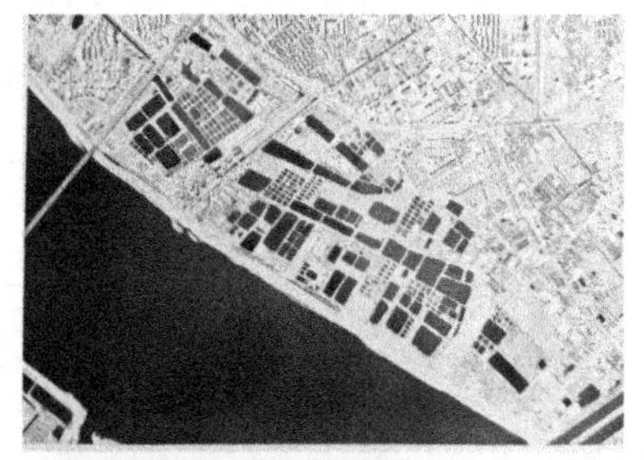

图3-18 钱江新城地段2000年现状图及最终规划合成图比较

钱江新城在建设初期即强调高起点规划，开发初期密集地进行数轮规划咨询与城市设计。1999年杭州市规划局组织编制了《杭州市钱塘江两岸城市景观设计》，对该地区与城市的联系、空间形态控制、功能区块的划分进行了概念方案设计。2001年以上海市城市规划设计研究院为主编制了《杭州市江滨城市新中心城市设计》，规划中对该区域与外围城市交通的衔接、与现有城市形态、功能结构的关系等内容提出了建设性意见，并通过借鉴国内外CBD的开发建设经验，对钱江新城核心区的开发容量提出明确建议，规划中提出的“交通保护核”“办公园区”等概念都在此后的规划和建设中得以贯彻和实现。2002年德国欧博迈亚公司编制了《钱江新城核心区城市规划》，与之前的方案相较，该规划的范围由原来的2.56 km²扩大到4.01 km²，在欧博迈亚公司的方案中，城市开放空间设计成为整体方案的重要线索：弱化沿江道路之江路的交通功能，设置数个下穿隧道，使人们可从与江一路之隔的城市广场、公园直接步行至江堤；修复原有江面与城市由于江堤和沿江马路而造成的撕裂感，并利用回填土覆盖江堤；沿江设置绿化带和江岸观景平台，借助平台从视觉和空间上将城市与江连为一体，是现状“城市阳台”的设计雏形。该方案另一个关于城市空间的重要想法是将核心区的空间轴线向古城延伸，构筑“西湖-钱塘江”的城市轴线，轴线周围大部分是开敞空间和分散的建筑，轴线的一端指向西湖，另一端指向钱塘江，并以一个开阔的露天广场作为终结。轴线将杭州两个最重要的水体和城市意象联结起来，使这条轴线不仅是组织城市空间的框架，也是城市历史文化的体现。这个理念非常大胆和创新，虽然在其后的实际建设中没有完全实现，但它提示了将城市不同水体之间相互关联，从而整体作为一个组织城市空间、体现城市文化和历史载体的可能（图3-19）。

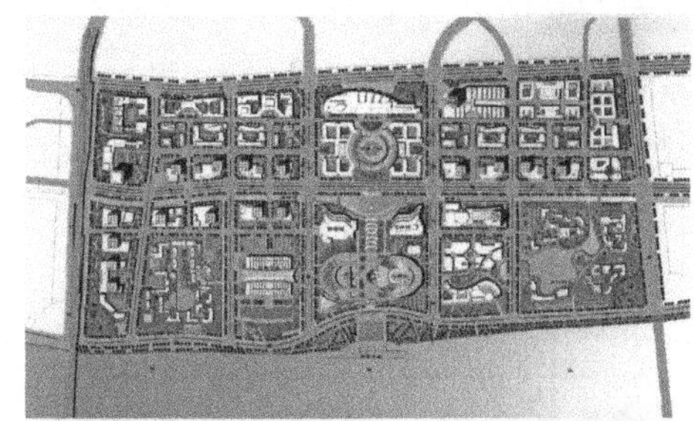
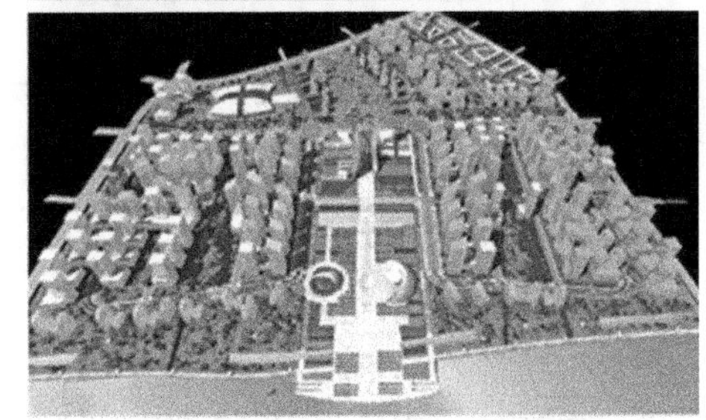
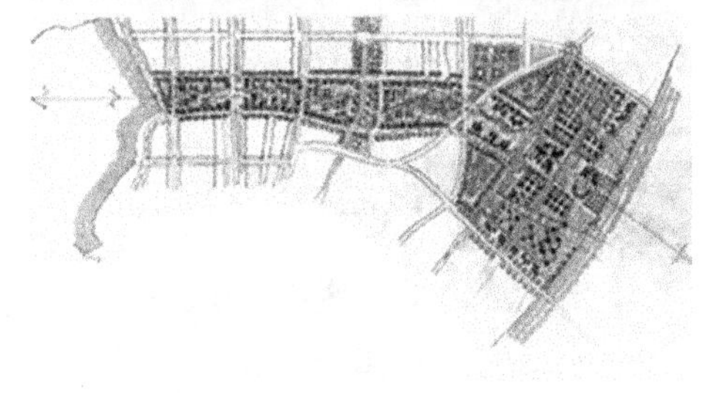

上：2001年上海市城市规划设计研究院方案；中：2002年德国欧博迈亚公司方案；下：德国欧博迈亚公司提出构筑“西湖-钱塘江”的城市轴线。

图3-19 钱江新城初期概念规划图

2003年，结合之前的数轮规划设计成果，杭州市规划设计研究院编制了钱江新城的控制性规划，成为指导钱江新城开发建设的法律文件。在规划的干预和控制下，2008年，城市观景阳台、滨江绿带、步行空间系统陆续建成。中轴线上的建筑及广场绿化对市民开放。十年不到的时间里，钱江新城的建设已将钱塘江这条古代城市唯恐避之不及的危险河流变成城市景观中的重要元素，将一片鱼塘、农田转换为新的城市商务中心。与湖滨"新市场"相比，人民政府对城市空间的干预更加彻底，行动也更为迅速，对于笔者的研究对象"城市滨水公共空间"而言，二者存在显著区别。湖滨"新市场"的公园、滨水街道可被看做是可读的空间元素，与城市街区、西湖有清晰的联系；而钱江新城的公共空间系统的组成元素繁多，在尺度、数量和种类上都大大超出前者，有观景平台、沿江绿化、沿河绿化、广场、公园等，不同的元素在平面和竖向上相互叠合交错，共同构成一个复杂的公共空间网络，这个网络的形态和使用内容在街区建设之前的规划中就已基本明确，城市街区的具体建设状况并不影响网络的形成，换言之，该区段的公共空间系统是可以独立运行的(表 3-2)。

表 3-2 "新市场"与 CBD 核心区的比较

比 较 内 容	民国湖滨"新市场"	当代钱江新城 CBD 核心区
范围大小	约 1 km^2	约 4 km^2
开发主导力量	民国浙江省政府	杭州市人民政府
大致成形时段	1911—1920年	2000—2008年
滨水街区的尺寸	120 m×90 m～180 m×180 m	170 m×200 m～475 m×560 m
建筑肌理	低、多层建筑沿道路红线排布	高层建筑为主
功能业态	以商业为主导	以公共设施、金融办公为主导
滨水公共空间主体内容	公园、街道	广场、绿化公园、步道、堤岸
滨水公共空间形态	清晰可读	平面可读，竖向复杂

3.4.2 钱江新城公共空间网络的组成与特点

一、公共空间网络的组成

钱江新城最后的实施控规方案是上海城市规划设计院和德国欧博迈亚公司两个方案的杂糅，但在公共开放空间的组织上，主要延续的是欧博迈亚公司的理念。按实施方案和建成现状看，CBD 核心区内公共空间网络的构建骨架同时也是整个区域的形态轴线，即由中央公园、市民中心和波浪文化城再到钱江城市主阳台组成的中央控制线，加上两翼城市副阳台及其对应的向城市腹地辐射的楔形绿地，三者在沿江宽度不小于 100 m 的绿地上连通。整个公共空间网络由以下 6 个部分组成(图 3-20、图 3-21)。

图 3-20 钱江新城核心区图底关系

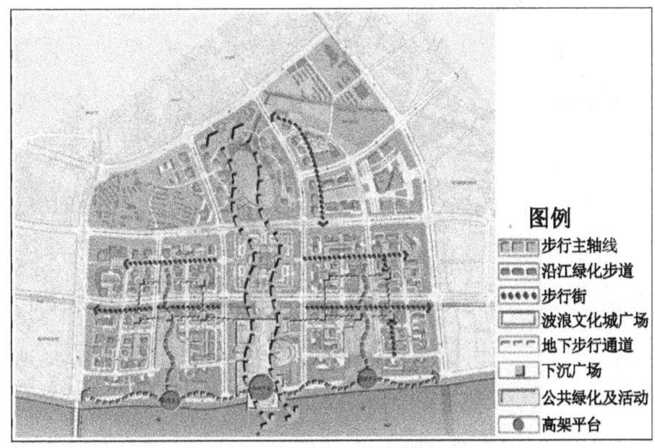

图 3-21 钱江新城公共空间网络的组成

(1) 中央公园:尚未建成,从规划图纸上看,是一个由城市道路作为边界的大型开敞绿地,周围为密林,中部是水面和疏林草坪。

(2) 市民中心-波浪文化城-城市阳台:市民中心、波浪文化城和城市阳台是联结一体的大型城市公共建筑,这组建筑空间跨越了两个大型街区,富春路和之江路两条过境道路均做下穿处理,以及广场自身场地标高高低错落,保证了广场地面层在长达 800 m 的范围内延续无阻,符合政府对其仪式性“城市客厅”的定位,同时显示了该区段以开放空间而不是道路来组织城市空间的思路。广场群通过对地下空间的开发,形成一个立体的,融合了轨道交通站点、商业娱乐、市民公共活动等丰富内容的城市空间。

(3) 楔形绿地:两个已建成的楔形绿地分别为世纪花苑和森林公园。在设计中将新塘河的水体引入绿地,外围以密林界定空间,为人们提供一个安静的休憩环境,整个绿地地形起伏变化呈西北向东南逐渐抬高的趋势,最终通过天桥与城市阳台自然连通,保证步行系统不受之江路交通的干扰。

(4) 沿江绿带:核心区的沿江绿带包含了一条下穿的城市道路之江路,因此在出入口设置、竖向设计较一般沿江绿化复杂,其可达性也受到影响,只能从楔形绿地或城市阳台进入。临江绿地部分建立在钱塘江的堤岸上,绿化采用的是植物密植的布置方式,沿江留出了 15 m 左右的硬质人行道路,与钱塘江水面有较大高差,二者的联系仅局限于视觉联系。

(5) 滨河绿道:由于场地内新塘河与城市干道富春路平行,与轨道交通的线网部分重叠,因此,滨河空间分布着地下空间和地面道路的人行出入口。绿道靠道路一侧是乔木、灌木绿地为主，而靠近建筑一侧则有铺地、草坪、下沉广场等空间组合，层次丰富。

(6) 街道：核心区内大部分城市道路以车行为主，虽然绿化良好，但人行寥寥，没有传统街道的公共空间功能，仅部分城市支路尺度适当，而且在建筑红线控制上，不仅控制退让同时也控制建筑的贴线率，使街区街廓完整，形成了有效的街道界面。

二、立体化与独立化的特征

钱江新城整个公共空间系统的主干、两翼及周边通过舒缓的高程变化和车行道的下穿，尽量延续了步行范围，形成大小错落、各有特色的城市空间群组。在这人行公共活动区域中，类型丰富的城市空间(如下沉广场、绿化、水上平台、台地广场、连廊等)和建筑、城市道路、轨道交通均通过复杂的竖向交通连为一体，是当代城市公共空间立体化和复杂化的一个具体体现。以该公共空间系统的主轴波浪文化城——城市阳台为例，该公共空间组合轴线垂直于钱塘江，按照从江面到城市从南往北的顺序看，城市阳台的南部主体架空于钱塘江水面上，中部悬空于下穿的之江路上，北部平台与波浪文化城地面层连为一体。波浪文化城从外部看是个有高低起伏的广场，但称其为建筑项目可能更为合适，它有 3 个楼层：地下二层、地下一层和地面层，地下二层是设备和停车，地下一层是商业层，地面层是一个开放的绿化广场，地面层标高和周围场地标高大致相同，地面和地下空间通过折线形连廊、坡道、下沉广场、台地型广场等多种空间形式相连，整个交通流线上下起伏，空间丰富多变。人们可以从地面层进入这个广场群组，也可以从周围建筑的地下层或地铁站直接进入，在这组公共空间中，流线是立体向下的，从外部空间看到是建筑的屋面层，这与一般的广场平面化的空间布置有很大区别，如果说大部分广场是一种场地设计，那么这种向地下空间发展的广场在考虑场地布置的同时也是建筑工程设计。这种将城市开放空间和地下空间开发融为一体的项目，其优势显而易见，在保证提供城市开敞公共空间的同时，能够不占用开发指标、不改变地块容积率，得到使用空间(商业和停车)，地下空间能为地面广场的使用提供服务，地面的开敞空间能为地下空间带来人流和商机，二者相辅相成，成为当代杭州城市公共空间开发的一种新模式。在这种模式下，城市外部空间在建造上和建筑融为一体；在形态作用上，外部空间超越了建筑和街区，成为较大地段范围内的空间组织线索(图 3-22)。

钱江新城的滨水公共空间群组除了立体化的特征之外，还有独立化的特点。言其独立，主要有两个方面内容，一方面是从地段范围看，其公共空间群组与该地段的城市建筑、城市街区的关系；另一个方面是从城市整体看，与城市其他公共空间的关系。从地段这个范围内观察，钱江 CBD 核心区的城市外部空间不再是建筑或自然要素的围合(如波浪文化城-城市阳台这组广场群)，它已经超脱建筑、道路

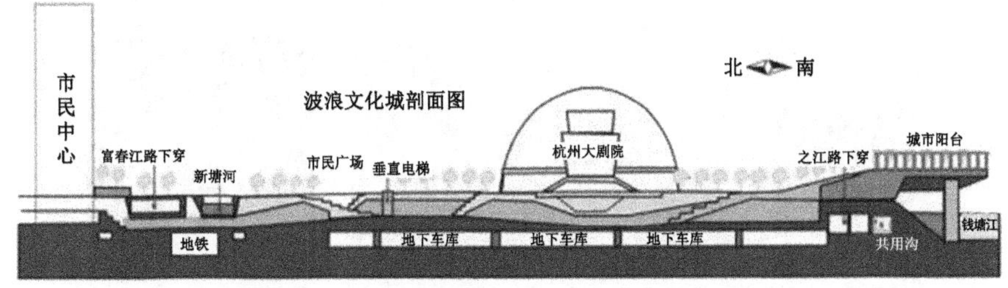

图 3-22 立体化的钱江新城公共空间主轴

和自然要素的限制，甚至凌驾于其上，它跨建筑、跨街区，甚至是突破水际线。从城市整体看，钱江 CBD 核心区的城市公共空间群组是自成一体的。钱江 CBD 是城市新区，与原城市中心区的联系主要通过线性交通联系，与原市区内城市公共中心(湖滨地区)的远离，以及周围地块的建设滞后，使该区的公共空间与城市腹地其他公共空间群组联系不强，同时由于 CBD 功能设置的公共化，内部街区住宅用地面积不到 20%，因此其大部分使用人群均需要远距离的交通输送。根据笔者的实际观察，钱江新城中央轴线上的公共空间在工作日相当冷清，在节假日时使用人群较多，这里的市民空间更像一种节日广场。这就产生一个奇怪的现象，大部分人必须通过机动车交通到达这里，转换成步行进行休闲游憩、购物消费等活动，这个过程与人们节日里驱车去城郊的大型购物中心好像也没有太大的区别。

3.4.3 壮丽风格与理性化的空间生产

空间的公共表达往往带有较强的政治性主题，如钱江新城。在当代中国新城的建设中，以轴线组织空间是政府主导开发的、具有公共中心功能的新城核心区地段的普遍选择，如果该地段恰好临水，那么垂直于水岸线的中轴线就更加顺理成章。在诸多中国当代城市滨水新区中，以垂直于水际线的轴线来组织空间的例子比比皆是，如广州珠江新城、武汉滨水新城等。新城中心区一般由多个街区组成，轴线不仅将这些独立街区组合成整体，指向水面的轴线也强化了城市与水的图式化联系。轴线化的城市设计是一种古老的城市空间图式，不论中外，这种抽象而理想化的公共表达受到大部分政治人士的青睐，成为超越不同政治制度的通用形式。许多中国新城公共中心建设的轴线设计模式也非继承本土传统，更多的是受到西方城市壮丽风格的影响。与中国古代城市，尤其是权力中枢建筑群组中那种层层推进的、象征等级秩序的轴线关系相比较，当下新城设计模式与之明显的区别就是其轴线上的主体不是建筑，而是一种城市虚空，轴线对应的建筑常以一种纪念物的形式出现，这不正是壮丽风格的语汇么(图 3-23)?!

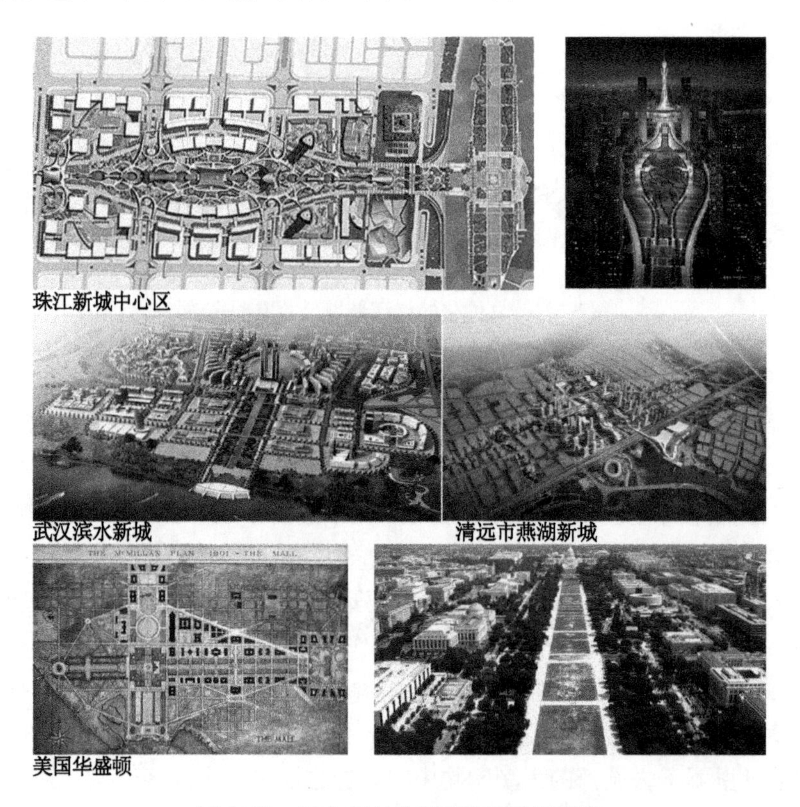

图 3-23　城市规划的壮丽风格及其范型

西方城市中那种充满戏剧感、富有层次和纪念性的城市空间传统可上溯至 15 世纪。16 世纪，法国将巴洛克美学发展成为一套理性的城市设计系统和风格，香榭丽舍大街的轴线序列、奥斯曼的巴黎改造，再到1931年将城市原轴线从马约门延长至拉德芳斯，都清晰地表现了壮丽风格的历程[24]216，至“二战”结束，壮丽风格风靡法国。在西方城市史中，这种风格总是与集中性权利联系在一起，主要出现在西方的国家级城市，如华盛顿、堪培拉、巴黎等，因为宏伟的架构和抽象的模式必须有一个不受阻挠的决策执行过程和能够帮助其实现的财政支持作为前提。而在中国各级城市，尤其是城市新区的建设中，这种风格并不鲜见，城市新区的建设无不是地方政府利用公共财政强力推动的，这种建设模式与壮丽风格不谋而合。

所有城市都在不同程度和不同模式上是权利的集合体，壮丽风格的城市设计方法启用了以物质形式表现权利的各种手段，拥有权利的象征性，但单靠这种表现主义的力量并不足以说明钱江新城核心区为何选择采用这种形式。相反，钱江新城的中轴线设计还特意转移了这种象征性：作为中轴线对景的建筑不是一般市政广场上的政府大楼，而是市民中心——面向市民的综合性服务中心，功能上包含青少年发展中心、图书馆、城市规划展览馆、行政服务中心等。中轴线广场两侧建筑分别为国际会议中心和杭州大剧院，波浪文化城和市民广场被称之为城市客厅，而轴线尽端悬架在钱塘江上的观景平台被称为城市阳台。从功能设置到空间命名，权利的象征被极力转换成市民公共活动的平台。城市空间成为舞台，市民是其中的演员和观众，城市生活本身就是“戏剧”，壮丽风格加强了这种戏剧性效果。壮丽风格追求的目标之一就是将城市空间构成，在街道和广场中“穿行”时获得的空间体验，转化为引人入胜的场景。“从政治的角度讲，将城市形式戏剧化是独裁政府的一项功能。文艺复兴时期新的统治者是复兴古典戏剧的赞助者，是官方城市空间结构改造的主要推动者。从 16 世纪至 18 世纪，绝大部分新建的永久性剧院都设在王侯们的宫殿区域内，城市本身也装扮出一种理想式剧场布景的面貌以回应王侯们的统治风格”[23]221。随着时间的迁移，专制主义的时代结束，但抽象的理想城市空间保留了下来，并被重新诠释和发展利用。就如奥斯曼的林荫道将中产阶级的消遣生活展示到公共舞台上。钱江新城核心区的滨水公共空间的设计和使用模式或许可以认为是壮丽风格在当下中国城市建设中运用的新注解。

除了象征性与舞台效果，壮丽风格还有很强的实用性，它能够快速简明地界定秩序。如上文所提及的，钱江新城在一片乡村和池塘中短时间内崛起，初期作为处于城市边缘的市级公共中心，其城市空间如同飞地一般，与旧城没有联系，它需要一种人们易于理解的、人工的方式来建立视觉秩序，而鉴于大部分来这里的人只是过客，在短暂的停留时间里，空间的认知需要简单易读、印象强烈，而轴线组织的公共空间序列正符合此要求，轴线的空间形式给人强烈的视觉刺激而且容易记忆辨析，相形之下，一些没有控制性轴线的城市空间，虽然充满活力、形态丰富（如伦敦的小街巷），但在游客眼中总是含混暧昧，难于辨析。

在当代中国的城市实践中，规划者和实施者根据项目自身的背景和需要，对源于西方的壮丽风格式的城市设计方法演绎出了种种本土化运用。传统的壮丽风格城市空间在形态要素上表现为笔直的街道、巴洛克式的对角线、林荫大道、统一和连续的界面、纪念性物体、仪式性的轴线。在现代建筑风潮影响下，这些形态语汇无法继续，便顺应时势产生相应的变化，如传统巴洛克轴线通过空间两侧界面的标准化和统一来强调直线秩序，而大量出现的高层建筑是雕塑般独立于空间的物体，不太可能成为连续性界面的一部分。同时，它也不甘成为空间的陪衬，正如勒·柯布西埃所言：摩天楼是绝妙的，它们可不是传统街道景观的侍从，应该被安排在巨大的开放空间中。以钱江新城核心区为例，首先，中轴的界面被软化，广场、绿化共同构建了一个虚空的、有宏大尺度的中轴，轴线两侧的街区建筑相互独立，不再有明确的联系，空间的开放性取代了连续性，轴线的虚空被独立出来纳入景观的设计范畴中。其次，轴线本身也有一定的表现性和象征意义：轴线空间本身有收放对比，波浪文化城上的雕塑性公共建筑将轴线收窄，而后一主二副的城市阳台又将轴线投向广阔的江面，指向江对岸城市未来的拓展方向，轴线构图从地面视角转变为空间鸟瞰视角。再次，也是钱江新城核心区较其他新城设计较为不同的一点，它在轴线空间内完全分离了机动车交通，创造了一个有向下厚度的大平台，换言之，这个轴线空间是一个隐形的建筑。在浙江这个有着重商传统的省份，商业开发的考量无处不在，以地下建筑的屋面作为城市公共开放空间，在政绩可视的同时，还能保证商业上的利益，以轴线为主要特点的壮丽风格在钱江新城的建设中不仅是一种城市设计手法，也成了理性化空间生产的一种手段，因此，钱江新城核心区的公共空间设计是一个外在视觉层面壮丽风格和现实利益层面空间理性生产的奇异结合。

3.5 公共空间化的滨水工业遗产——运河拱宸桥地带

3.5.1 历史背景与当代滨水工业区更新

运河拱宸桥的东西两岸街区位于杭州主城区北部，拱宸桥是该地区的地标性构筑。该桥始建于明末，据清代李卫在雍正年间所作《重建拱宸桥碑记》，拱宸桥桥名始见于明崇祯四年(1631年),“拱”取迎接之意,“宸”乃帝王宫殿,由此可知,拱宸桥就是古代迎接帝王之处,是杭州北大门及京杭大运河终点的标志物。现之拱宸桥为光绪十一年(1885年)杭州士绅丁丙主持重修,为现存杭州城古桥中最高最长的石拱桥。桥东西两侧的滨水土地在古代曾是运河湿地的一部分,鱼塘河巷,农田桑林。据清代《杭州府志》记载:“桥东西旧为从葬所,居民散处”。拱宸桥地区在古代虽然地块荒芜,可交通却十分便捷,离繁华的市镇距离并不远,从桥沿运河南下约 2 km,就是古时赫赫有名的北关市、江涨桥市,自南宋起就成为杭嘉湖地区甚至是全国的物品集散地。《湖墅小志》卷四载:“北新关外拱宸桥,左右一片旷野,两岸农桑田亩,杂有庐墓,原通都大会,其东北百里至海宁,又东二百里至于乍浦,乃为海口或则可以通商也”。拱宸桥地区地理条件优越,水路交通四通八达,旷野荒芜从而地价低廉,种种条件促使其在近代成为杭州现代工业的发源地。

左图:1915年位于运河桥西拱宸桥边的鼎新纱厂(现为文保单位通益公纱厂);右图:1980 年代杭州第一棉纺厂东纺车间(现为桥西历史文化街区内的扇博物馆)

图 3-24 工业区段封闭的运河岸线

光绪二十一年(1895年),清政府签订《马关条约》,杭州被辟为对外通商口岸,翌年设海关于拱宸桥堍,日本占据桥东为日租界,设立洋关。同年,由于桥西地块有上文所述的种种有利条件,被选为民族工业通益公纱厂(杭州第一棉纺织厂)的厂址,1897 年竣工投产。鼎盛时期,工厂有五六千工人。大部分工人都在桥西街区定居,从民国到中华人民共和国成立初期,该地块又陆续开设杭州土特产有限公司桥西仓库、世经缫丝厂、红雷丝织厂等,桥西成为集工厂、码头、工人居住区及其伴生商业一体的完备工业区。而桥东的日本租界及新建的“通商场”由于缺少投资,没有像上海等地的租界那样成为现代工商业的新中心,建成区主要集中在“通商场”的三条马路上,三条路上茶馆戏院林立,还有部分石库门住区,较为出名的福海里(东临金华路,西接丽水路,南连台州路,北通宁波路),是一个公娼区,新中国成立后得到清理,成为一般的里弄住宅区。新中国成立后,拱宸桥地区成为城北工业区，没有清晰的城市路网结构，厂房和工人住宅交织在一起，像一个超级单位大院联合体，“外来人员进入该区，常常会迷路走不出来”[24]，拱宸桥和运河是该地区最明显的认知地标，但河流岸线被工厂的围墙封闭在外，与工业区没有太多联系。21 世纪初，随着杭州现代化城市的快速扩张，在城市退二进三的运动中，本就离杭州中心城区不远的拱宸桥东西地段无可避免地面临城市更新和改造。

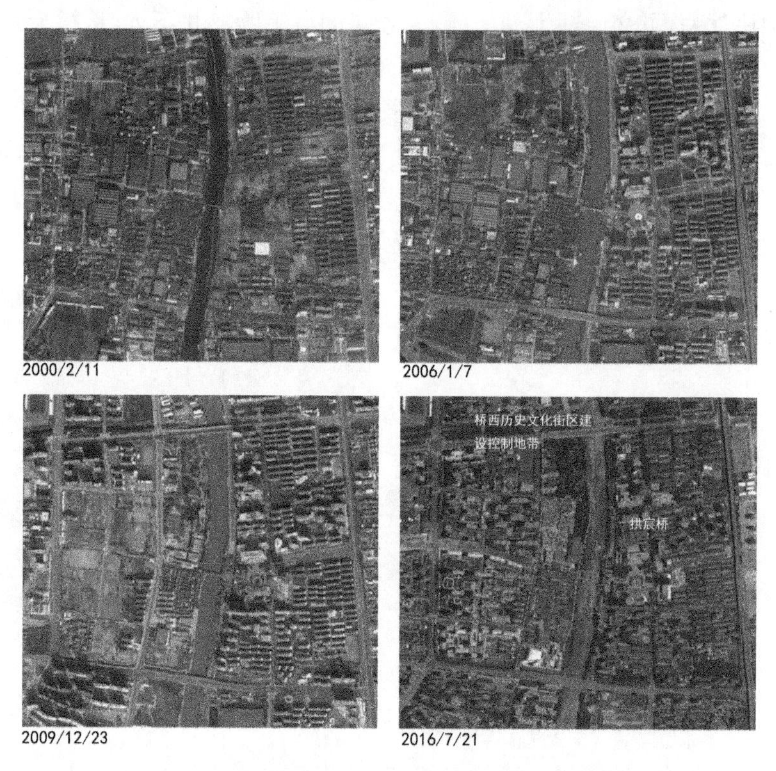

图 3-25　改革开放后不同时期拱宸桥地区的航拍图对比

作为城市工业遗产，在当代城市更新中，拱宸桥滨水地段除了一些地块被重新拍卖外，街区整体向城市公共空间化发展，封闭的工业区被打开，临近拱宸桥的街区被转换为一系列公共空间群组。值得关注的是，滨水街区不同的更新方式，导致了拱宸桥东西两侧街区两种完全不同的城市肌理：桥东运河广场是新城建设型街区，而桥西历史文化街区是历史延续型街区。从不同时期的航拍图上可以观察到，不同的城市更新方式造成了在 20 世纪末还是一体的拱宸桥东西两岸，在外部空间和建筑形态上明显的分异现象（图 3-25）。城市更新，路网先行，在 21 世纪初，整个地段被叠加上了干道网，加强与周边城区的联系，同时也重新划定了滨水街区的大小和形态。桥东建设滨水干道丽水路，而桥西则在离运河岸线约 210 m 的位置设置干道小河路，这使桥东的街区地块普遍与水岸隔离，而桥西的街区地块则与水岸直接相连。桥东的城市更新早于桥西，在2000年左右，桥东的沿河厂房、里弄住宅就已全部拆除，开始规划建设运河广场，2004年基本建设完成，这是一个运用图案化装饰的大型硬质广场，广场南北两侧分别是区人民政府和运河博物馆。桥东街区的改造是中国早期城市改造常见模式的缩影：将原有构筑拆除，先期建设道路，接着依靠公共财政建设政府办公楼及公共广场，显示地方政府开发该地区的决心和力度，基础投资进一步吸引外来投资进入该地区，形成有效的开发循环。这种城市更新模式对原有地块的历史呼应仅限于保存登记在册的历史保护单位，桥东的运河广场延伸到了拱宸桥的下桥处，与之交叉的丽水路在广场处设置为下穿道路，这保证了广场到桥的人行通畅，也将运河广场和桥西连接到了一起。

桥西街区的改造启动则是在大运河申报世界文化遗产的背景之下，2001年拱宸桥古城改造指挥部委托浙江省古建筑设计研究院制定保护规划。保护规划将桥西街区定位为集中反映杭州市清末至 1950 年代初期，依托运河形成的独特的城市平民居住文化、生产劳动文化和近代工业文化的重要历史文化街区之一，是以居住、休闲功能为主，集商业、休闲、娱乐及公共展示服务为一体的城市综合区域。保护物质环境内容涉及街区内的历史道路、厂房、住宅和运河沿岸的码头设施，同时也按照规划设定的街区特征和功能，拆除和新建了一部分建筑。杭州运河集团、杭州市运河指挥部代表政府作为主体，对其进行规划、协调、筹资和工程实施。2008 年 10 月，桥西街区重点保护区保护实施工程（不含中国刀剪、伞和扇博物馆地块）完工，街区对公众开放。2010年《杭州市拱宸桥西历史文化街区保护规划（修编）》将桥西街区北侧吉如街至湖州街的街区也纳入到保护区规划中，将改造厂房和开敞绿化共同形成杭州运河 LOFT 文化公园。

在桥西历史文化街区的当代公共空间化过程中，若按照《威尼斯宪章》中提出历史地段保护的原真性标准，其保护工程无疑是不够严谨的，除了重点文物单位，现有街区内的建筑是按照规划设定的功能而不是历史信息原真传递的原则来进行整修，同时根据历史资料复建了一些不同时期不在桥西街区，但曾在更大的拱宸桥地区曾经存在的公共建筑（如庙宇、祠堂等），而真正保护性修缮的建筑只占整体街区保护实施工程建设量的 26%（图 3-26）。但如果以阻止街区进一步衰退，并作为复兴历史街区成功与否的衡量标准，桥西街区的保护实

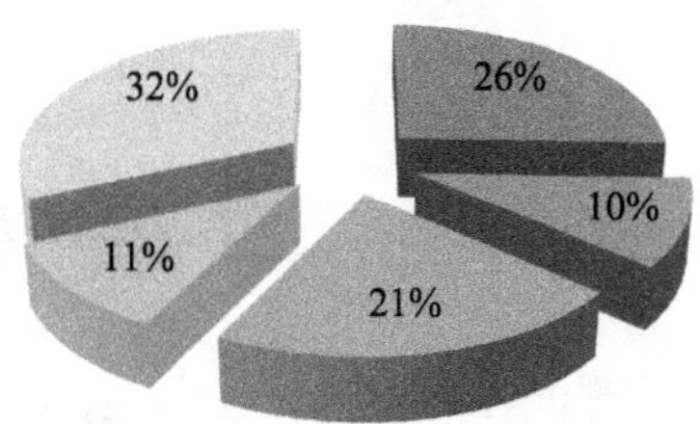

图 3-26　桥西历史文化街区保护工程各类建筑面积比例

施工程是有效的，它让街区物质形态更新的同时又参与到城市周边地区的经济循环中，从而达成复兴的目标。

历史街区的公共空间化是未来历史街区的一种主流发展模式，拱宸桥东西街区两种不同的滨水工业区更新模式，给城市带来了不同的滨水街区形态和大量滨水公共空间，但笔者认为其后隐含的空间变化实质并没有什么区别。桥东地区的改造逻辑较为直观，通过对旧构筑的整体拆除获得土地，得到城市更新的原始资本，在文物保护单位的周围建设公共空间和公共建筑，成为该区更新建设的起点。而桥西街区的更新逻辑则较为隐晦，整体保护规划建设参照了一个旧的、有迹可循的，但又理想化的模式对地块进行整理、重塑与提升。在政府"申遗"和运河旅游主导思想下，桥西街区成为一个旅游景点和市民休闲空间，由一个真切的生活工作场所转换成为一种客观观赏的景区，或许这也可称之为一种在保护传统、保护历史名义下的创新——通过重现逝去的文化，植入现代的休闲生活方式，在本质上实现了空间的商业化。无论是将土地直接转换成资本，还是空间的商业化，二者均是现代城市的社会经济从"空间中的生产"到"空间生产"这一转换过程的外化结果(图 3-27)。

上图从左至右依次为：2000前的拱宸桥、桥东里马路市场(现已不存)、桥西桥弄街。下图依次为：当代更新后的拱宸桥及桥东丽水路下穿形成的桥头广场、桥西沿河露天茶座、桥西直街。

图 3-27　拱宸桥地区城市更新前后的公共空间对比

3.5.2　滨水公共空间景观及内容的变化

在拱宸桥东、西地段的当代更新中，滨水公共空间的形态、内容、使用均发生了深刻地变化。在近现代早期，拱宸桥地区的景观由自然的乡野景色转化为工业厂区，河道里停泊着大量货运船只，运河沿岸为不甚齐整的土质驳岸，岸边不仅有繁忙的码头、厂房、厂区围墙，也有错落的河房民居，垂直于河边的街道向街区内延伸，有敬胜里、通源里这样的小弄堂（现存桥西街区内），也有里马路这样稍宽的街道（位于桥东，现已不存），部分时段还是露天的市场。从图 3-28 中看，这些场景的空间环境粗糙杂乱，不甚光鲜，符合人们对旧工业码头区的普遍印象。而在 21 世纪初的城市更新改造后，这里的滨水公共空间从外部景观到内部的活动内容都随着滨水街区物质环境和功能设定的改变而改变。

左图：更新前拱宸桥地区城市肌理细密均匀；右图：更新后的拱宸桥地区集合了不同类型的街区肌理和公共空间类型

图 3-28　拱宸桥地区城市更新后城市空间的差异化、组织化和开敞化

改造后的拱宸桥地区滨水公共空间主要有 3 个部分：桥东的运河广场、桥西清末民初时代特征的街道，以及桥西文化街区北面的运河 LOFT 创意公园。涵盖了当代滨水公共空间常见的 3 种类型：硬质广场、滨水街道和滨水绿化公园。运河广场及两组广场建筑占据了整个桥东街区，广场的整体尺寸约为 90 m×200 m，分为中心广场和与桥连接的桥头广场两部分，街区的设计以拱宸桥的走向为轴线，轴线南北分别是拱墅区政府大楼和运河博物馆，轴线的东面是一座高层酒店建筑，建筑的外形与轴线有一定的呼应。中心广场以圆形放射线为图案主题，设置了水池、牌楼、花坛等园林小品，中心广场通过一组长方形水池与拱宸桥桥头广场连接，桥头广场与城市干道丽水路在平面上部分重叠，丽水路下穿广场，使广场直接延伸至运河边，从拱宸桥下来的人群不受城市干道的影响，可直接步行至中心广场。桥西街区的街道延续传统街道的特征，沿街建筑和街道的高宽比（d/h）在 1～2 之间，街道本身的平面形态十分灵活，沿河建筑的界面也收放有致，走在与运河平行的桥弄街上，运河有节奏地出现在人们视野内，即不会被沿河建筑完全遮挡，也不会一直一览无遗地展现在眼前，体现了传统滨水商业街的空间魅力。桥西文化街区北面的运河 LOFT 创意公园则由一小部分改造后的工业建筑和一个沿水岸约6.8 ha 的景观绿地组成，是将原有工厂拆除而形成绿色开放空间，绿化环境优美，但行人较少。

与原有的滨水工业区相较，现有拱宸桥东、西两岸的滨水街区较明显的空间形态转变特点可概括为差异化、组织化和开敞化。改造后的街区除了桥西历史文化街区保留原有的建筑肌理，桥东形成高层建筑和图案化广场绿化搭配的现代城市图景，而桥西北侧的运河创意公园是完全开敞的绿色空间体，3 个区块与 3 种肌理，打破了原有城市肌理均匀连续的状态，呈现出差异化。同时，3 种城市肌理的街区内不同类型的滨水公共空间又能够通过连廊、机动车道下穿、桥头广场等一系列方式连接起来，这是现代城市公共空间高度组织化的结果，与传统街区中公共空间松散自治的处境完全不同。另外，街区空间开敞程度也明显增加，这主要源于改造后建筑密度大幅下降。空间开敞性还体现在拱宸桥这一交通地标对周围空间的影响上，在原有的工业区中，拱宸桥主要作为水岸两侧垂直运河的道路的交通连接体，是一条交通动线的标志，而在街区更新中，这条动线成为城市空间组织的虚空轴线，沿桥走向明显主导了桥东街区建筑和广场的排布，拱宸桥的地标的作用和影响力大大加强。同时，人对空间的使用方式和行为伴随着公共空间景观的改变而产生深刻的变化。街区改造前的滨水公共空间是人们日常生活中必要的生产或生活场景之一，人们在码头劳作、穿过街巷回家、在露天的市场里采购，空间参与了人的日常生活，人通过一系列必要的行为来体验空间，对空间的使用建立在功能性的基础之上，并在具体的功能行为中发展社会交往。而改造后的拱宸桥地区滨水空间更像一种让人赏玩的客观事物，大部分访客出于休闲观光的目的来到这里，欣赏近百年该地区历史上曾有的工业文明、居住方式和码头文化，纯粹为了户外活动和交往(人际沟通)的乐趣。这样，之前具体的功能性交往行为在公共空间的发展变化中就被演替为“为交往而交往”。

3.5.3 土地功能的演替对可达性的影响

前后历经 10 余年的城市改造更新，使拱宸桥地区从传统工业社区蜕变为一个含蓄的具有休闲旅游功能的历史街区。桥东运河广场街区内原有的住宅全部拆除，转换为公共建筑和公共广场。桥西原区块内的工业建筑群部分保留，转变为博物馆群，建于民国时期杭州土特产有限公司桥西仓库(省级文物)建筑经过整修，现作为杭州市刀剑博物馆和中国伞博物馆使用；红雷丝织厂改造为杭州工艺美术馆，杭州一棉有限公司(省级文保单位)保留建筑改造为中国扇博物馆和手工业活态展示馆。原有的居住建筑保留少部分典型合院和所谓西式联排，增加和改善了基础设施(如水、电、煤气、独立卫生间、厨房等)，以提高居民的生活质量。根据老人们的回忆，在居住组团内重修了专为往来客商祈求发财的“同合里”财神庙、祭祀专为下层妇女治病的张大仙庙，修缮了原慈善机构建筑——中心集施茶材会公所。桥西历史街区北面的运河 LOFT 创意公园地块，除了保护性保留历史建筑高家花园和小部分沿城市道路的厂房改建为创意设计企业办公用房外，原有的工业建筑全部清空成为绿化公园，并通过滨水散步道与桥西历史文化街区连接。经过这一番大规模拆除和改建，原拱宸桥东西街区内工业消失，居住功能也大大削弱，商业规格提升，增加了旅游、博物馆及青少年活动基地等公共功能。土地用途的转变使围绕拱宸桥的数个滨水街区公共性提升，成为影响辐射更大范围的地区公共中心，土地功能的置换为滨水公共开放空间提供了宝贵的人流量，同时滨水公共空间又成了促进该地区经济发展的引擎，二者实现了良性互动，使之成为工业遗产转型成为公共化社区的成功案例。

保护更新后的拱宸桥地区似乎避免不了历史街区更新后常见的绅士化(gentrification)问题。以桥西历史街区为例，保护之前，桥西街区居住了1 186户居民，是老龄化严重的社区，居民的收入与生活条件都不高，属于社会经济中下层人士。在街区整治后，原街区内的大部分人口迁出，降低了常住人口密度。仅有 320 余户可以回迁。街区周边地块都已拆迁并拍卖，大部分为住宅或商住用地，已建成在售的住宅价格远高于杭州主城区住宅的平均价格，属于城北的住宅价格高地，与拱宸桥距离最近的、从桥西街区中分割出去的一个住宅地块“江南里”为例，其建成住宅每平方米销售均价高达近 9 万元。可以预见，在未来周边住宅街区建成并入住后，除了节假日旅游者较多外，该区段的滨水公共空间将会成为周围中高收入居民一个日常活动的空间场所。

作为老旧滨水工业区，拱宸桥周边街区在城市改造复兴过程中，通过“真金白银”的投入(仅桥西历史文化街区保护实施工程政府投入了11.28亿元)，使街区整体城市公共空间化，滨水公共空间在空间品质上大幅提升，同时与其临接的滨水街区实现功能上的适配，为其将来的管理和运营上的可持续发展开启了良好的开端，滨水公共空间由原有封闭于工业社区内走向开敞，对全体来访者开放，但同时周边房屋高企的价格又将原有空间的日常使用人群(厂区工人)演替为城市的中高收入者。在成为了“公地”的同时，却又在一定程度上通过地价、交通等较为隐晦的方式对使用者进行筛选，也成为当代杭州城市滨水岸线，尤其是大量的滨河岸线在可达性方面一个矛盾的缩影。

3.6 滨水街区形变与公共空间实践

街区体现了与城市整体的一致性和对城市局部变化的适应性，是理解城市空间变迁过程的良好途径，在前文对滨水街区发展过程的分析中，我们得以一窥数个近现代滨水街区的空间实践过程，正如对典型滨水街区的分析，各街区的滨水公共空间有着相异的生成方式和内容，且不同类型的滨水街区在近现代城市现代化过程中，滨水公共空间有着不同程度和甚至不同方向的适应性改变，其与滨水街区的关系也处于变化转向中(表 3-3)，那么如何归纳和抽象这些看似纷杂的现象，本节将从滨水街区与水系的关系，来探寻这些变化的根源。

表 3-3　案例分析中滨水公共空间的变化

街区生成时段	街区分析案例	滨水公共空间		当代滨水公共空间与街区的关联特性
		原生内容	现状内容	
清代以前	五柳巷历史街区	街巷、埠头	街巷、码头、亲水平台	延续传统，深入街区
	东河其他滨水街区	街巷、埠头	滨水绿地	与街区分隔
清末至民国时期	湖滨街区	公园、街道	带状公园、步行街	与街区并置
	拱宸桥东街区	街道、桥	市政广场、桥	街区公共化
	拱宸桥西街区	街巷、码头、桥	公园、街道、滨水步道	街区公共化
1990 年代后	钱江新城核心区		滨水绿地、市民广场	街区公共化
	当代滨水住区		滨水绿地	与街区分隔

3.6.1　滨水街区与水之关系变迁

中国城市街区或与街区密切相关的肌理在当代城市规划和建设实践中遭遇了种种变形和问题，如单位大院、封闭街区、肌理层级简化等，在许多著作中均有论述，在此本文不做过多描述，仅聚焦街区与水的关系作一阐述，它包含 3 个层次的逻辑关系：街区单元组合的逻辑，即街区分布、大小、组合方式与相邻水体的关系；地块划分的逻辑，即街区内部的划分与相邻水体的关系；城市建筑的逻辑，即建筑在产权地块中的排布与相邻水体的关系。本节将就以上 3 个层次讨论近现代杭州在城市空间实践中滨水街区与水之关系的改变。

杭州古代城市街区的组织形成来源于里坊制，呈现大的地段网格和内部自由小街巷的双重系统的叠加，从历代的地图上看，在南宋时期咸淳临安志中的京城图中，在城墙和城门限定的城区里，遍布全城的河道、贯穿城市南北的御街、连接东西各城门的干道是城市空间大的段落划分和组织的结构性要素，在划分出的大地段上，各类坊、库、院所依次排列。直至清末，水体仍是影响街巷形态、分割城市空间的要素，比如在河道较密集的小河-盐桥河(中河)地带，街巷与水系有着明显的形

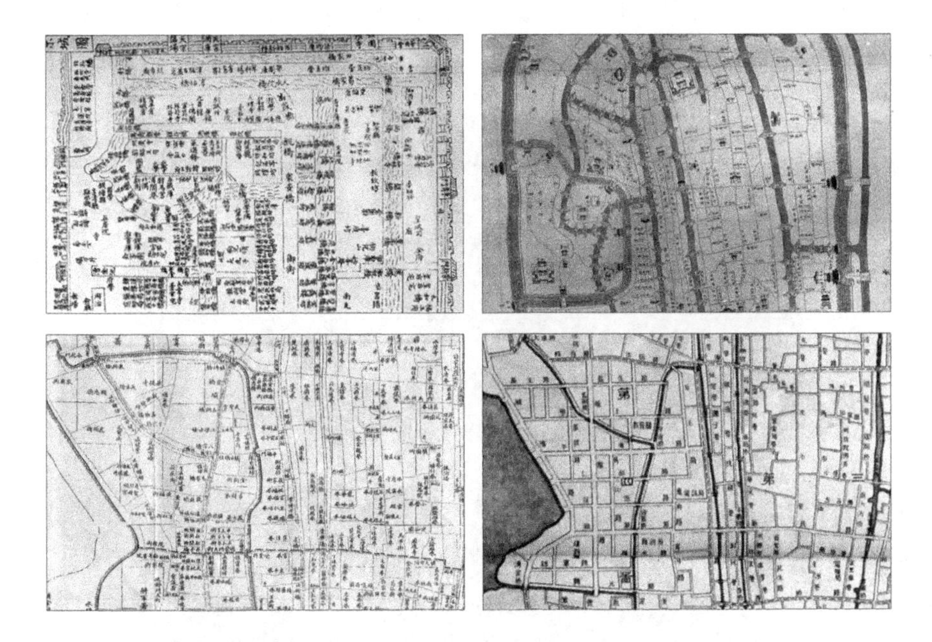

左上：临安京城图局部；右上：浙江省垣坊巷全图局部(1867)；左下：浙江省城图(1892)局部；
右下：杭州第一都全图(1931—1934)局部

图 3-29　从历史地图上看现代以前杭州街区组织与水系的关联关系

态关联，河道两侧有平行街巷，临水街区形态规则。此外，从历史地图的绘制上亦能看出河道是组织城市街区的骨架元素，除了许多仅绘制水体和城墙的杭州古代地图外，几乎在所有[25]街道和水系同时绘制的历史地图中，在街巷和市内河流实际尺度差异不大的情况下，街巷为单线绘制，而水体和桥为双线绘制，且后者在绘制尺寸上有不同程度的夸大。如光绪年间的《浙江省垣城厢图》《浙江省垣坊巷全图》等。这种状态在民国时期有了变化，城市道路建设是民国时期杭州城市建设的主要内容，通车道路渐成为城市空间划分的主要依据，在地图绘制上亦开始出现用双线绘制的街道(图 3-29)。而到新中国成立初期，古城内的河道数量显著减少，除了中河-东河的中部地区的街区仍然大致按照河道与干道的走向进行组织，其他大部分街区主要以道路为划分依据，与河道的联系渐少，河道从影响街区组织的显现结构要素成为隐匿于街区内部的次要形态要素。而在 1990 年代至今的城市新区的开发中，道路不仅明确是街区组织的框架，还决定了原有河流的存亡和走向，例如杭州城西地区，自古是池塘河流密布的湿地形态，至 1990 年代初还有明显的湿地斑块，但现状是池塘几乎被填埋消失，而保留的河流基本沿道路或在大型街区内部蜿蜒。在近现代杭州城市街区的组织重构中，城市道路已经完全取代了原有河流的重要地位，成为街区的大小和组合的决定性要素，而城市水体仅成为街区的消极边界和景观要素(图 3-30)。

图 3-30　城市道路网格已取代河流成为街区组织的手段(杭州城西冯家河地段航拍)

滨水街区内建设用地单元划分的变化主要体现在单个建筑用地面积增大和与水体相离两个方面，其变化的根源与土地所有制的改革关联明确。在新中国成立之前，土地的私有制使建设者通过买卖和租用来获取建设用地，由于交易对象和建设主体大部分为个人，限于个人或家庭的财力，产权地块的平均大小是有限的。新中国成立后城市土地划拨和交易的对象不是普遍意义的个人，而是单位或资本主体，建筑用地单元的平均面积大幅提升，其大小往往可以覆盖整个街区甚至跨域多个街区，原有产权地块作为城市肌理要素的作用已经消失。同时，杭州通过城市空间规划管理制度(如各项用地规划、绿化规划、城市蓝线管理制度等)，在多数水岸线都规划预留了公共绿化广场用地，这使滨水街区的建设用地不会直接与水体相邻，而是与临水的绿化或广场用地相邻，其与水域是通过绿化、广场等中介发生联系。

滨水街区内的用地划分直接影响了滨水建筑的排布，从而改变了滨水建筑群的临水界面。在古代城市街区内用地划分较细小的模式下，滨水建筑是滨水街道或其他滨水外部空间的限定要素和活动依托，滨水建筑界面由一系列独立的单体联合而成，呈现界面连续、立面灵活丰富的非标准化特性。当代在滨水建设用地单元面积较大的背景下，滨水建筑更多的是以单元重复排列形成的群组，其排布主要考虑因素为朝向、景观方向、道路及出入口关系、建筑规范等，其面向水域的界面生成受控于各种建筑设计技术条例对滨水地块的建筑明确的退让规定和约束，建筑底层界面与滨水公共开放空间之间鲜有呼应关系，滨水公共空间面向城市街区的界面从一个有厚度、非标准化的功能性空间转换成一个由规则约束的，无互动的“立面”。

岸际建筑地块划分图示 **案例：东河（菜市桥至太平桥段）**

传统滨水街区
岸际地块划分：小面宽地块紧贴甚至跨越河岸线连续排列

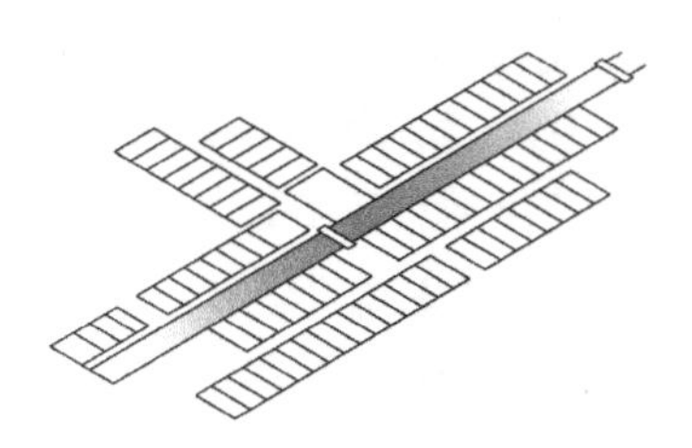

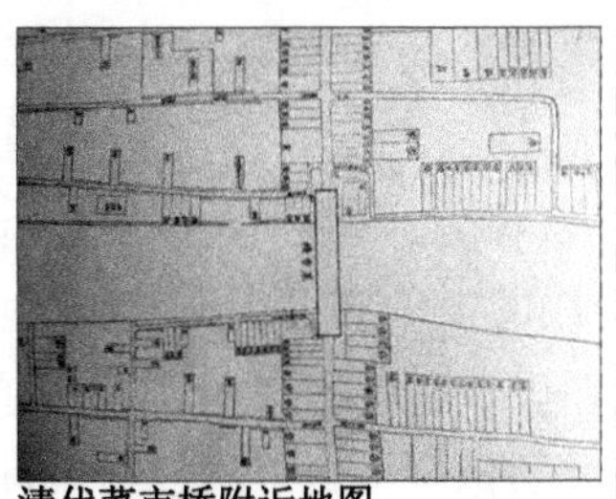

清代菜市桥附近地图

岸际滨水公共空间景观：两岸河房夹中间河道，人的活动是岸际景观的重要组成

1986年东河菜市桥河下

现代滨水街区
岸际土地划分：建筑用地与河道中间有绿化用地隔离，建筑用地较大，沿河方向长度可达百米

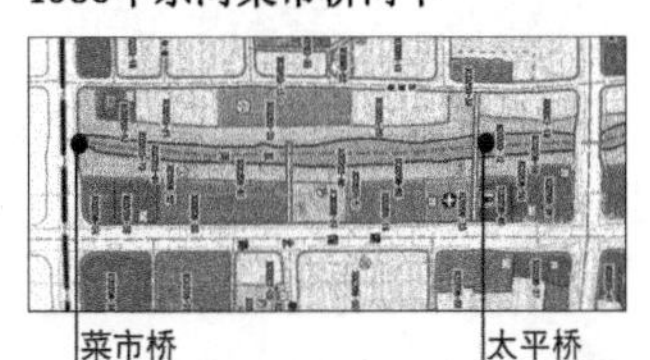

2015年东河菜市桥北段土地利用图

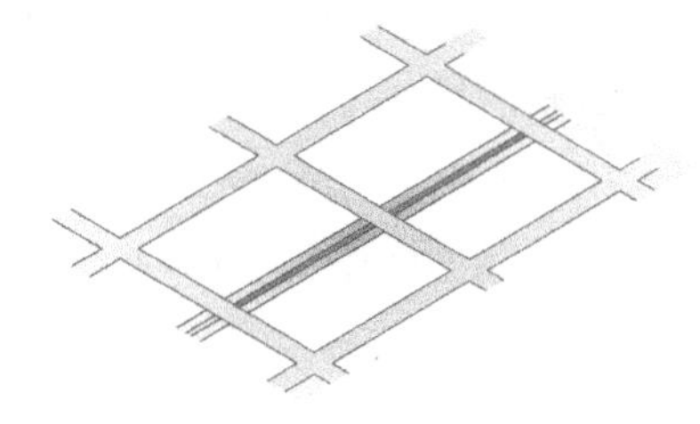

岸际滨水公共空间景观：水际轮廓线由沿岸绿化轮廓及远处高层建筑天际线组合而成，人的活动易被沿岸茂盛的绿化隐藏。

在太平桥上往菜市桥（庆春路）望去

图 3-31 滨水街区地块划分的变化

综上所述，滨水街区无论是街区组织、地块划分、建筑肌理，其与水体之间的延续已久的密切联系在当代的空间实践和生产中均已悄然瓦解，街区与相邻水体之间的关系已不是街区、街道、地块、建筑与水的关系，而是直接简化为街区与滨水公地，甚至是建筑与滨水绿地控制线的关系。这种简化必然会引起滨水公共空间相应的变化，其变化最明显的趋势就是独立化。

3.6.2 滨水公共空间独立化趋势的确立

杭州当代滨水公共空间的独立化趋势是全方位的，从土地性质到功能使用，从生产方式到设计范式。现状杭州主城区内大部分水际线周边的临水用地为绿化广场用地(G)，这种用地模式并不是古而有之。传统的滨水区临水部分大致分为两种情况：一为河房型，即建筑临水而建，甚至架空于水上；二是在水体边有巷道或者空地(林地、码头坝头用地)。无论何种情况，滨水街区始终直接或通过公共道路与水体相连，但在近现代杭州的城市建设中，这种传统的滨水用地与水体的联系模式被颠覆了。民国时期，湖滨公园及浣纱河两岸的绿化和公园开辟了滨水专属公共用地的先河。新中国成立后，以增量土地开发为主的城市新区自不必说，古城区的滨水街区除了部分历史文化街区因受到保护而保留原有的滨水公共空间格局外，原有河流两岸河房形式的滨水街区在古城改造中其土地均先一分为二，直接临水的一小部分为公共绿化广场用地，剩余部分为建设用地。如此，无论是滨水街区还是滨水道路均需通过滨水公共绿化广场用地与水体相连。

新的滨水土地划分方式打破传统滨水用地基本垂直于水际线划分惯例，形成两个划分层次：先是平行于水岸线划分出滨水公共空间用地，然后垂直于滨水公共用地红线(通常是绿线)可再次划分用地。这样的用地划分是建立在改革开放后大拆大建的古城更新模式和建设用地增量巨大的背景之下，同时也建立在水体是公共景观资源的认知之上，是一种对滨水土地开发矛盾清晰认识后的平衡术。当代滨水土地开发的矛盾在于一方面，城市水体是公共资源，应为社会财产属于全体市民，这一类似于西方国家公共信托[26]的理念已渐渐得到各界的理解和认同；另一方面，城市滨水土地作为城市可经营的优质资产，是地方财政所倚重、实现经济增长的利器。房地产产业的持续升温，加速了滨水空间的商业化运作，必然会出现稀缺的空间资源被独占和垄断的趋势。那么如何平衡公共利益和商业利益这组矛盾？当代在许多江南城市的开发中，都不同程度地存在滨水街区特别是滨水封闭式住区将水岸线纳入住区内部、从而损害滨水空间的公共性的现象，而杭州在这个问题上较为轻微，或者说隐蔽，主要就是因为杭州通过现行新的滨水土地划分规则，一定程度上平衡和化解了这对矛盾。既然滨水公共空间在完全的市场原则下是不可能保证充分供给的，那么政府就承担起滨水空间公共性质的开发，通过古城改造、新城规划、河道整治工程等方式，将大量滨水空间中的最为珍贵的临水部分转化为城市公共绿化和广场用地，确保滨水岸线的公共性，同时，又将滨水公地和水体共同打包成为更好的景观资源，提供给相邻的滨水用地。杭州用这种滨水用地模式来解决滨水公共性和资源稀缺性之间的矛盾，但这种用地划分规则也破除了长久以来传统滨水公共空间自然生成的基础，是滨水公共空间外在独立化趋势的内在原因，是当代滨水公共空间在空间形态、功能使用、设计范式、生产方式等方面变化的根源。

用地的独立化向外传导，使杭州滨水公共空间的生成和发展，从与城市滨水街区协同逐渐走向分离，形成独立的城市空间系统，促成了新的设计范式的传播。首先在功能使用上，滨水公共空间不再是滨水街区居民主要的生产生活空间，而是定位于城市休闲休憩空间，原担任城市交通骨架角色的城市河道及滨河街道成为了城市慢行交通的主干网络，对城市腹地的影响力锐减。其次在空间生成上，当代的滨水公共空间生成是独立于滨水街区、由上而下形成的。由于二者在用地属性、产权主体和建设主体的不同，滨水公共空间不一定随滨水街区的生成而共时生成，常常有一个时间差，在古城以外的城市建设区，特别是处于城市边缘的新区，这种现象尤为明显。在城市新的拓展区域内，政府主导建设的滨水绿化已建成，而与其相邻的滨水地块却常常是用围墙圈起、内部荒芜的空地，这种不经济、不合理的现象并不鲜见。在景观和形态设计上，由于用地规则和设计指导思想都由上而下传导，形成了整个城市滨水公共空间较为统一的设计模式，这给滨水公共空间的尺度、形态、空间设置、植物配置方面等带来了单一化、甚至简单化的困扰。总之，滨水公共空间与滨水街区的脱离使其独立，失去了对城市腹地的广泛影响，其生成不再像过往那样经历了滨水街区的建设发展，以及人们对空间的建造活动的动态过程的产物，而是对照着蓝图、一次定形的工程项目。

3.7 本章小结

从滨水街区的分类入手，对杭州主城区内的滨水街区从生成时期、生成模式、肌理类型、水体的形态关系、功能类型等 5 个方面进行分类说明，并精心选取了东河五柳巷街区、西湖东岸湖滨街区、钱江新城 CBD 核心区以及京杭大运河杭州段拱宸桥东西街区这 4 个滨水地段作为深入研究的案例。这 4 个案例分别涉及内河、西湖、钱塘江、京杭大运河 4 类城市水体，其发展过程和现状都具有一定代表性，如东河五柳巷为古城保留下来的延续历史肌理的滨水住区；湖滨街区为近代杭州新的商业中心，并在近年被定位为城市 RBD(racreational business district)而有新一轮的更新；钱江新城作为典型的滨水新城是杭州城市建设由“西湖时代”转向“钱江时代”的先锋序曲；拱宸桥地段则是滨水工业区在城市“退二进三”过程中对工业遗存更新保护的两类操作方式的集合。

对 4 个典型滨水街区空间的分析，主要围绕滨水街区的历史沿革、当代发展以及滨水公共空间在历史过程中的变化和比较进行，其后，总结了滨水街区在当代城市空间实践的一个重要特征，即街区与水域的关系疏离，二者不再有物理位置上的直接联系，而多是以滨水公共绿化和广场用地为中介的间接联系，这导致了临水的滨水公共空间在用地和内容上的独立，引发滨水公共空间新类型的涌现，继而改变城市滨水公共空间的整体风貌，下一章将具体分析滨水公共空间新旧类型在近现代杭州城市发展的更迭与改变。

参考文献与注释

[1] Siksna A. The evolution of block size and form in North American and Australian city centers[J]. Urban Morphology,1997:1

[2] [英]康泽恩. 城镇平面格局分析：诺森伯兰郡安尼克案例研究[M]. 宋峰，等译. 北京 ：中国建筑工业出版社，2011

[3] 王建国. 现代城市设计理论和方法[M]. 南京：东南大学出版社，2001：18-22

[4] 根据赵冈对南宋临安的城市人口研究，临安城内人口约为 100 万。而清末杭州府人口为62.14万，解放初期杭州市区城市人口为62.48万(杭州市志数据)，城市人口的缓慢增长佐证了城市发展缓慢甚至是停滞。

[5] Robert K. Yin. Case Study Research: Design and Methods[M]. CA: Sage, Thousand Oaks,2009:18

[6] Jane Jacobs. The Life and Death of Great American Cities[M]. New York: Random House,1961:13

[7] 菲利普·巴内翰. 城市街区的解体[M]. 魏羽力，译. 北京：中国建筑工业出版社，2012：131

[8] 浙江省古建筑设计研究院. 杭州市五柳巷历史文化街区保护规划[R]. 杭州市规划局，2005

[9] Carr. S. Public Space[M]. Cambridge: Cambridge University Press, 1992:322,150

[10] E. Relph. Place and Placelessness[M]. London: Routledge Kegan&Paul,1976

[11] 元祐五年(1090年)，苏轼上《乞开杭州西湖状》于宋哲宗，断言：“杭州之有西湖，如人之有眉目，盖不可废也。”

[12] 徐映璞. 两浙史事丛稿，杭州驻防满城考[M]. 杭州：浙江古籍出版社，1988：325

[13] 钟毓龙. 说杭州，西湖文献集成 (第 11 册)[M]. 杭州：杭州出版社，2010：174

[14] 阮性宜.浙省路政之进行谈[J].浙江道路杂志,1923(1):2

[15] 筑屋两百间大庇旗民.《寅报》1914年 7 月 31 日

[16] “将湖滨公园长生路口盛姓空地收归湖滨公园,计实际收用土地一万零一百八十四又百分之六十六平方公尺,每平方公尺以五角计算,共需洋五千九十二元三角三分,此外毗该处尚有警察二区分署派出所一所,拟一并收用”。摘自:杭州市政府公函密字第 73 号.民国杭州市政府,杭州市政月刊[J].1928:61

[17] 杭州市政府秘书处.杭州市政府十周年纪念特刊//十年来之工务[R].杭州国民政府,1935

[18] 第六公园仿巴黎式先踏土方.载 杭州民国日报 1929年 10 月 24 日第 4 版

[19] 汪利平.杭州旅游业和城市空间变迁(1911—1927)[J].朱余刚,译.史林,2005(5):104

[20] 陈寿嵩.涌金门外谈旧[J].越风,1937

[21] 陈英士铜像在1950年拆除,北伐阵亡将士纪念塔、淞沪抗日阵亡将士纪念塔和炸弹模型于1963年拆除。

[22] 包亚明.现代性与空间的生产[M].上海:上海教育出版社,2003:382

[23] [美]斯皮罗·科斯托夫.城市的形成——历史进程中的城市模式和城市意义[M].单皓,译.北京:中国建筑工业出版社,2005:216,221

[24] 陈述.杭州运河历史研究[M].杭州:杭州出版社,2006:56

[25] 笔者仅收集到 1 例街巷与水系均为双线绘制的、民国以前的杭州历史地图——《杭州HANGCHOW》,为英国安立甘会主持慕雅德绘制,1906年印制。

[26] 公共信托原则(public trust doctrine)指的是政府接受全体人民的委托,义务性管理诸如海洋、湿地、湖泊、河流等资源,维护特定的公共信托用途,政府不能如同私人财产所有者一样随意处置这类财产的用途。如城市水体、滨水空间,全体市民为其实际拥有者,而政府作为受托方,只具有形式上和名义上的所有权,在管理和处分这种公共信托资源时要受到诸多限制。

4 历史进程中杭州滨水公共空间的类型演化

杭州城市发展中滨水街区与水系变迁、经济发展、城市事件关系密切，滨水公共空间作为滨水街区的一部分，可被视为“在改变自然或在自然空间基础上创造的物质环境空间，是一个具有内在时间尺度的社会-空间现象，是历史的外在具体体现，本身也是一个历史进程”[1]。在进程中，滨水公共空间不断地通过自身要素或结构的调整去适应外部城市环境的变化，因此“历史性”与“动态性”是把握其发展演化过程的两条重要线索。前文将滨水公共空间的演化置于城市水系及城市滨水街区的历史发展中进行宏观及中观层面的考察，本章将聚焦于微观视野下滨水公共空间类型自身的演化。相对于城市水系或滨水街区，微观视野下的滨水公共空间较为个体化和片段化，形态及其演化分析不易把握，本书将借鉴类型学这一古老而有效的方法，对滨水公共空间的演化过程进行梳理和归纳。1960 年代，在城市形态类型学的研究领域中，“类型”概念被欧洲学者重新引入，帮助城市空间重新建立与历史的深刻联系，因为类型不仅是几何和图像上的分类，同时也结合了特定的文化和具体场景，参照特定历史时期的社会经济背景，将看似纷繁的滨水公共空间从要素组合的角度抽象归纳为几个类型，从不同类型自身演化和主导类型演替的角度来考察近现代杭州滨水公共空间，还原百余年来杭州滨水公共空间在历史进程中的动态演化过程，并探究滨水公共空间类型转换对城市公共空间和滨水景观的影响。

4.1 杭州滨水公共空间的类型解析

微观视野下的滨水公共空间以沿水系展开的开敞空间为主，考察的范围大致是由水际线向城市腹地延伸至第一个街廓或高等级道路。滨水公共空间是市民感知水系和认知滨水街区最直观的途径，也是在城市滨水区生活工作的人们日常生活的重要活动场所，其形态复杂而多样，为了抽象归纳滨水公共空间的类型，本节按其物质构成分解为水域空间、道路与桥梁、滨水建筑、绿化公园与硬质广场 4 类要素，再通过这4类要素不同的组合，解析滨水公共空间的类型。

4.1.1 城市滨水公共空间的组合要素

一、水域

水域空间的存在是滨水公共空间与城市其他公共空间的最大不同，其为滨水公共空间提供了独特的视觉背景和水上活动空间，水域空间本身具有多样性，如湖泊、河道、江流、海洋等。杭州主城区现状中，滨水空间涉及的水体主要有西湖、大小河流(宽度从数米到百米)和钱塘江，在时序上，古城内的河流、西湖、北面的大运河、大量由湿地改造的河流、钱塘江分别先后被纳入杭州城市的主城水系。杭州丰富的水体类型为滨水公共空间提供了多样化的视觉背景。市内河道由于尺度的差异及滨水公共空间形成时间和设计理念上的不同，河道景观呈现两极化，从宽阔的水面到逼仄的水巷都能在城中找到。一般原古城内的河道宽度较窄，多为人工运河，而近现代才发展形成的新城区的河道宽度较宽，大部分为由湿地整理改造的自然河道。而西湖开阔的面状水域为城市提供了优质的景观资源，近现代经过多次视线规划和调整，西湖至今仍基本保持“三面云山一面城”的景观结构。与西湖自古便为胜景不同，钱塘江至近几十年才被纳入主城水系，它江面宽阔，主城段的江面宽达1.2 km左右，主城所在为钱塘江北岸，对北岸而言，其空间视觉背景有两个层次，前景波涛涌动的江水，其后还有南岸的城市建筑天际线。

除了水域本身，水域驳岸作为陆地滨水空间的边界形态，既是水陆空间的分界线也是融合点，是水岸景观的重要组成部分。按照驳岸断面形态、材料应用和空间感受的区别来综合分类，大致可分为3类：立式刚性驳岸、生态柔性驳岸和台地式驳岸。立式刚性驳岸是杭州现代护岸工程的普遍做法，主要采用浆砌块石、卵石、现浇混凝土等刚性材料，临水断面呈直角或接近直角的钝角。杭州主城特别是古城区存在大量这类驳岸，如京杭运河杭州段、古新河、上塘河、备塘河、西湖东岸、钱塘江岸等。生态柔性驳岸主要通过种植适合水边生长的植被来固堤，在此基础上，采用石块、木桩护底，由于使用了天然材料，具有较高的景观和生态效应(图4-1)。杭州城西的西环河、北庄河、永兴河、益乐河和古城的东河部分河道都采用这类驳岸，其外观较为柔和自然，易得亲水效果，与水岸的植物绿化也融合得较好。虽然这种驳岸生态友好、景致意境俱佳，但对水体有一定要求，只适合水流平缓、水位变化不大、且滨水土质适合植物生长的水体。台地式驳岸是立式刚性驳岸或生态柔性驳岸在竖向上的组合，在水体垂直的纵深方向上形成多个标高的台面。当水面与岸面存在较大高差，或者水位的高低位存在较大落差时，这一做法能解决亲水性的问题，而台面或台阶的宽度及形式的灵活组合又可形成错落有致的活动空间，打破一些驳岸僵直的状态，是一种较

生态柔性驳岸

立式刚性驳岸

图 4-1　不同的驳岸带来不同的边界形态

为理想的亲水空间塑造方法。京杭运河杭州段、西塘河部分河段采用了台地式驳岸，这类型的驳岸杭州并不多见，主要因为其占地面积大，只适用于进深较大的滨水公共空间带和危险性较低的水体周围。而钱塘江主城段北岸虽然兼具有一定进深空间和高低位水位高差大两个适宜采用台地驳岸的前提因素，但由于江潮和复杂水文条件影响，其水位变化迅速且有不确定性，因此未能采用台地式驳岸。

水域不仅是滨水空间和活动的背景，其自身亦可容纳各类活动。在水上活动方面，主城目前较为单一，仅有游船水上观光和水上公交巴士交通，活动范围集中于钱塘江、西湖和主干河道（如运河、余杭塘河）等水域。除了不定时开通的运河至钱塘江夜游观光路线，西湖、钱塘江及市内河网之间不通航，游船和水上巴士均在各自特定水域内运营。

二、道路与桥梁

当代杭州的滨水道路种类囊括所有道路类型，有步行道、城市支路、城市主次干道以及城市快速路，而城市桥梁，尤其是公路桥可被视同道路在水面上的延伸。滨水道路的等级对滨水公共空间的性质及公共活动影响极大。总体而言，杭州城市干道级别及以上的道路直接与水系并行的不多，大部分道路与水域之间有建筑地块或带状绿化相隔（图 4-2）。

图 4-2　杭州主要道路与水系叠加

城市滨水主干道或快速路，一方面提升水域的公众视觉感知度，另一方面，巨大的尺度和车流量像一道屏障，阻碍外部的步行人流进入滨水亲水区。如毗邻中河的中河高架桥、余杭塘河边的余杭塘路、与大运河中段相依的环城北路等。在环城北路段与运河并行的路段，虽然运河南岸设有宽阔的绿化公共休闲带，但却行人寥寥，大尺度的道路对人流的阻碍作用十分明显。所幸，杭州大部分滨水道路属于城市次干路与支路这一类别，由于兼顾交通与服务功能，这类道路是公众感知水域的重要途径，其相应滨水活动多样性和可达性与道路相邻地块的性质及垂直于水域的道路密度有较高关联。

滨水步行道在现状杭州主城内主要有两类，一类为商业步行街，如西湖东岸的湖滨路、京杭运河支线上的信义坊街；第二类为沿河步道，大部分沿河、沿江步道都结合绿化带或公园设置，本文将这类沿河、沿江步道归类为“公共绿地与广场”（后文将专门论述）。本节中所指的沿河步道为独立设置的步道，这类步道又可分为两种，一种为传统街区的沿河巷道，在杭州几个历史文化街区里，均有这类步行街道；另一种滨河步道则有一定的地方特殊性，来源于城市管理过程中的各方博弈。早期城市规划中对河道未有严格的蓝线及绿线的双线管理，杭州有许多河道直接成为建筑用地的实际边界，而自2007年杭州市区河道整治专项计划开始以来，规划设想在大部分主次河道两旁均加设绿化休憩带并设步行道，这意味着很多原有靠近河道的封闭门禁社区需划出一块单独的用地作为城市公共空间，这无疑会遭到了利益相关方的反对。最终的博弈结果便是大部分的河道设置了大小不等的绿化休憩带，并出于安全和管理的考虑，在绿化休憩带和建筑用地之间用围墙分隔，而另有少部分用地则只划出 2 m 左右作为滨水步道，但功能单一，仅有连通及通行的作用，且整体通行的舒适度不佳。

三、滨水建筑(用地)

滨水建筑是滨水公共空间的重要界面，其用地性质、规划布局及立面轮廓都是滨水空间感受的变量。杭州主城内滨水建筑用地性质主要有居住用地、公共管理与公共服务设施用地、商业服务业设施用地及少量公用设施用地（图 4-3）。从杭州总体规划用地规划图上可直观感知，在主城区内的滨水建筑用地中，除西湖东岸和钱塘江北岸钱江新城地段商业服务设施用地较集中外，居住用地的占比较高，即滨河建筑大部分为住宅。从前文（五柳巷滨水住区）对滨水住区的分析中可知，在当代滨水住区中，滨水公共空间与街

图 4-3　杭州用地规划图与水系图叠加

区的关系发生了许多变化,其中最明显的变化就是临水建筑不再是滨水空间的限定界面。就笔者的实地调研的情况看,随着大量封闭住区的产生,尤其是商品住宅地块,面向水域的边界上立有各色围墙,围墙代替了建筑成为滨水公共空间的界面,是滨水公共空间可达性的一大阻碍。虽然滨水公共空间的建筑界面消失,但其天际轮廓线依然是岸际景观的组成,建筑的立面轮廓对滨水公共空间的影响主要体现在建筑高度这项指标,在人地矛盾加大及建造技术发达的今天,城市建筑高层化趋势明显,这使普遍为高层建筑的城市新区滨水空间水岸天际线展现出与传统滨水街区不同的层次。

四、公园绿地与广场

公园绿地是向公众开放,以游憩为主要功能,兼具生态、美化、防灾等作用的绿地。杭州公园绿地分为市级、区级、带状公园 3 个层次,其中,带状公园有很大一部分以滨水绿地的方式出现。自 1980 年代杭州中东河成功改造以来,河流整治工作不断开展,除了改善水质,历项整治工程无不把河流两岸的绿化工程当作工程的主要内容。城区内主、次干河流两侧基本布置了宽度不等的沿岸绿地,与河流一起组成绿化休憩廊道,为市民提供户外休闲活动空间,同时,大量的沿河带状绿化成为杭州绿地公园系统的现状特点和近年城市绿化量的增长点(第五章重点阐述)。那么如何将现状河网和绿化网双网并构,使绿地结构网络化、功能生态合理化成了杭州各类绿化用地形成有效复合网络的关键,而将绿化网和水网并构,是杭州近年开发空间城市设计的策略之一,也是当代杭州滨水公共空间的特色生成起点。

滨水城市广场一般结合城市公共服务及商业存在,本节讨论的滨水广场不局限于 G 类绿化广场用地,也包括其他用地中设置的广场。城市广场为西方舶来品,与传统的滨水桥头、码头广场有一定不同,传统滨水广场往往只是街道的局部放大,而现代意义上的城市广场在规模上较宏大,且根据其区位及自然和人文资源拥有文化、政治、休闲等不同主题,例如运河广场、钱江城市阳台等。

4.1.2 杭州滨水公共空间的类型与主导类型

一、类型归纳

在城市及建筑的形态演化研究中,意大利建筑理论家艾莫尼诺(C. Aymonino)将类型学定位为"使用类型进行建筑组织和肌体分类而对元素之间可能的联系所进行的研究"[2]。1960年代,意大利城市形态学学者卡尼吉亚(G. Canniggia)在前人已建立的建筑类型、城市肌理、系列等类型学概念基础上引入"类型学过程"这一概念来描述建筑类型的转换过程,提出一般类型、特殊类型、主导类型等新的类型学概念,试图建立一种城镇空间形成的历时性模型。该学派认为:类型是历史进化的结果,"在城市发展过程中，在一定历史时期和区位上建筑和城市组构之间存在着一种最适宜的关系"[3]，即在一定的阶段内，面对相同的普遍性要求、相同的客观条件制约，通常会产生一种对应的建筑类型与环境相适应，某一类型渐渐占有主导地位，即主导类型(leading type)。当周围环境改变，类型也会产生适应性的变化，这是建筑类型产生和演化的原因。对于与建筑互为拓补的城市空间而言，这一规律依然成立，对滨水公共空间的研究可通过其要素组合的不同进行分类，归纳类型。在某个历史时期，从城市经济、文化、建造和管理等方面综合考虑，最为适合水系和城市关系的滨水公共空间的组合类型也能够占据优势，成为城市滨水公共空间的主导类型。

当将上述类型学概念和分析方法应用至城市滨水公共空间时，组成空间的基本要素是首要考察的对象。在城市空间中，各要素都具有自身特征，它们只有在整体的关系组合中才能显示真实的意义。前文已将滨水公共空间按其物质构成要素分解为水域空间、道路与桥梁、滨水建筑、公共绿地与广场四大类。除了水域为滨水空间的固定要素外，其他的滨水空间物质要素按照不同的排列组合，便可得到一系列除桥梁以外的基础组合类型。同时，四类物质要素可根据等级及性质再次进行细分，如道路可细分为城市高架或快速路、城市主次干路、支路和步行道；绿化与广场可细分为绿化休憩带(带状公园)、市、区级公园(块状公园)、硬质广场；滨水建筑(用地)按功能可分为居住建筑、公共建筑、地块道路等。将这些细分的类别一一代入基础要素组合，便可得到更多亚型组合(表 4-1)。

表 4-1 滨水公共空间基础要素组合表

要素名称	要素形式细分	空间要素基础组合
公共绿地与广场	绿化休憩带(带状公园)市、区级公园(块状公园)硬质广场	水域 + 绿地与广场 + 道路 + 建筑(用地)
		水域 + 绿地与广场 + 建筑(用地)+ 道路
		水域 + 绿地与广场 + 建筑(用地)+绿地与广场
		水域 + 道路 + 绿化与广场
建 筑(用地)	地块道路 公共建筑 居住建筑	水域 + 建筑(用地)+ 道路
		水域 + 建筑(用地) + 绿化与广场 + 道路
		水域 + 建筑(用地)+ 道路 +建筑(用地)
道 路	城市高架或快速路 城市主次干路 支路、步行道	水域 + 道路 + 绿化与广场 + 建筑(用地)
		水域 + 道路 + 绿化与广场 + 道路
		水域 + 道路 + 建筑(用地)

当然并不是所有的排列组合都会在城市中出现，在不同的城市中，各种组合类型占滨水公共空间的量比也会有所不同。以杭州主城为例，根据笔者的实地调研，当代杭州滨水公共空间主要表现为滨水街道、滨水绿化（公园）、滨水大型广场、桥梁 4 种类型。根据空间要素组合类型的特点，将其命名为表 4-2 内的 4 种滨水公共空间类型。

表 4-2　杭州主城滨水公共空间的主要类型

序号	类型	要素组合	人的主要活动空间
A	水-街型	水域 ＋ 街道 ＋ 建筑(用地) 水域 ＋ 建筑(用地)＋ 街道 ＋ 建筑(用地)	尺度适宜的滨水街道，人行为主或人车混行
B	休憩绿地型	水域 ＋ 公共绿地 ＋ 道路或建筑(用地)	沿岸线延绵的绿化休闲空间，滨水公园场地及活动设施
C	城市综合广场型	水域 ＋ 硬质铺地为主的广场	大型硬质广场及广场上的公共建筑
D	桥梁	水域 ＋ 公路桥或步行桥	桥面、桥下空间

以上归纳的 4 种基本类型分别生成于城市发展的不同历史时期：水-街型和桥梁是古而有之的类型，而其他类型则属于近现代的外来输入或自发生成。街道是中国古代城市最主要的城市公共空间，桥梁在某种程度上就是水上的街道，在杭州城市滨水区域、江南城镇的历史影像资料（包括照片与绘画）和过往的城市空间研究中，统合了埠头、桥、小广场等城市空间的沿河街道几乎是古代城市滨水区域唯一的公共户外空间类型，可视之为古代杭州城市滨水公共空间的主导类型。另外，从现状滨水公共空间类型的分布图上看，B 型休憩绿地覆盖了大量的水岸线，是当代杭州主城区内分布最广、数量最多的空间类型。那么，水-街型和休憩绿地型滨水空间可分别被视为是近代以前及当代两个不同时期杭州滨水公共空间的主导类型。这两个主导类型生成于不同的历史阶段，为适应城市空间和文化经济的发展，通过要素的变形衍生出各种亚类型，并一直存续下来。另外的两种类型——城市综合广场和桥梁各自也有自身鲜明的特征和演化线索（图 4-4、图 4-5）。

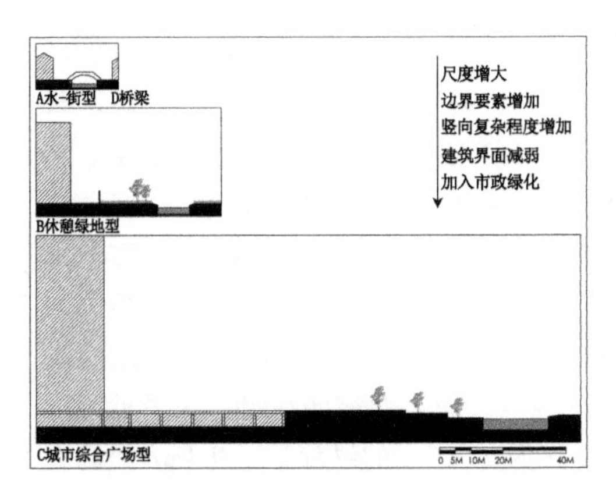

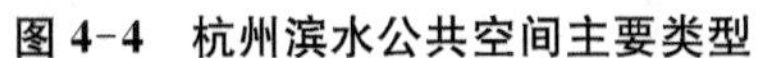
图 4-4　杭州滨水公共空间主要类型

图 4-5　当代滨水公共空间类型分布图
（参阅书后彩页）

二、城市综合广场型

城市综合广场型滨水公共空间是改革开放后才逐渐出现的，往往与城市重大公共项目结合，提供大型硬质活动广场的一种滨水公共空间类型，在城市现状中这个类型的滨水公共空间虽然在绝对数量上不多，但往往是市级或城市组团级的公共中心，辐射和服务的范围较广。广场作为从西方引入的城市公共空间类型，在改革开放前，杭州就已出现了个别城市广场，如城站广场、武林广场等，这些广场虽然离城市水系也很近，但其四周被高等级道路隔断，与水域没有太多关联，属于单纯的集会或交通广场，与本节讨论的城市综合广场不同。

城市综合广场型滨水公共空间的出现与城市经济的发展情况密切相关。研究数据表明，在人均 GDP 达到1 000～2 000美元时，政府就有足够多的资金投入到公益性公共设施项目建设中。杭州人均 GDP 在 1990 年代已超过2 000美元，随着城市发展需要和地方财政的丰裕，杭州陆续建设完成了一些大型滨水公共建筑项目，如运河广场、运河文化广场、钱江市民中心城市阳台等，其建设背景分别为拱墅区的古城更新、下城区原杭州炼油厂及其周边地块的“退二进三”工程、钱江新城 CBD 建设。这类由政府主导的滨水大型公共项目，一般运用公共服务设施导向开发(SOD)的引导模式，即通过大型公共设施的配置，提升城市地区的功能与竞争力，带动城市某一区块的发展，进而影响城市整体经济的发展进程。这种模式，需要大量资金支持和强有力政府推动，且在项目落成后，由于其功能的复合性及明显的区位优势，往往展现出巨大的影响力和吸引力。在此类项目的规划实践中，带有明显的中国新城建设特色：由政府主导，进行大规模“运动式”的城市改造和新城建设，中心地段地块高强度开发，通过建设高层建筑，来降低建筑密度，获得较高的绿化率和活动空间。

传统的滨水街道与当今普遍的滨水休憩绿地相比，这些滨水公共中心项目呈现的是一种全新的形式，其空间基本组合为：水域＋广场（广场上布置公共建筑），普遍项目用地较大，布满一个街区甚至数个。大型硬质广场是其户外活动的中心，同时广场上的公共建筑又为广场提供活动内容和人流量的支撑，城市建筑功能多样化，可提供不同的活动主题，场地内实现人车分流，同时利用地下空间，实现交通空间和公共活动空间的立体化。杭州这一类型最早建成的实例为运河广场，项目场地西侧为大运河和拱宸桥，通过滨河城市道路的下穿，使广场与拱宸桥直接相接，并在广场中设置下沉广场，为地下商城的入口。在最近完成的钱江城市阳台项目中，两条城市干道下穿广场，使广场的纵深达近 1 km，广场有复杂的竖向设计，将广场的各部分及地下商城联系起来，户外广场可被视为建筑的顶板，通过利用地下空间，将广场与城市轨道交通直接相连，这些建成项目昭示了城市滨水公共空间的未来图景：功能复合化、地下空间利用精细化以及各类城市交通的无缝对接。

三、桥梁

桥梁是滨水公共空间最古老的类型之一。古代桥梁的作用主要在于水利，其次才是交通，“钱邑城内之河，源引江湖，其三自西湖入，其二自沙河入（即钱塘江），又分为支河，支河之外，复为明沟暗渎二十有五。古人经营利害，一沟一渎，皆有微意，潦则散而分之，涸则疏而通之，可以备蓄泄、资灌溉，故多设桥梁以识其处。桥梁之修，即水利所攸关矣”[4]。由于桥梁是河道和暗渎交汇的标志物，也是河道两侧土地的衔接点，具有极高的标志性，是地段内的地标，标志性和实用性使桥梁是古代城市重要的滨水公共空间。从历史地图上看，杭州古城内河的桥梁密度极高，以清末小河为例，在古城内约3 600 m长的河段内有 20 座桥梁，平均 180 m设 1 座，将河道两侧的街道联结成网，正是由于有高密度的桥梁，古代城内的河道不但没有成为城市空间发展的障碍，反而由于水运之便而在其周围形成街巷密集的建设区。除了重要的水利和交通作用，桥梁也是古代城市空间的方位标志之一。古人对城市某一具体地点的定位方法与今人差异极大。现代城市的空间已实现了数字化管理，只要有具体的坐标，即可精准定位，在日常生活场景里，某一具体位置的定位主要是依靠道路名称和数字，如××路××号即可定位一个具体的建筑，或××路与××路的交汇口即可定位一个具体场地。据杭州古代志书记载，古代城市空间定位方法主要是城门、桥梁名称、河道名称、街巷名称加上方位词，即城市的结构性点状或线性要素辅以方位词，如《咸淳临安志》十九卷列举城内的瓦子：北瓦位于众安桥之南，南瓦在清冷桥西，荐桥门瓦在崇新门外章家桥南等。表 4-3 列举了《咸淳临安志》、嘉靖《仁和县志》、光绪《杭州府志》,这 3 本具有代表性的地方志中有关市场这一与普通民众生活息息相

表 4-3 不同的地方志对市场位置的描述

地方志名称	市场名称	位置描述
南宋《咸淳临安志》	药市	炭桥(今羲和坊内芳润桥)
	花市	寿安坊内(俗呼官巷)
	珠子市	融和坊北至市南坊(今或在冠巷)
	米市	余杭门外崇果院黑桥头
	肉市	大瓦(今坝北修义坊内)
	菜市	崇新门外南北土门及东青门外坝子桥等处
	鲜鱼行	候潮门外
	鱼行	余杭门外水冰桥头
	南猪行	候潮门外
	北猪行	打猪巷
	布行	便门外横河头
	蟹行	崇新门外南土门
	青果团	候潮门里泥路上
	柑子团	后市街
	鲞团	便门外浑水闸头亦名南海行
	书房	橘园亭

地方志名称	市场名称	位置描述
明嘉靖《仁和县志》	寿安坊市	官巷
	惠济桥市	惠济桥
	灯市	众安桥
	南米市	夹城巷
	菜市	庆春桥
	药市	炭桥
	花市	官巷
	米市	北关门外黑桥
	鲜鱼行	候潮门外
	南猪行	候潮门外
	北猪行	打猪巷
	蟹行	衙湾
	青果团	在候潮门里泥路
	书房	在橘园亭
清光绪《杭州府志》	惠济桥市	惠济桥
	菜市桥市	忠清巷口迤东至菜市桥
	闹市	涌金门内,近驻防营
	荐桥市	荐桥至石牌楼
	司前市	布政司署东
	东街市	入艮山门而南至太平桥东
	羊市街市	望江门、清泰门间

关的公共场所的位置描述，以桥来定位的（灰色标记）占 1/3 以上。以桥梁作为定位标志，一方面说明桥梁作为古代滨水公共节点空间在城市意象中的重要性，另一方面也说明其与市井生活结合之紧密，桥梁及其周围空间常成为城市的交通枢纽和商业节点。

杭州城市的现代化建设，是以民国初期的道路建设为起点的，因此，作为道路连接体的桥梁也受到了较大影响。一些重要的桥梁由于所连接的道路由街弄小巷拓宽改建为柏油、碎石道路，也随之拓宽，大量孔桥改建为公路桥，成为道路的一部分。新中国成立后，随着杭州河道和湿地的大量湮没，桥也大量消失，而留存下来的河流，由于河流两岸街巷密度减小，其桥梁密度也随之锐减。关于杭州桥梁的数量，南宋时期，杭州城桥梁有 3 个代表数目，乾道《临安志》卷二载有 73 座，淳祐《临安志》卷七载有 100 座，而咸淳《临安志》卷二十一载有 117 座；至明代，据万历《杭州府志》卷四五所载数统计，有 127 座；清末，根据1892年绘制的《浙江省城图》统计，有 132 座。鉴于宋代东河在杭州城之外，元末杭州东面城墙外拓三里，而明朝已把东河纳入城内，所以南宋至清代，河道上桥梁的密度没有太大变化，桥梁和河道始终处于一个较好的利用状态。而至民国，以1919年绘制的《浙江省城全图》做统计依据，桥梁有 111 座，呈现了减少的趋势，到了1983年，古城范围内的桥梁数目已锐减至仅余中河、东河上共 35 座桥梁，在其后数轮的中、东河综合整治工程后，中河、东河上桥梁的数目又增至 51 座。

现状杭州城市剩余及新建的桥梁大致可分为 3 类。一类为人行景观桥，形式多样，不仅有常见的拱桥和梁桥，还有廊桥、亭桥等，成为周围滨水绿化和广场的一部分，连接河道两岸的开放空间，是城市慢行系统的组成部分。一类为道路化的公路桥，如横跨在大型水体（如钱塘江、大运河）上的桥梁，主要为机动车快速通行而设计，其上两侧一般有较窄的人行道，并不鼓励行人活动和通行。另一类为立体化的公路桥，此类公路桥在交通上可分为上下两层，桥面层连接河流两岸城市支路和次干道，桥下层有垂直于桥的人行步道，连通沿河步道，使沿河的慢行交通与地面的车行交通互不干扰，两个交通层面通常有楼梯连接，因此这类桥也是河流两岸岸际公共空间的出入口（图 4-6）。无论何种当代公路桥，其功能和使用主要局

图 4-6　运河建北桥桥下空间

限在车行交通上，因此相比古代杭州的桥梁，现代桥梁在城市公共空间体系中的地位已大为降低。

4.2 历史进程中滨水公共空间主导类型的演替

在城市空间的演进中，既有的空间类型不断进行着适应性改变，或通过要素的变形，或通过新的要素组合方式，衍生出其他类型，以契合城市的实时发展。而新兴外来类型的输入则带来一种在别处发展的形态，并适配本地的文脉[5]。在某个阶段，当社会、经济、文化和技术条件最适合某种空间类型的生成和推广时，这种类型将在空间分布上占主导地位，形成那个阶段的主导类型；当外界条件变化，会促使主导类型产生变体，甚至是突变。水-街型和休憩绿地型滨水空间分别是1980年代以前及当下两个不同时期杭州滨水公共空间的主导类型，滨水公共空间新老类型的更迭已使得当今城市滨水空间风貌与传统迥异。那么它们是如何生成，又如何发生演替的呢？本节将按时间顺序，以辛亥革命和新中国成立这两个时间点为分界点，将杭州城市发展粗线条地分为3个阶段，分别为传统江南水乡时期、近代中西双重体系时期、当代市场经济时期，分别讨论各个阶段中滨水公共空间主导类型的生成、发展和延续，以期去繁就简，把握滨水公共空间演变的主线(表4-4)。

表4-4 不同历史时期滨水公共空间类型演化过程示意

滨水空间类型	时段		
	阶段一：传统江南水乡时期	阶段二：近代中西双重体系时期	阶段三：当代市场经济时期
A 水-街型	类型 A-1,2,3……	类型 A-1,2,3 A′-1,2,……	类型 A-1,2,A″-1,2……
B 休憩绿地型		类型 B-1,2……	类型 B-1,2,3……
C 城市综合广场型			类型 C-1,2
D 桥梁	类型 D-1,2,3……	类型 D-1,2 D′-1,2……	类型 D″-1,2……

4.2.1 传统江南水乡时期城市滨水公共空间的主导类型

古代杭州城内河道密集，由于交通、汲水的功能便利，城区内主要河道的滨河地块是人居集聚之地。在城市滨水区段中，河流是城市内部街巷网络的主要参照物，街巷与河道共同构成城市肌理的骨架。河道、街道、建筑 3 种空间要素沿同一方向并行重复，赋予和加强了古代杭州滨河区域城市空间顺应河道发展的线性特征，即以河道为轴，滨河街道和建筑界面均平行于河道建设，形成虚实相间的城市公共空间。古代城市内部除了某些寺院、治所建筑外的小广场外，街市就是城市最重要和典型的公共空间，在河道密布的古代杭州，滨河街巷及其空间系统内河埠、桥梁、码头就是人们日常生活中主要的公共生活场所，可以认为滨水街巷即前文归纳的“水-街”型滨水街道是这个阶段滨水公共空间的主导类型(图 4-7)。

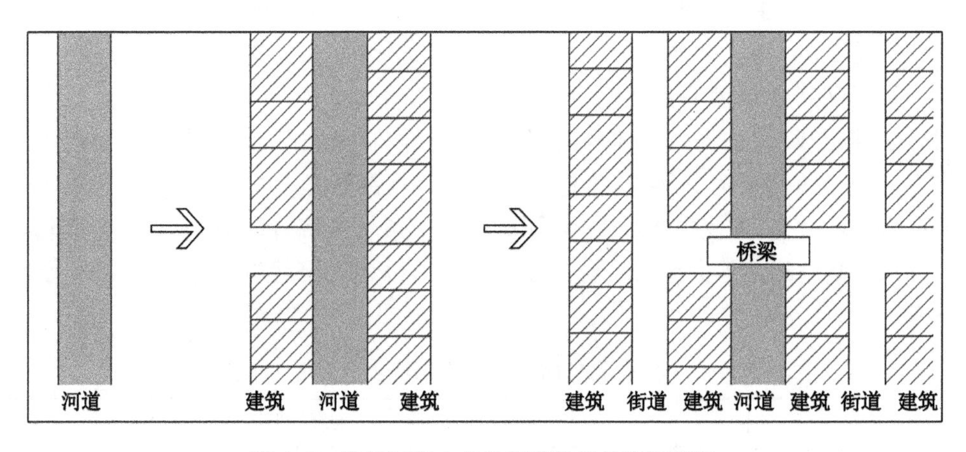

图 4-7　传统江南水乡依河道发展的滨河街区

有相当数量的研究佐证[6]清代城区特别是城市中心区的滨水街道多继承于南宋临安时期的坊巷，南宋时期城市空间组织最重要的特征之一就是坊市分离制度的消除，居住区由封闭坊制转变为开敞的坊巷制，这种新的城市空间制度的自唐末开始初显，在北宋末年的东京得到初步实现，至南宋临安已完全形成。在这场城市空间的变革中，由于城市对水系的依赖，滨水街道成为城市公共空间主体。以城市的中心商业区为例，近代以前杭州主要的商业区位于盐桥河-市河-大街区块，这种城市商业布局可上溯至南宋临安时期。在城市区位上，该区块居城市东西向中心位置并纵贯南北，其作为城市商业区除了与城市本身的形态(东西短而南北长)有关外，与盐桥河这一城内运输主干线关联更加明显。南宋时期，临安作为全国的经济中心，各地的物流大部分以漕运的方式到达临安城北面或以海运的方式到达城南面的货品集散点，经过行市的整理或批发，再通过内河到达城内各商业网点。而盐桥河是城市南北货物的两大集散地的主要沟通线，有赖于此河带来的巨大物流，在盐桥河沿岸的城市右二厢[7]，形成城市的商业中心，它的东西边界分别是盐桥河和御街，二者中心段的垂直距离不过 200 m 左右，交通线（包括水路和陆路）密度极高，从西到东不仅并排有御街、市河、盐桥河三条交通主干线，沿河还有数条平行街道，干线间坊巷密集，共有 18 个坊，坊内巷道均可开市营业，从而形成密集的商业市集，而基础商业带来的娱乐业瓦子、资本金融业交引铺、金银铺等也都在此区块，无怪《梦粱录》卷十三《铺席》中述："自大街及诸坊巷，大小铺席，连门俱是，即无虚空之屋"。古代杭州城市中心区河流的物理及经济特征契合了开放的坊巷制和商业网构成的需求，使滨河街道成为城市公共生活和商业发展的载体，水-街型滨水公共空间和河道共同将滨水街区有机组织起来，成为高效运作的商业条带，同时商业的成功又反过来刺激水-街型街道在古代杭州中心城区不断发展，形成了城市滨水公共空间主导类型（图 4-8）。

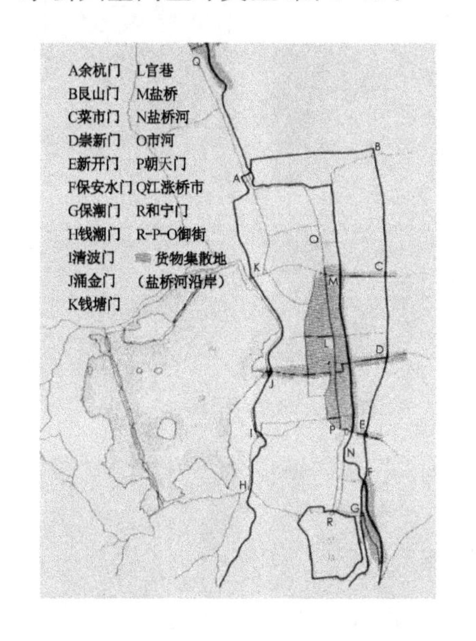

盐桥河地段为临安经济中枢区的分析推断

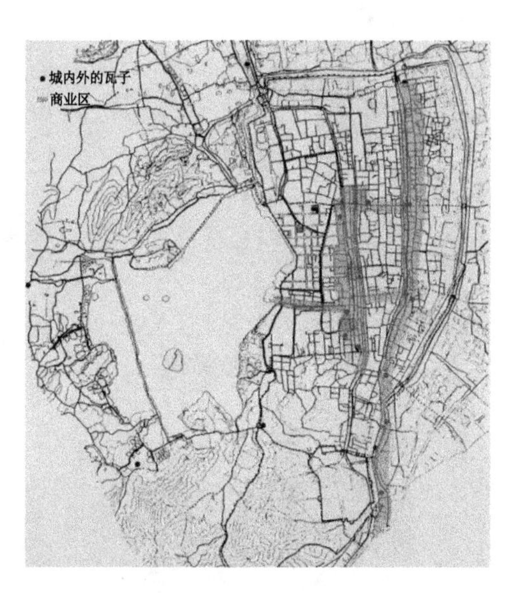

临安商业区及瓦子分布图

图 4-8　南宋临安城市空间分析图

在传统江南水乡时期，水-街型滨水街道持续发展，作为清末江南城镇的典型城市空间，水-街型的滨水公共空间有各种组合变化，形成亚型，根据不同的地段和需要灵活出现。以街和河道的关系上看，主要有 3 种模式（图 4-9）：A-1 型"河房式街道"（街与河隔着一组建筑）、A-2 型"一河一街"、A-3 型"一河两街"。A-1 型是江南城镇中最常见的沿河街道空间模式，临河建筑一般进深较小，且建筑界面有节奏地形成不封闭的缺口，使街道与河流保持视线和交通上的联系；A-2 型一般出现在次要河道或生活性沿河街道上；A-3 型靠近河的街道是往往是辅助性和生活性街道，而建筑之间街道为主街。传统滨水街道不仅在空间要素组合上有多种亚型，而且就街道本身的剖面形式呈多样化，如露天式、骑楼式、廊街式、过街楼式及混合形式等。从众多江南市镇的实例上看，一条河的两岸街巷空间一般不会只有一种空间要素组合方式，而是几种方式的交替，且遇到桥或垂直街巷时，街道一般会局部放大，形成小广场，再加上不同亚型的街道本身几种剖面形式的运用，水一街型的滨水公共空间总体呈现变化丰富，收放有度，空间形态与河道平面形态及沿河建筑界面形式高度关联的总体特征。

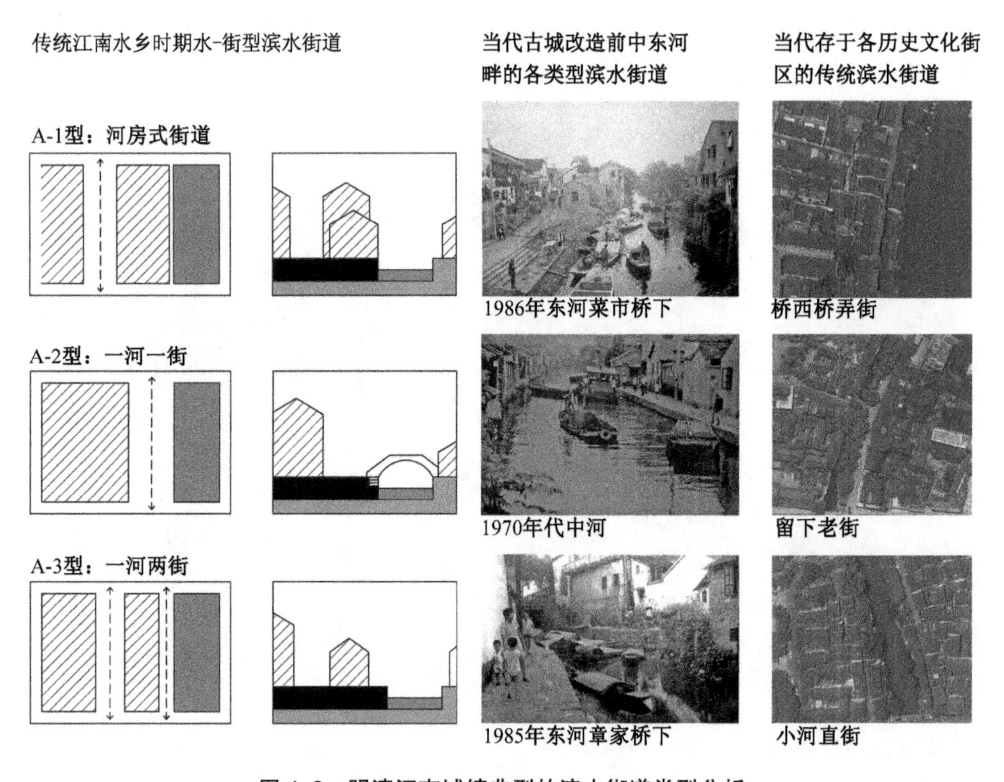

图 4-9　明清江南城镇典型的滨水街道类型分析

杭州大部分古代滨水街巷未能保留至今，只能从历史地图中粗略读出街巷与水道的平面组合方式，除此之外，要获取古代杭州滨水街道的空间特征，只能观察古代描绘西湖周边景色及江南水乡城市景观的绘画，从中获得参照(图 4-10)。从一些古代绘画上看，古代城市滨水区整体体现了生动多元的日常生活场景，这些场景由多种

图 4-10　西湖清趣图局部

功能性建筑、形态丰富的街巷和多样化的人的行为活动共同构筑。水岸无论是石砌立岸还是土质坡岸都有一定的折线凹凸，留出船只停泊和卸货平台的空间，一般滨水街巷整体与水岸边界同向呈线性展开，各类商住建筑、门楼、水井、码头和水亭鳞次栉比，滨水街巷串联起这些构筑物，使其界面形态灵动，其空间容纳的生活场景也很丰富，有居住、休憩、渡船、客栈、商卖等。值得注意的是，相对于当代，古代城市的滨水岸线并未特别强调公共性，甚至许多滨水建筑直接构筑在水岸上，部分遮挡了街巷与水域的视线通道，但即便如此，在很多情况下，也未伤害水域的公共性，笔者认为主要有两点原因：其一，滨水建筑和水岸共同组成了滨水公共空间的界面，同时滨水建筑本身的形态和组合对水、对滨水街道都有呼应。在许多描绘古代河道街市的绘画中，临水建筑无论是商用还是居住，或开敞或封闭，都会以平台或是台阶的形式与水面发生联系，同时建筑群组自身的组合，面向河道也会留有一定的空地，临水建筑如果是饭店、茶馆、戏台等公共建筑，其沿街和滨水两个界面都显得比较通透，内部空间具有穿透性，因此有些滨水街道和水的关系或许不是直接相邻，但通过滨水建筑及其外部空间仍与水域有密切联系。其二，古代城市水域及滨水空间的公共性主要体现在一种动态的使用和接触体验上，而非用地权属上。在许多古代滨河街市的绘画作品中，其河道及两侧的街巷是一个充满人的活动的动态整体，之间有各种人与物的交流，人们在滨水空间的使用过程中直接享用水域资源从而感受滨水空间的公共性。总之，古代滨水街巷的具体形态虽没有专业设计师干预，但却不乏实用性和多样性，其灵活多变的空间形态与城市各类构筑物界面的融合方式，以及对各类行为活动的包容都是当代滨水公共空间需要对照和借鉴的(图 4-11)。

上、中:《盛世滋生图》中江南水乡城市苏州的滨水市井空间，下:清明上河图中的水乡街市部分

图 4-11　古代绘画作品中滨水公共空间

4.2.2 近代中西双重体系时期城市滨水公共空间的新类型

南宋之后的元明清三朝，杭州的城市地位下降，但仍是一个重要的区域经济中心和战略要地。至清末，除了丝织业独树一帜外，城市发展乏善可陈，清末民初，在上海崛起成为工业化大都市的地缘作用下，杭州在迈向现代化的道路上选择了发展现代旅游业。1911年后短短几年时间内，杭州拆除了阻隔城市与西湖的城墙和作为清政府政权象征的满城，建立了西湖东岸的湖滨"新市场"。彼时的近代中国正经受着西方文明直接而剧烈的冲击，城市社会生活的方方面面同时具有两种体系：既有宽阔的车马路，又有狭窄的石板路；既有新式学校，也有旧式书院；即可西装领带，也可长衫马褂；电影与戏曲一样受欢迎，咖啡厅与茶肆一样满座。在社会文化的双重体系运行下，滨水公园这种新的城市公共空间类型在彼时西湖东岸出现，是普通市民和外来游客都喜爱的公共场所，同时，古城内的滨水街巷也照常运转，依旧是人们日常生活视角下最普遍的公共空间类型。虽然滨水公园这种城市空间新类型的出现，在彼时风起云涌的沧桑巨变中并不引人注目，但这不大不小的城市空间变化却是近现代杭州滨水空间主导类型演变的开端。

民国时期兴建的湖滨公园是杭州最早的市政公园，沿西湖东岸从北至南分布第一至第五公园，后扩建第六公园，总体称为湖滨公园。公园以规则形状的绿地、硬质铺地及雕塑组成，沿西湖带状展开，与邻近的建筑街廊之间由湖滨路连接，公园、湖滨路以及湖滨路上的建筑骑楼廊道共同组成临湖的公共空间序列，公园绿地和湖滨街道都是人们公共活动活跃的城市空间，将绿地和街道复合的湖滨地带，即可视为新的滨水公共空间类型之一的休憩绿地型的萌芽，也可视为传统滨水街道的一种改良亚型，是类似于林荫道的混合类型。在民国"新市场"地段，林荫道形式还出现在浣纱河两侧。湖滨"新市场"建设过程中，原有满城内的浣沙河(清湖河)被保留，原河道边的滨河巷道改建为次等级道路，设计路宽约 10 m，河边种植杨柳与梧桐，形成滨河林荫道。林荫道型与传统街-河型滨水街道的主要不同在于沿水岸线的线性绿化以及道路的等级与性质，相对传统水-街型街道，近代杭州滨水林荫道更强调人在水岸和绿化带的活动空间，其在空间形态上的主要突破在于尺度的放大和城市市政绿化的引入。道路横断尺寸的增大主要是便于汽车的行驶，而滨河绿化，不再是老百姓在自家门前的植树种花，而是西方规划思想的引入，开始在城市空间专业化干预中使用的一种空间形态要素，在城市空间中起到容纳公共活动、限定空间、美化空间的作用。将城市市政绿化与城市水系及滨水道路结合，是杭州近代出现的一种新的滨水公共空间类型变体，这种滨水公共空间类型的形变并不是孤例，在同时期的民国首都南京，也出现将原有滨水街道改良为林荫道的案例。笔者认为，绿地作为滨水公共空间要素的引入除了中西交流增多及对西方城市的模仿外，是城市现代化进程中，原有的水-街型滨水街道不再能够满足城市居民出行及对休憩空间的需求增加而做出的改良(图 4-12)。

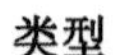

类型实例图片

A′-1型公园复合式滨水街道

水域　公园　街道　建筑

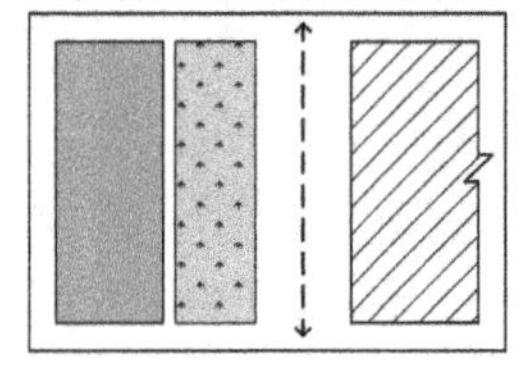

1930年代时期的湖滨公园

A′-2型林荫道式滨水街道

建筑林荫道水域林荫道建筑

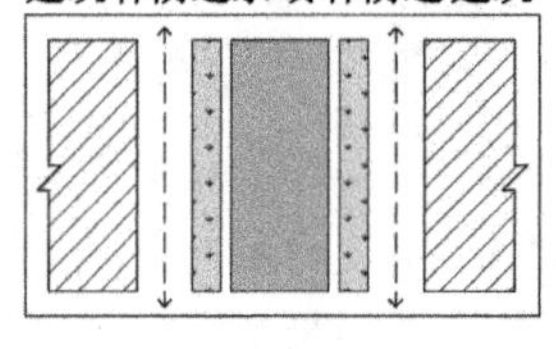

1960年代的浣纱河

图 4-12　近现代 A 型滨水公共空间的变体 A′型及其空间组合要素

同为江南地区历史城市的南京，由于其“中华民国”首都的特殊地位，从1912—1949年期间，共进行了 7 次覆盖全城的城市规划制定，其中1929年制定的《首都计划》最具影响力。在《首都计划》中，有一独立章节——水道之改良，对城市水系在交通功能减弱后做了新的定位：“城内秦淮河即不便运输，且将来道路改良，货物运转，亦无需及该河之必要，故只宜因利乘便，即取为游乐及宣泄之用”[8]，将城市主要水系的主体功能从交通过渡到景观。对秦淮河滨水区的更新也做出了规划：“该河风景，在昔称盛，今则虽有数处犹存胜象，其他大部分已失旧观。故今之改良，应拆除背河而筑之房屋，至与河道同向而最近河岸之街道而止；其非背河而筑之房屋，在距河岸不足宽度以内之部分，亦应拆去。拆卸房屋而后，两岸辟为林荫大道”“林荫大道即可联络公园，亦可保存名胜，此计划完成后，当为南京生色不少”。即滨水区的更新与林荫道系统建设结合，原河两岸沿河或最靠近河的街道改建为林荫道，林荫道还是连接各已存和需增建的公园的通道。林荫道并不是普通的城市干道，其性质“与园无异，道上多值树木，设有座椅，以供游客之休憩，并有网球场、儿童游戏场等各项游乐之设备”，且“其道旁之地段，风景美丽，而空气日光亦特较他处为佳，最宜为建筑旅馆及办事处之用，地价必昂”。在这个极富前瞻性的规划中，城市水网从城市的交通骨架蜕变为景观骨架，而滨水公共空间则成为城市景观廊道和慢行游憩系统的组成部分。《首都计划》虽然由于战争没有完全付诸实践，但其对中国城市规划思想的启发作用极其深远，就城-水关系和滨水区更新而言，其规划内容预示着江南城市滨水空间的一种现代转向。它意识到在新的时代背景下，城市水系和滨水区需要新的功能来填充，而城市景观与游憩是较适合的一种选择。就滨水区更新而言，其意义不仅在于对南京城市的具体实践，更在于那个历史时期所展现出的前卫理念和规划方法，以及对众多江南历史城市滨水公共空间类型转换的预判(图 4-13)。

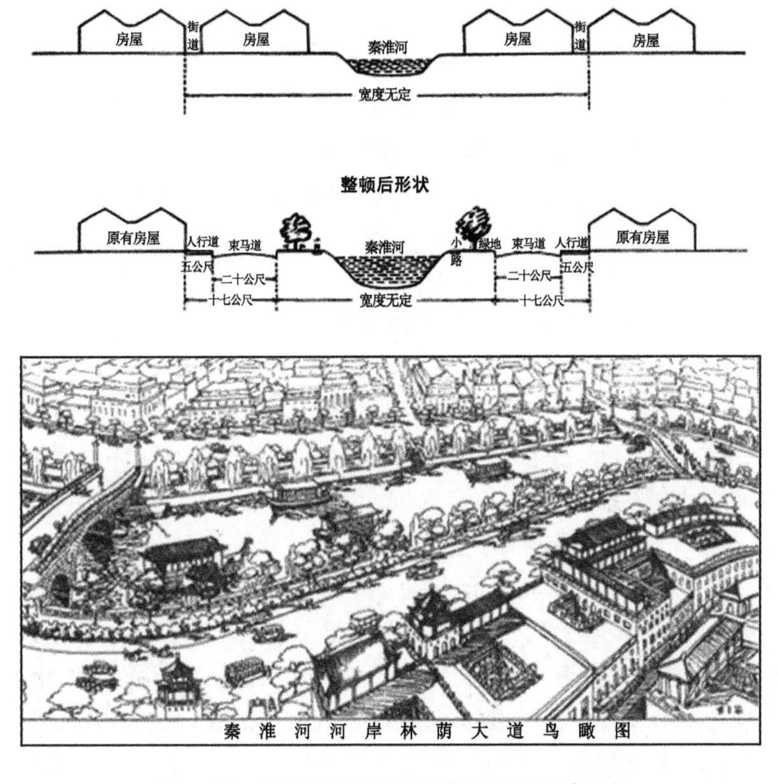

图 4-13 《首都计划》对南京秦淮河的改造设想

4.2.3 当代市场经济时期滨水公共空间主导类型的转变

前文出现的现状滨水公共空间类型的分布图已直观地说明B型休憩绿地是当代杭州主城滨水公共空间的主体，可判定为当代滨水公共空间的主导类型，主导类型从传统的A型(水-街型)到B型(休憩绿地型)的转换有两方面的过程：一方面是传统A型滨水街道的消减，另一方面是当代B型滨水绿地的增长。

适宜人行的传统A型滨水街道的消减与城市交通系统的革新有直接的因果关系。由于汽车在城市交通系统里的地位抬升，近代以前以人行为主的街道逐步让位于以车行为主的道路。传统街道有慢速交通的特征，倾向于多种功能复合，并提供人与人交往和驻足的场景，而现代道路的排布方式及断面则依据以车行为主的交通量及车的通行尺寸进行计算和设计，除了特殊的步行街道，道路交通设计的主旨是合理高效的通行效率而非具有公共价值的活动空间。在前文杭州主城区道路和水系叠合图(图4-2)上可以看到，主城内虽有不少滨河道路，但大部分作为城市主干道的滨水道路已无法被判定为滨水街道这种公共空间类型。一般性认为区分街道和道路的依据是主要服务对象、道路两侧用地性质和交通流特性等，如果将这些依据投射到道路的空间要素上，可从道路的车道数量、断面比例、步行空间质量三方面来考察判断当代滨水道路是否可视为水-街型滨水公共空间。

道路的车道数量或绝对尺寸是评价城市道路是否为街道的基本标准，车道过多(大于4车道)或车速过快(根据宁静交通理论，机动车车速大于30 km/h时，对步行人群的干扰明显升高)都无法形成城市公共活动空间所需要的领域感和氛围。杭州一些滨水主干道，如中河旁的高架路、运河边的环城北路和丽水路、沿山河旁的天目山路等，虽然有道路绿化和人行道，但其道路空间以车行为主要服务对象，车道多、车速快，因此均不能判定为适宜人群活动的滨水公共空间。另外，道路断面比例和步行环境质量也是街道判断的综合指标，一般认为只有在道路和周围建筑形成适宜的尺度关系，才能营造空间围合安定感，使人们愿意驻足活动。西特、杨·盖尔、芦原义信都曾探讨城市空间中适宜的建筑高度(d)和水平距离(h)的关系，d/h在1～2之间是公认较为恰当的，如西塘河边的和睦路、运河边的大兜路、闸弄口路等，而当d/h增大到一定程度，空间便失去围合感。须注意的是d/h值并不是判断道路是"宜人街道"与否的硬性指标，需与道路的步行区比例协调考虑。道路的步行空间不仅包含人行道，亦包括贴近人行道的绿化及人车混行的慢速区，步行空间占比越大，道路的生活属性和公共空间属性就越强。一些国外著名的林荫道，其道路的d/h值及绝对宽度均较大，但通过步行空间的质量和占比的提高，仍形成有效的城市公共空间，如著名的巴黎香榭丽舍大道、巴塞罗那的兰布拉大道，其慢行步行区宽度达到总宽的60%以上，虽然它的车行道宽度也不小，仍形成较好的公共活动空间。目前杭州还未有类似的道路类型，一些较重要的滨河道路，除了前文提及的，还有西溪河边的保俶北路、贴沙河边的环城东路、丰潭河边的丰潭路、冯家河边的古翠路等均由于过宽的机动车道和较低比例的步行空间而无法称之为滨水街道，其相应滨水水际段属于公共空间缺乏或休憩绿化型(如果道路旁的绿地有足够进深，人可以进入并进行活动)滨水公共空间(图4-14)。

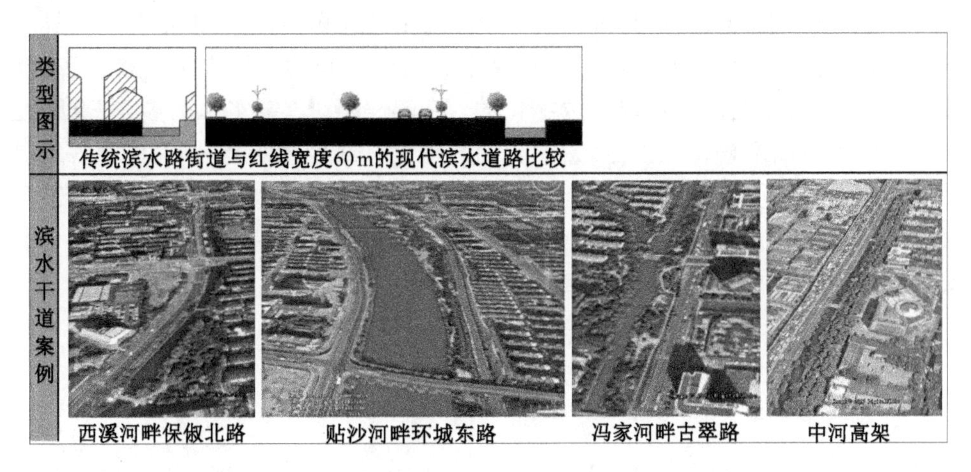

图4-14　当代杭州无法称为街道的滨水城市干道案例

由于城市道路设计取向的改变和断面尺寸增大，不仅许多当代新建的滨水道路无法被视为街道公共空间，一些近代的滨水街道，在不断地拓宽改造中，也失去了城市公共空间的特点。如民国时期建成的A′-1型滨水街道湖滨路，随着西湖东岸绿化广场的扩大和湖滨路的步行化，道路和绿地的界限已模糊，笔者认为将其归类至B型滨水公共空间子类

21世纪初，湖滨路由车行道改建为限时步行道及完全步行道，道路和绿地的界限模糊，且滨水绿化及广场比例增大。近代生成的A′-1型湖滨街道转换为当代B-4型滨水休憩绿带。

摄于2000/2/11　　摄于2016/5/1

图4-15　湖滨路滨水公共空间类型的当代转换

更为合适，而 A′-2 型的浣纱河林荫道随着浣纱河改为地下暗渠而消失(图 4-15)。A 型滨水街道在当代的延续有两类，一类为在民国及以前就建成的、现存于历史文化街区的滨水街道，如运河边的桥弄街、大兜路、东河边的五柳巷等。另一类为一些河道边的当代城市支路和巷道，如霞湾巷、和睦路、河岸上等，虽然这些街道在尺度上在与传统滨水街道相比有所放大，但依旧保持一定步行区域，可视为 A 型水-街型街道在当代为适应交通环境和建筑形式的变化而产生的变体 A″型。这类滨水街道的数量极少，与古代城市中的滨水街巷相比，二者最重要的差异在其界定要素上。传统滨河街道中建筑界面是街道空间的主要界定要素，而现代城市中，滨河道路范围的界定是数字化的，甚至不需要建筑实体来参与，道路红线是滨河街道的准确范围界定，建筑界面与道路红线距离不定，临路的也许只是一道围墙或建筑前的空地和绿化，建筑与道路的关系松散。总之，杭州的滨水街道数量占比及空间质量已远不及 20 世纪初期，A 型水-街型公共空间在当代已不再是滨水公共空间的主导类型(图 4-16)。

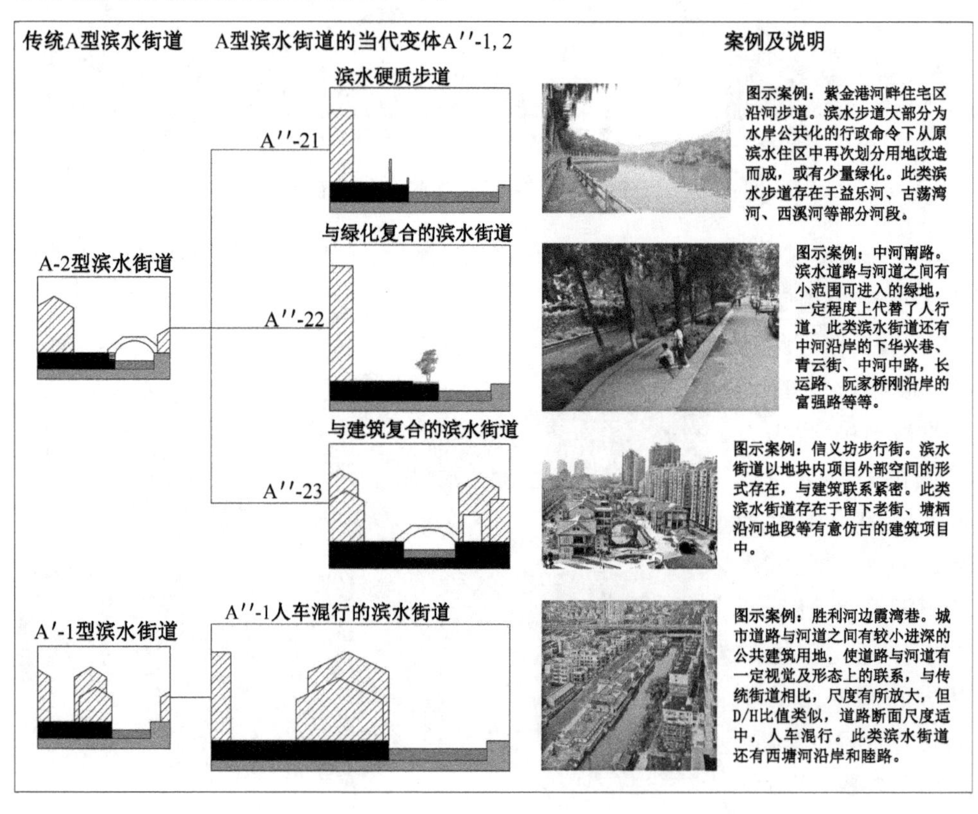

图 4-16　A 型水-街型滨水街道的变体 A″

当代杭州主城内分布最广的滨水公共空间类型即 B 型滨水休憩绿地，其萌芽于 1910 年代城市“新市场”建设，21 世纪初被广泛运用并成为滨水公共空间主导类型。1990 年后，由于排污系统的缺失，杭州主城水系水质不断恶化，全城河道的劣 5 类水占比已到了无法忽视的地步，同时，城市经济也需要城市空间的更新和提升来提供进一步发展的动力，一系列针对滨水区的城市更新改造工程相继上马（如西湖综合保护工程、新湖滨改造项目、京杭大运河综合保护系列项目、市区河道综合整治工程等），这些工程都有一个类似的前提主旨，就是要将滨水岸际公共化，提出“还湖于民”“还河于民”等口号。水域岸际公共性最直接的表现莫过于在岸际划分一定公共属性的土地，在当时也未有公共街区的城市空间概念，又恰逢杭州绿化面积偏少，那么沿水岸狭长的公共土地最适宜的利用方式似乎就是建设滨水绿化带，在这一城市规划的指导思想下，B 型休憩绿地型公共空间迅速复制蔓延，在当代城市扩张和古城改造的建设浪潮中，成为杭州滨水公共空间的主导类型。

根据笔者的调研，当下 B 型休憩绿地滨水公共空间主要有 4 种子类（见图 4-17），其中，B-1 型是沿河地段最普遍的滨水绿地类型，在这种类型中，滨水绿地位于水际线和滨水街区之间，分别与街区的建筑用地和水系相邻，是当代滨水街区与水域最常见的空间形态关系。在这种空间要素组合中，似乎滨水岸线的公共性、景观价值、活动空间都得到了体现和满足，但这种滨水公共空间在可达性上有个明显的弱点，即其出入口受到沿水岸街区长度和封闭程度的限制和影响，当与水域垂直的城市道路不够密集（现状大部分滨水街廓沿水岸长度均大于 300 m，甚至达600～700 m）或滨水建筑用地为封闭门禁管理的情况下，水域的可视性和可达性都不甚理想，滨水建筑用地成为外界要进入滨水绿化带的阻隔。因此，B-1 型的滨水带状绿地虽为公共绿化，但使用人群基本限定在与之相连的建筑用地上居住或工作的人，其公共性有所减低。B-2 型滨水休憩绿地为高等级道路旁的绿地，大部分只能称之为观赏绿化，由于高等级道路对人流的阻隔，行人寥寥，活动性不佳。B-3 型为滨水块状公园，水域是公园内景观的组成要素，是可达性较好的市民活动空间。B-4 型是滨水绿地和滨水街道的混合体，是 B 型公共空间中活动较丰富且使用频率较高的类型，因为该空间组合中低等级道路车行速度、噪音相对较小，和滨水绿带一起为人的行为活动提供了安全良好的环境，同时通过城市公共道路可直接抵达水域和滨水绿带，提高了亲水空间的可达性和公共性。公共生活的多样性程度还和滨水街区用地的性质有关，当滨水建筑为公共或商业建筑时，面向城市道路的滨水建筑是滨水公共活动多样性的催化剂，它使滨水公共空间不仅仅只是观赏景观或是健身休憩步道，而是有了小商业、展览、茶座等不同的主题。

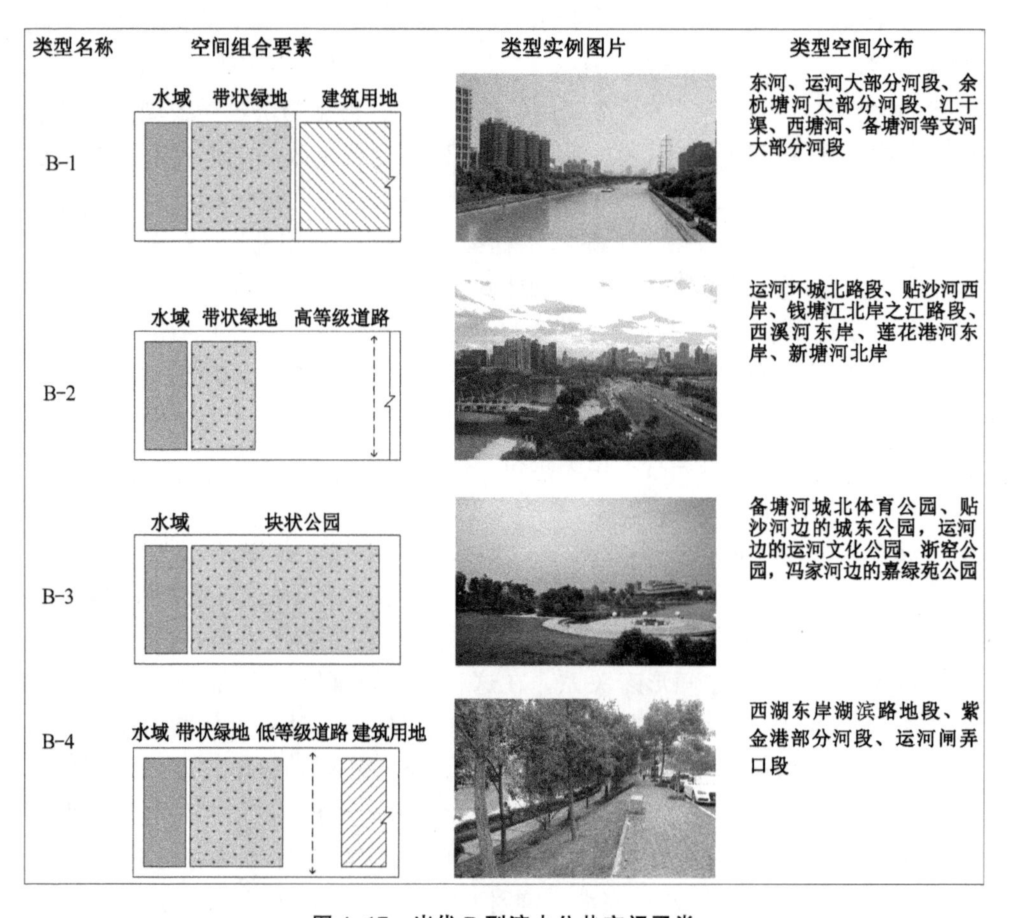

图 4-17　当代 B 型滨水公共空间子类

从 1990 年代末的新中东河改造将河房拆除改建成绿地开始，在滨水区域的一系列政府工程中，杭州市投入了巨量的人力和财力，十多年的时间内，在市内的河道、江堤、西湖周围规划了大量的绿化用地，完成了以滨水绿廊为骨架的绿化系统建设(其过程将会在后文详述)，这一城市建设的策略使 B 型休憩绿地迅速取代滨水街道成为滨水区域最普遍的公共空间类型，水系与滨水绿地一同成为城市整体公共空间系统中的主要构成。

4.3 公共空间主导类型演替与滨水空间景观变化的关联

4.3.1 城市滨水公共空间整体结构构型的变化

任何集合都可被抽象为元素、整体以及二者之间的关系，而结构可被视为要素及关系的总和，“元素的转换，不改变整体结构，而元素之间关系的更改则会使结构系统发生变化”[9]。如果将每个区段、每段水际线的滨水公共空间视为城市整体滨水公共空间系统的元素，当元素的主导类型发生改变，那么结构又将发生什么变化呢？发生认识论的始创者让·皮亚杰在研究各学科领域的结构方法应用后，认为结构是由具有整体性的若干转换规律组成的一个图式体系，具有整体性、转换性和自律性 3 个特征[10]，这 3 个特征对于城市空间系统亦适用。城市滨水公共空间是城市空间基于自然环境特征的一个子类，由于城市空间整体性的特征，滨水公共空间结构不仅是自身相关元素的集合，也是上一层次城市空间结构的元素。因此，笔者认为城市滨水公共空间结构是以城市的水系网络为连接线构建而成滨水公共空间集合，在不同的历史时期由于主导类型和组织形式的不同而呈现不同的构型原则，同时，滨水公共空间结构特征不仅包括自身的形态构型，还包含与城市空间总体结构及其他城市空间子系统结构（如自然水系结构、交通结构等）之间的关系。

根据 1867 年浙江省垣坊巷全图、1892 年浙江省城图、民国时期杭州市第一都全图及 21 世纪杭州公共空间分布图，对杭州不同历史时期的滨水公共空间结构构型进行抽象和整理，通过对比发现，在不同主导类型对应的不同时期，城市滨水公共空间结构有两种截然不同的构型。

1. 非均匀线-网(以1892年地图为主要分析对象)

在各类历史地图中，作为杭州最重要的城市水体西湖，始终是一个与城市建成区地理上隔离且并置的存在，古代杭州城市地图不包含整个西湖，而是仅仅绘出西湖东岸的轮廓，而近代以前，尤其是清代的各种西湖游览图或全景图也未将城市囊括在内，最多绘出城墙与山体。种种迹象表明古代西湖并不是一个日常生活视角下的城市公共空间，厚实高大的城墙在遮蔽视线的同时，给城市空间画上了明显的界限，尤其清代满城的建设，使杭州城市成为一个与西湖风景区隔离的封闭空间，西湖是城外的一处园林风景，兼具有重要的农业生产和城市用水的作用，只有在特定的节庆日，如西湖香市、端午龙舟赛事期间，西湖的游赏才成为全民的活动。笔者对古代杭州城市滨水公共空间结构的分析中，基于古代西湖与城区空间分离的事实及场所使用的特性，未将西湖沿岸空间纳入整体结构进行观察，而是聚焦于城墙范围内的河道和滨河公共空间。

如前文分析，现代以前滨水公共空间的主导类型为街道，在中国古代城市中，一些小广场(如滨水区的桥头广场、码头广场)尺度均不大，可视为街道在特殊地段的局部放大，同时，水上运输在古代杭州极为发达，河道容纳了人们通行、买卖乃至居住等生活内容，亦可视为城市公共空间。在西方城市公共空间(如公园、广场)大规模引入之前，滨水区街道与河道是杭州城市公共空间的主体，在形态上均为线性要素，那么二者以何种关系构成公共空间结构？本节主要借助对两张清代地图(浙江省垣坊巷全图、浙江省城图)的转译来说明这个问题。浙江省垣坊巷全图(1867年)中突出河道及桥梁(将其宽度比例夸大，绘制成除城墙之外最明显的城市形态要素)，城区街巷联结成网，并在城市不同区域与河道有着不同的形态关联特性。而清代浙江省城图(1892年)中，河道按实际宽度双线绘制，街道为单线绘制，河道和街巷二者的关系更加直观，从清代浙江省城图(1892年)中抽取河道与街巷(将桥梁视为街巷在河道上的延伸)，可得到一个由线组成的不均匀网格，河道和街巷两种线性要素通过桥梁相互交织，共同构成了清代杭州城市滨水公共空间的线-网结构。清代杭州城内有 4 条主要河道：浣纱河、小河、中河、东河。以中河为界，城市东边的城市空间结构线-网总体比西边稀疏，同时，清代杭州东河以东至城市东侧城墙的区域，有许多水荡和空地，除望江门一带有市集外，是一派清幽之地，田园之景："池塘棱畦，境极幽奥，避俗之士，恒乐居之"[11]，因此其不算作严格意义的城

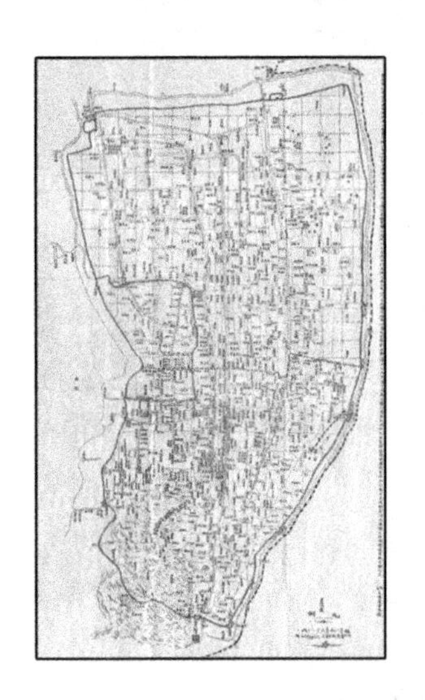
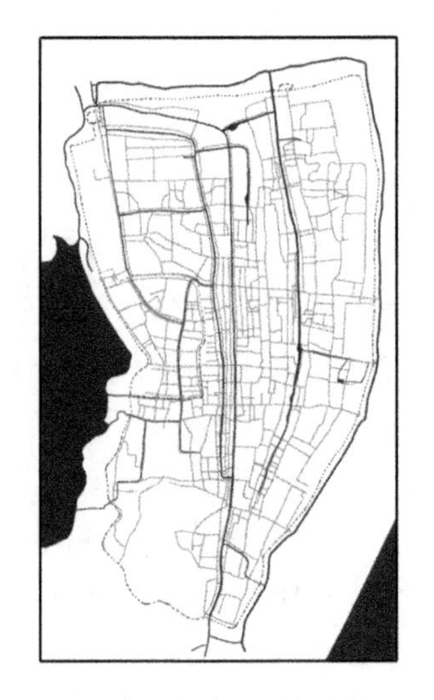
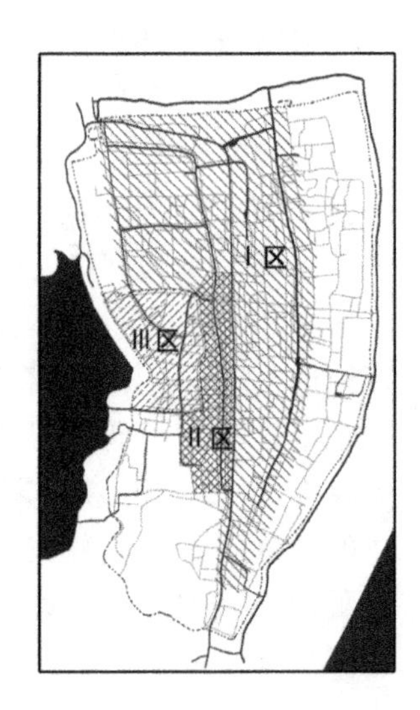

图 4-18　对清代浙江省城图(1892年)所示滨水公共空间的抽象与分析

区，不纳入本节滨水公共空间结构的考察范围。根据清代杭州滨水公共空间的线-网结构中网格不同部分疏密和形态上的差异，可大致将其分为3个区域（图4-18）：Ⅰ区，中河以东至东河东岸及城北；Ⅱ区，中河以西的城市中心区；Ⅲ区，满城。

3个区域由于区位和功能的不同，河道与街巷的关系也有不同（图4-19）：

Ⅰ区，中河以东至东河东岸及城北：街区单元较大，街巷密度较小，南北向街道平均间隔120 m左右，受河道走向影响，南北向街道与河道基本平行，贯通程度较东西方向街道高，而东西向街道在布置上较为自由，出现许多曲折线。

Ⅱ区，中河以西的城市中心区：线网稠密，该区自南宋始就是城市的中心区，至清末仍旧是城市商业区。该区域的线-网特征在中河中段尤其明显，中河与小河河道上桥梁密布，河道与街道完全交织在一起，呈现细密规则的格网，格网增加了临街面比例的同时又具有较高的可达性。同时，格网单元的形态又以小河为界，东西区域有所不同。小河西边是城市的主要商业街——大街，大街与西侧连接的街道呈鱼骨状排列，使网格单元东西长而南北短，格网单元短边在20～30 m之间；而小河东面，与中河之间的狭长地段里，格网单元东西短而南北长，与中河以东类似，南北向街道贯通程度较东西向高，平均间隔即格网单元短边在30 m左右。

Ⅲ区，满城：位于城市西部靠近西湖处，部分营墙与城市临西湖一面的城墙重叠，营内浣纱河蜿蜒流淌，在八字桥附近分为两条支流，往西的一支称为西河。浣纱河和西河两侧均有沿河街道，是民国初期拆除满城改建"新市场"的过程中，保留街道之一。除了沿河街道形态遵循河流走向外，其余的主要街道较为自由，在清代浙江省城图（1892年）中可见局部的规则格网，但整体而言，清代满城内的公共空间线-网由于城墙、河流、军营等不同形态要素的综合作用，反而呈现出自由、形态关联模糊的特征。

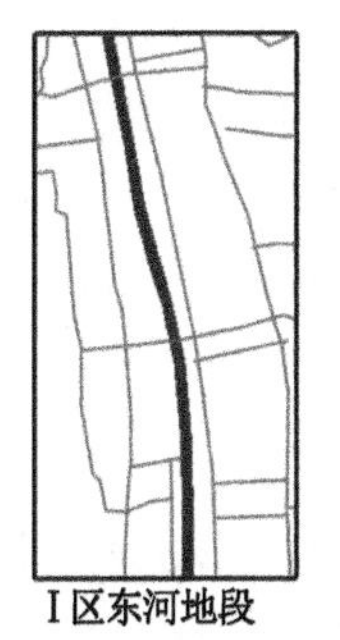
Ⅰ区东河地段

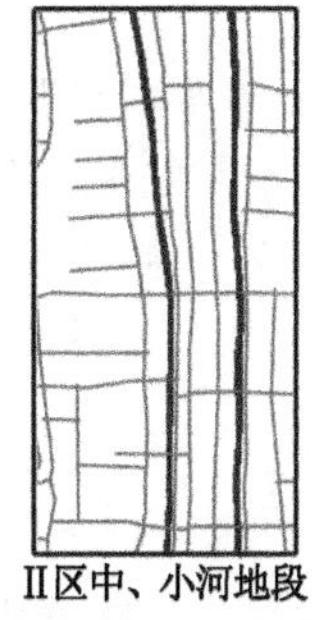
Ⅱ区中、小河地段

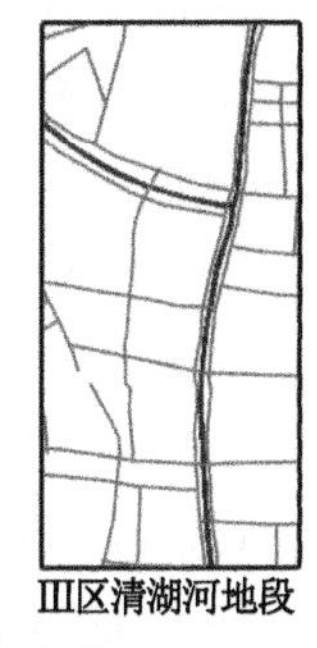
Ⅲ区清湖河地段

图4-19 不同线网的分区局部

清末杭州滨水公共空间的空间结构可视为不同形态特点的线网拼贴而成的非均匀线-网结构。清朝灭亡后，杭州滨水公共空间非均匀的线-网结构整体延续发展，不同的形态区域有所变化。Ⅰ区内中河以东区域由于城市的发展，街巷渐渐稠密，尤其是近东河的地区，与Ⅱ区中河以西城市中心区的线-网密度差距减小。而近代Ⅲ区满城内的空间线-网构型则与清代完全不同。在1913年满城整体拆除建设"新市场"后，由于采用了近代西方城市规划理念和建设技术，呈现出小尺度的均匀格网特征。同时由于"新市场"的建设和城市西侧城墙的拆除，西湖与城市的关系由并置转向联结，在1930年代出版的城市地图中，西湖和城区同时被完整绘出，这标志着杭州城市空间及城市滨水空间结构的重大转变。

2. 斑块(点)-廊道

滨水公共空间结构随着近代西湖与城市的联结、当代城市空间的扩张及当代杭州滨水公共空间的主导类型的演替而改变。借用景观生态学的分析方法，笔者认为当代的滨水公共空间结构可用斑块(点)-廊道来描述。在景观生态学对城市景观格局的分析中，利用图像分析将大地表面理解为斑块、廊道、基质，这为分析较大范围内的景观分布特征提供了有效的技术方法。首先明确特定景观系统的整体环境"基质"，以及具有明显区分和定义的局部"斑块"，而一些线性的"斑块"可被定义为"廊道"，对应系统中具有方向性的路径和边界。参考这种景观格局分析法来提取现代杭州的滨水公共空间结构，可将整体的城市建设区看做环境"基质"，"廊道"主要由城市水体及两岸的绿地组成，而大小不一的开敞水体、滨水区公园、广场或商业区则是"斑块(点)"。

根据笔者现场调研绘制的滨水公共空间结构图中，廊道主要有边界型和穿越型两种。城内大小河流及其岸线绿带为穿越型廊道，而西湖东岸和钱塘江岸的公共空间带可理解为边界型廊道，但应指出，廊道与斑块、边界与穿越是在一定范围内的相对形态，当对应的范围扩大或缩小，二者可相互转化。如钱塘江沿岸的堤岸绿化活动带在主城范围内为公共空间的边界型廊道，但在杭州市域范围内，它不仅是公共空间廊道，更是穿越型的生态廊道。"斑块(点)"对应滨水区除沿岸带状绿化外其他的公共空间类型，在绘图选择上，公共空间斑块(点)在新城区应不小于400 m^2，在古城区由于建成度较高，占地 100 m^2 以上的空间也都计入(占地小于100 m^2的空间不能提供多样的活动设施和场地)。公共空间"斑块(点)"从空间规模上来看，古城区(上城区和下城区)的空间平均规模较小，这与建成度较高，建设历时较长的背景吻合。从选址来看，"斑块(点)"式公共空间大部分与各级城市道路相临，甚至占据整个街区，公共性和可达性较佳，而"廊道"式公共空间则有一半以上位于街区内部，虽然在与道路交汇处均有出入口，但仍具有一定内向性，同时，廊道和斑块(点)之间没有明显的联系方式(图 4-20)。

对于不同时期两种主导类型下的滨水公共空间结构的比较，笔者认为在现今杭州主城区范围面积已是清末城墙范围内古城数倍的情况下，单纯从滨水公共空间整体布局的不同的构型形式上比较，虽然直观但也不全面，毕竟结构大于所有元素的简单相加或并置，结构可以从与上层系统即城市空间整体的其他子结构之间的联系及相互作用去理解和诠释，因此前文用大量的篇幅论述了城市水系和城市

图 4-20　当代城市水系与滨水公共空间的斑块(点)-廊道结构示意图
（参阅书后彩页）

发展的关系，以及滨水公共空间与滨水街区的关系，从滨水公共空间结构与自然水系、城市公共空间、进行关联性比较中，对比滨水公共空间结构的古今异同，得出以下推论。

（1）在与自然水系的关系上，古代杭州城市高密度的河网和对水上交通的依赖，使得城市水系对城市滨水公共空间的影响全面而深入，城市街道的走向、密度、连通程度均与河网形态有关联。而当代城市水系虽在总量及水体种类上增加，但密度减小，大型水体（如西湖、钱塘江）对城市空间起关键作用，而河网对城市空间的影响力大幅下降，滨河公共空间基本局限在河道穿越的城市局部街区中，与城市的道路网络没有太大联系，同时滨水街区的地块划分方式使滨水公共空间成为独立的空间元素，与城市街区关系的日渐疏离。因此，作为古代城市显性公共空间的河网水系，在现代杭州城市中有明显退化，对城市腹地的影响力缩减。

（2）城市水系在城市扩张以及交通系统革新的背景下消长互抵，在交通骨架作用消失后成为了城市公共空间的骨架。虽然古城有数条河流在历史中湮没，城市西边的湿地面积锐减，但市区的城市水面率仍有10.58[12]，市区内水系的绝对数量依然可观。在2008年的一项调查中，城区内城市滨水公共空间占城市公共空间总量的 42%[13]，且这一比例随着近年钱江新城及城区滨河绿带的建设，还在逐年上升。因此当代以滨水休憩绿地为主导类型的滨水公共空间，虽然在占城市公共空间的绝对比例上，相比近代以前有所下降，但仍是城市公共空间主体，对城市的空间意向和特色起到决定性作用。

（3）由于滨水公共空间是城市公共空间的主体，因此水网形态及滨水公共空间结构决定了杭州市公共空间的基本格局和特征。杭州城市水系自古形态较为舒展，古代城区的水系组成为纵横的河道，而当代则是西湖、钱塘江和市内河道共同构成城区水系，分散的水体使得以滨水公共空间作为主体的城市公共空间在形态上有分散的特性，不论是古代的“线-网”结构还是当代的“斑块-廊道”结构，均呈现平均规模小，格局分散舒展的城市公共空间系统特征，与其他城市集中块状公共空间形态大相径庭[14]。

总而言之，滨水公共空间主导类型的演替对整体结构的影响主要根源于两种空间类型的尺度及对滨水城市腹地渗透能力的不同，但这又与滨水公共空间与街区关系以及城市水系自身的变化分不开。因此，滨水公共空间主导类型演替与空间结构的改变不应视为简单的因果关系，而是城市现代化过程中的一个现象，是城市水系、滨水公共空间主导类型及滨水公共空间与街区关系三者的共时变动。

4.3.2　两种景观:从生活景观到如画景观

“景观”一词在本节不是单指风景，而是土地使用状态及其内在含义的集合体，一个由人创造或改进的空间综合体，是人类存在的基础和背景。城市滨水公共空间包含了自然或人工的水体、活动空间、道路、建筑界面等丰富的空间元素，同时它也暗含了在近、现代城市发展过程中对城市水系及公共空间的价值取向、经济定位和审美趣味，是滨水景观的重要组成。在近、现代杭州滨水公共空间主导类型演替的过程中，杭州的滨水景观也随之改变。在当代城市街区划分和地块使用方式革新的过程中，随着滨水公共空间的独立，其关联的滨水景观也在城市空间景观中独立凸显——在一系列滨水岸际公共空间美化工程后显得风景如画。这种如画景观与传统江南城市滨水空间中与日常生活紧密结合的街巷空间景观有着本质上的不同，姑且将这两种不同滨水公共空间类型主导下滨水景观分别称为:生活景观和如画景观。

“生活景观”可理解为是基于人们日常生活而生成的景观现象，列斐伏尔认为，“日常生活是生计、衣服、家具、家人、邻居、环境……如果你愿意可以称之为物质文化”[15]，它是重复性的物质生活过程，是相对于“宏大叙事”的，普通人不断展开实践的广义生活。那么生活景观就是人们为了进行日常生活和生产而采取的、对当时当地自然要素和土地适应方式的综合表达，记载着人们基于经验习惯、传统和天然情感等因素形成的生活方式，因此具有经验性、实用性和地域性。在“传统江南水乡时期”，杭州基于自然地域特点的城市交通、居住方式和商业模式而生成的联结成网的滨水街道就是一种生活景观，是当时的人们习以为常、又身在其中的自在世界。而当代的滨水“如画景观”是基于规划设计蓝图生成，具有许多“政治景观”的特点[16]，“政治景观”是人类景观的原型之一，“由法律或政治机构刻意创建、维护、支配的景观，尺度恢宏、亘久不变、易于识别”，而且“清晰永恒地划定乡村或城市的空间，并通过城墙、树篱、开敞绿带或草坪使边界可视化”[17]15-19。近现代杭州滨水公共空间主导类型的更迭，是政府以行政权力和专业化手段强行推动的，大量的滨水休憩绿带以“还河于民、还湖于民”的公共意志实现为名，通过一系列公共工程建设而成。因此，古代与当代两种滨水公共空间主导类型下的滨水景观有着迥异的生成动因和模式。

生活景观视野下，传统滨水街道网络为了满足人的实际生活需要缓慢形成。纵横的水道和廉价的水运，使大量人员物资从城市河道集散，这需要码头河埠，而人员物资通过码头河埠从船上转移到陆地后，则需要街巷将他们转送至城市的各个角落，在这个过程中，商业、居住、娱乐等各种实质性的需求在滨河街巷及周边建筑中得到满足。在这些空间场景中，公共空间具有实用功能性，它的生成使用与人们的生活、生产方式密切相连，其形成过程就是使用过程和创造过程的融合，它的使用者和创造者是统一的，不存在设计师，也不存在刻意的空间效果，它只是响应人的需要，与滨水街区共时地、自然地成形。因此杭州近代以前的滨水生活景观与城市景观彼此相融，不存在很强的异质性，其公共空间主导类型是经历了长时间的摸索和改变而渐渐固定下来的产物。

当代杭州滨水区基于公共绿地空间的“如画景观”，是近十几年的时间通过城市规划管理等专业化的空间生产制度形成，其主导空间类型的选择是出于市场、大众、设计者对绿色空间的追求，抑或这个时代认为城市绿化百利而无害的执迷，虽然它力图展现的是一种自然的图景，但它仍是人工化和扁平化的，是一种对自然的模拟。大量由设计师设计出的“自然”与原生自然有明显差异，它只是地表上的一块风景，无法自行存在，甚至无法自我维持，需要不菲的费用去建设和维护。同时，它与滨水街区关系松散，当代杭州河道及西湖周围的土地，在相关规划中被划定了一定的宽度作为城市公共绿化，而后通过一系列的专业图纸和流程将蓝图实现，它与滨水街区的形成之间并无联系。因此，在运河、余杭塘河等重要的、被规划为景观廊道的滨水地段，常有临水绿带上已是亭亭如盖、绿草茵茵，而一墙之隔的滨水地块上却长期杂草丛生，空空如也，滨水公共绿带和滨水街区地块之间的分离关系在生成时序上就可见一斑。同时，其生成过程与其使用者也没有直接关联，设计师按照甲方（政府相关机构）的要求和现行的上位规划、设计导则进行设计，在设计过程中，使用者只是个抽象的存在，因为城市公共绿化用地，理论上使用者是全体市民，而在现阶段的城市管理制度中，还未有真正有效的可以使全体市民参与的空间设计管理程序，因此，在“如画景观”的生成过程中，使用者是相对缺席的。

生成模式的不同使两种景观在边界、功能性、与人的关系、文化意义等方面也存在差异。任何景观中，边界都是基本要素，两种景观在滨水公共空间主导类型上的不同，也注定了其在边界要素上分别走向“模糊”和“明确”两个不同的方向。传统滨水公共空间的边界是含混不清的，它从河道延伸至街道，又从街道延伸进建筑的院落里、街边的雨棚下，还可以通过桥梁延伸至对岸的街道，很难设定一个具体的边界，同时日常生活内容又将这些空间在人的体验层面上联结到一起，这是传统生活景观中公共空间的魅力之一，它四下延伸，模糊甚至杂乱，但生机盎然。而当代滨水公共空间主导类型——滨水休憩绿地的边界是法定的、有着明确无误的坐标定位。正如J. B. 杰克逊(John Brinkerhoff Jackson)对“政治景观”边界的描述：“相对于界定区域并建立与外界的有效联系，它更倾向于隔离和保护其内部要素。它不太像皮肤，而更像一种包装、一种封皮”[17]22。杭州现状滨水空间中大量滨水街区与滨水绿地之间的围墙将滨水公共空间在图纸中抽象的边界具体化，将水域对城市腹地的影响强行压缩在绿带范围内。明确的边界意味着其可达性严重依赖于出入口数量和分布方式(笔者在调研过程中，常遭遇滨水绿地想进无门、想出也无道的尴尬情形)。当代城市滨水绿带除了西湖东岸湖滨一带由于道路密度高，在垂直水岸的方向出入口之间的距离平均100～200 m外，其余滨水绿地对于除居住工作在滨水地块内的人员以外的市民平均300～400 m以上才有一个出入口。

景观是行为的容器，能够满足行为多样性需要的景观是有价值和生命力的景观。在容纳城市公共活动的能力上，生活景观和如画景观一个多样且机动，另一个则单调且静止。由于滨水“生活景观”的生成基于日常生活，使用者和创造者的结合使得创造目的变得更为直接明了，即满足使用者的各种需要，因此滨水街巷能够适应和容纳公共范畴内各类生产、生活行为，无论是空间形态细节还是容纳的活动都具有多样性、机动性的特点，以灵活可变的方式无休止地适应人们生活需要。例如随着运河改道，市内运河纤道便转换为普通街巷，繁忙河埠旁的住区街巷渐渐发展为商业街市，桥头码头平日里是来往船只卸货的地点，节日里也可成为街头表演的场地，人们可以根据需要主动地布置和创造出需要的场景。而当代“如画景观”的滨水绿地和公园空间形态较为单一，其可承接的活动也较为局限，除了休憩、散步、骑行，及某些大型绿地中有少量体育类专门活动场(如篮球、网球)外，几乎没有与生活和生产直接相关的活动，它与人的互动交流主要集中在视觉感观上，即人可以在滨水公共空间中或一线滨水建筑里观赏其景色。作为城市的绿色空间，其意在提供一个与周围城市高密度、高强度建设现状相对的环境，提供人们与自然接触的机会，使人们身心舒畅，这也使其景观在城市景观中有明显的异质性。在当代滨水景观带的现实状态中，设计师设计出的“如画景观”优劣不一，但易于理解：均衡的构图、点线面结合的绿化种植方式，点缀的小品，人们只能在这样的如画景观中穿行、观赏,观赏、穿行。

此外,二者的文化意义也有所不同。生活景观的生成是内在使用和创造者与周围环境相互调和、相互适应的过程,人们在其中进行生产和生活,其组建的材料、与自然条件结合的方式都来源于此时此地人们的生活经验,其空间表达了人与自然、人与社会、人与人之间的关系,是所在社区认同感和归属感的重要来源。而当代滨水区的如画景观,其形成便是以如画的图景为目标,与周围社区缺乏情感和功能联系,它表达的是一种新的空间秩序,是当代社会对城市水体这一公共资源的理解和运用,公共化后的滨水土地实质已成为政府提供的公共产品,滨水公共空间从容纳生活和生产的场景转换成为被生产、可复制的产品。

滨水公共空间主导类型的演替使与之密切相关的滨水景观有着如此多的转变和不同。传统滨水公共空间在空间中容纳生产,而在当代其自身也成为被生产的产品,且目前这种空间产品还有诸多不尽如人意之处,那么生活空间和空间产品是否有结合的可能?笔者认为某种程度上是有的,正如毕达哥拉斯所言“凡是现存的事物都在某种循环里再生,没有什么东西是绝对新的”,当代大量滨水公共空间虽然其出发点是创造一种如画景观,其规划并建构了一个权属公共且具有一定空间尺度的独立地带,但这也未尝不是当代土地权属制度和空间管制制度下,实现人与人、人与水融洽关系的一条路径,其核心问题在于其空间与使用者的关系没有生活景观中那么直接和紧密,如果在其生成或改造过程中能够将滨水社区纳入建设主体,在设计中更多地思考市民的需要,避免单一考虑技术和美学的因素,使滨水公共空间真正满足人们休憩、体验和社交需求,成为协同社区发展的空间景观组成,那么将当代滨水公共空间创造出一个“新的传统”也不是不可期冀的未来。

4.4 本章小结

借鉴形态类型学的分析方法,对历史进程中杭州滨水公共空间的空间类型、结构构型和外在景观关联进行鉴别分析。在空间类型的归纳上,首先描述构成滨水公共空间的4项物质要素即水域、道路与桥梁、滨水建筑、公共绿地与广场,并根据滨水公共活动进行的主要场所以及空间要素组合的不同,归纳出4种主要的滨水公共空间类型,即水-街型、休憩绿地型、城市综合广场型、桥梁型。然后以滨水公共空间主导类型的转换过程为序,将杭州滨水公共空间的发展分为“传统江南水乡城市时期”“近代中西双重体系时期”及“当代市场经济时期”3个主要时期,分别分析3个时段中对应滨水公共空间主导类型的生成、特征和延续发展状况，描述杭州从清末到当代，滨水公共空间主导类型从水-街型向休憩绿地型的演化过程。

在对近、现代杭州滨水公共空间主导类型的发展进行判别和分析后，本章采用比较分析的方法，解析古今城市滨水公共空间结构在构型方式、与城市水系结构、城市空间结构的相互关系的异同，并进一步将主导类型的演替和滨水景观的变化联系在一起，指出其演化实质是将日常生活的场景转换成可生产复制的公共产品，而这种产品在当代的大量生产复制使设计师有机会将构想中的滨水空间转换为现实。

参考文献与注释

[1] [美]阿里·迈达尼普尔. 城市空间设计：社会空间过程的调查研究[M]欧阳文，译. 北京：中国建筑工业出版社 2009：37

[2] 沈克宁. 建筑类型学与城市形态学[M]. 北京：中国建筑工业出版社，2010：158

[3] 段进，邱国潮. 国外城市形态学[M]. 南京：东南大学出版社，2009：19

[4] 阙维民. 杭城古桥梁(清)《钱塘县志》卷三[A]. 中国古都研究(第四辑)，1986

[5] 段进，邱国潮. 国外城市形态学[M]. 南京：东南大学出版社，2009：19

[6] 相关研究论著主要有：吕以春. 杭州街巷地名渊源研究[J]. 杭州大学学报，1994：12；马时雍. 杭州的街巷里弄[M]. 杭州：杭州出版社，2006；丁丙. 武林坊巷志[M]. 杭州：浙江人民出版社，1988

[7] 南宋临安在前朝的基础上设置供城市管理用的厢坊制度，乾道年间(1165—1173)城内设置宫城、左一、左二、左三、右一、右二、右三和右四共8厢70坊，至咸淳年间，增至9厢84坊。

[8] 此小节引文均自1929年南京《首都计划》中“水道之改良”和“公园及林荫大道”两章节。

[9] 刘先觉. 现代建筑理论[M]. 北京：中国建筑工业出版社，1998：377

[10] [瑞士]让·皮亚杰. 结构主义[M]. 倪连生，译. 北京：商务印书馆，2011：3

[11] 节选自清代陈裴之所写东园一诗，澄怀堂诗集

[12] 杭州市城市规划设计研究院. 杭州城区水系综合整治与保护开发规划[R]. 杭州市城市河道建设中心，2007

[13] 深圳市规划设计研究院. 杭州城市公共开发空间规划[R]. 杭州市规划局，2008

[14] 与新兴城市深圳相比较，深圳经济特区现有公共开放空间共182个，总面积1 214.4 ha，平均规模为6.67 ha，平均规模大约是杭州的5倍。

[15] H. Lefebvre. Everyday life in the Morden World[M]. New York: Harper&Row Publishers, 1999：21

[16] 杰克逊(John Brinkerhoff Jackson)在《发现乡土景观》(1984)中提出:作为地球上的栖居动物,人类具有迥异甚至矛盾的两重身份:自然性和社会性,正是两重性身份的相互作用产生了景观。对应人类的两种需求,景观有两种原型:栖居景观和政治景观,任何景观都不可能达到两者之间的平衡,各种乌托邦的追求正是反映了这一点。

[17] [美]J. B. 杰克逊. 发现乡土景观[M]. 俞孔坚,等译. 北京:商务印刷馆,2015:15-19,22

5 滨水公共空间相关规划的梳理和深入思考

前文对杭州城市滨水公共空间主导类型的转换分析中，已提出近、现代城市空间的专业化控制是滨水公共空间的形态及结构改变的原因之一。在漫长的城市建设期中，各项城市管理计划和建设规划是如何作用于滨水空间的呢？回顾并分析城市管理者、设计者对水域及滨水空间的管理策略和规划以及其对应的结果，可以更清楚地理解不同时期滨水公共空间的构想与建成环境之间的互动关系，并有益于对未来的构想规划提出建议。近、现代以来，杭州专门针对城市滨水区公共空间的规划或城市设计并不多，但由于城市水系在客观地理分布上几乎深入到主城区的大部分土地(主城区东西方向平均每 500 m 就有 1 条河流)，因此不仅仅是滨水空间的专项规划，上至城市总体规划的指导思想，下至地块设计的具体排布，或多或少对滨水空间都有涉及或影响，因而在对滨水公共空间相关规划文本的分析和解读中，目标文本的范围有一定广度，不局限于城市空间设计这一尺度层级的相关文本。由于古代未有城市规划的专业称谓，官方对滨水空间和水域的治理都融合在日常政务中，因此，古代涉及河工的奏折、志书文献也是本章的分析对象。对历代滨水公共空间规划文本的梳理是以横向的水体分类，即前文讨论的主城区滨水公共空间所涉及的 3 类水体：面状湖泊(西湖)、线性的市内河道(含京杭大运河及城区河流)、兼具线性和开阔水面(钱塘江)，在每一类中的规划梳理又基本以滨水公共空间发展的纵向时间轴为序。

5.1 西湖东岸城市滨水公共空间相关规划的解读与评述

5.1.1 自然的人化：古代西湖疏浚概况及近代滨湖地区的城市计划

西湖是天然湖泊，大部分天然湖泊由于注入水流中的泥沙沉积，在自然发展的状态下，必然会发生泥沙淤积、葑草蔓生的情况，从而使湖泊变沼泽，沼泽又渐成陆地，湖面不断缩小，浙江省内许多与西湖同一时期的湖泊均是如此，如萧山的临浦、宁波广德湖等。而西湖从古至今在水域面积上几乎未减，且整体景观格局和与城市之关系上，在人为有目的、有计划的疏浚和调整中日益完善，因此历朝历代的疏浚工程是当代西湖城市景观形成的基础。

西湖在唐朝以前主要作为农业水利设施，直至唐中期，由于以白居易为首的诗人对其及周边园林的称颂，才开始成为游览的对象。唐代以后对西湖的历代疏浚不仅仅解决水利问题，还形成了将水利与造景结合的传统。新中国建立前，西湖共经历了有文字记录的较大规模的疏浚 23 次，其中有 3 次对今日西湖的空间形态和城市景观产生实质性的影响。首先是宋朝苏轼主持的疏浚工程。苏轼在杭州为官数载，不仅留下“欲把西湖比西子，浓妆淡抹总相宜”的绝唱，还写下《杭州乞度牒开西湖状》这一历史性文件：“杭州之有西湖，如人之有眉目，盖不可废也……父老皆言十年以来，水浅葑合，如云翳空，倏忽便满，更二十年，无西湖矣。使杭州无西湖，如人去其眉目，岂复为人乎”[1]。将西湖喻为杭州的眉目，不仅精准传神，而且富有远见地比拟出城与湖之间的关系，并据此提出了整治西湖的全面计划，在湖西侧修筑苏堤，解决淤泥堆积问题的同时，重新构建了湖的南北交通。其二是明朝正德三年(1508年)，杭州知府杨孟瑛大规模疏浚西湖。疏浚前西湖淤浅壅塞，多为圩田，《西湖游览志》卷一的西湖总叙中对其请求开湖的奏议有所引述，在奏议中，其从形胜、御敌、饮水、运输、灌溉等 5 个方面论述开湖的理由，得到准许后，“盖为佣一百五十二日，斥田荡三千四百八十一亩，自是西湖始复唐宋之初”[2]。此次疏浚不仅基本恢复了西湖的旧观，还用挖出的淤泥在湖西修筑长堤，后人称之为杨公堤，并以此堤作为湖面西侧的界限，杜绝民间占用，此举可视作当代西湖西进工程的原生基础。其三，清朝嘉庆五年(1800年)浙江巡抚阮元疏浚西湖，疏浚挖出的淤泥在湖中筑起一座小岛，即今天阮公墩的前身，岛的面积约 8 亩半，岛上无任何构筑。至此，现代西湖的空间形态轮廓已经基本形成：占地约 639 ha，水面纵深不超过 3 km，周围群山高均约 400 余米，在西湖的东岸城市密集建设区向湖面望去，空间整体疏朗开阔，同时又以湖面为中心具有一定内聚性，是自然山水和人工构筑的结合体。

民国时期，在湖滨“新市场”开发后，“环湖马路计划”“筹建西湖劝业博览会计划”相继推出并建成，西湖与普通市民的日常生活直接相联，成为城市生活景观的重要组成(“新市场”的规划在前文已有详细说明，在此不再赘述)。1920年，在“新市场”规划实行并取得一定成功后，由时任浙江省省长齐耀珊提出《建筑西湖环湖马路之计划》，计划认为“自非从建筑环湖马路入手，不足以振兴商业，经画市场”[3]，因此拟建大小 12 条、总长23.85 km 的道路，可认为是继“新市场”之后，西

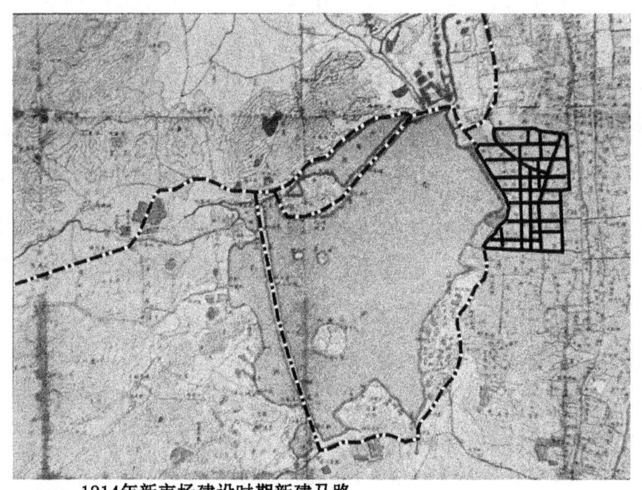

图 5-1　20 世纪初西湖周边新建的道路

湖城市化改造的重要环节(图 5-1)。而1929年的西湖博览会则是一个城市滨水空间和商业联合发展的典型。作为当时中国规模最大的博览会,举办目的的官方说法是:欲使天下人移爱慕西湖之心,爱慕国产,则国产之发达,正未可限量。展览会会址选定于北里湖的四周,包括断桥、孤山、岳王庙、北山、宝石山麓与葛岭沿湖地区,面积约 5 km^2。博览会将西湖的滨水名胜和展会地址巧妙地结合起来,使博览会融旅游、观摩和游艺于一体。继环湖马路将现代交通引入西湖滨湖地带后,此次博览会将西湖风景和城市意象及城市经济进一步统合起来,滨水空间成为城市商业经济的重要窗口(图 5-2)。

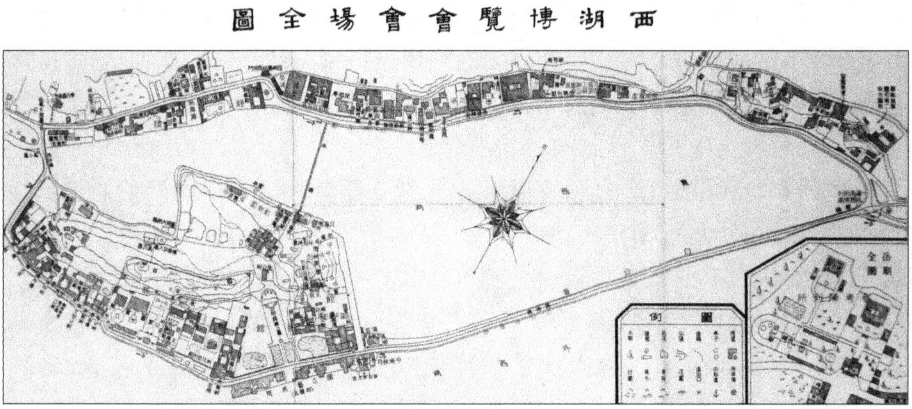

西湖博覽會會場全圖

图 5-2　西湖博览会会场全图

由于自古不间断的对西湖疏浚改造，及近代城墙拆除后数次对西湖湖滨地带有计划的城市化建设，西湖已逐步脱离了单纯意义上的自然山水。西湖东岸滨水空间不仅在物理位置上取得与城市的接续关系，在空间意象、经济发展上也逐步和城市取得紧密联系，城湖一体的城市骨架雏形初显，古代杭州那种将城市发展囿于城墙内的局面瓦解，西方舶来的林荫道、公园成为了滨水公共空间的新类型，滨湖公共空间成为城市公共空间的重要组成。

5.1.2　城湖一体：改革开放前历次城市总体规划

新中国建立初期，由于长期的社会动荡，西湖周边已是萧条败落、湖面淤浅。1953 年由苏联城市规划专家穆欣为首的工作组来杭州，指导编制了《杭州市城市建设总体规划》，这是杭州第一份较完整、系统的城市规划，将杭州城市性质定义为：以旅游、疗养、文化为主，适度发展轻工业，富于艺术性和教育性的风景城市。规划不仅考虑了功能分区，并布置了重要的公共建筑、行政中心、公园等的具体位置，将行政中心设置在西湖东北部，文教中心设置在西湖北部，而西湖西部为休养建筑区，三者及古城通过环湖道路相连，显示出以西湖为城市发展重心的意图，对于环湖路到湖岸的湖际5 000多亩土地，提出了建设一座“环湖大公园”的美好设想(图 5-3)。1953年版“总规”实质性地影响了之后几年的城市建设思路，西湖及其周边景观成为城市建设的着力点。在城市建设资金极其紧张的情况下，1952—1958年，在时任市长谭震林的主导下，西湖进行了一次较全面的疏浚，新建和扩建了几处公园绿地，如西湖东南岸的柳浪闻莺公园、花港观鱼公园等，湖滨公园也得到一定修葺。1956年在上塘河多处建立翻水站，用大运河的水代替西湖水用于灌溉，彻底结束西湖延续千余年的农业灌溉功能。在1953年版的城市“总规”中还明确规定：环湖路以东、延安路以西的

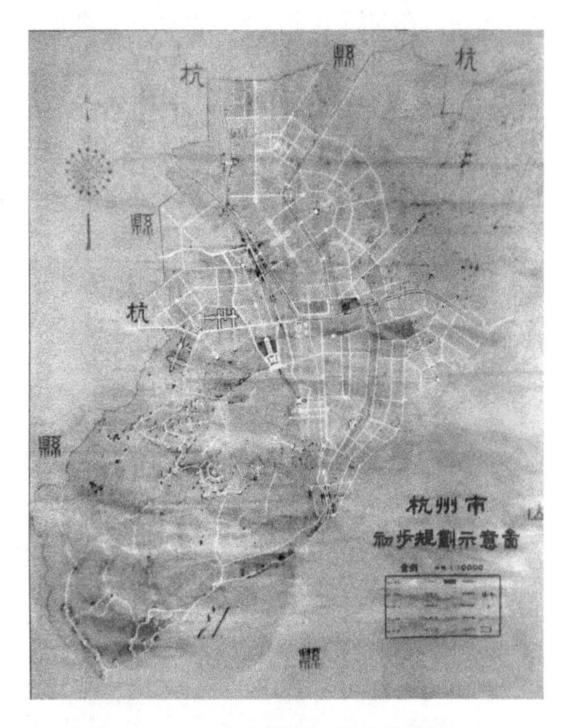

图 5-3　1953年杭州城市总体规划图

建筑只许拆除、不许重建。这项规定在1980年代前得到了严格遵守,沿西湖东岸的城市建设得到有效控制。虽然建设环湖公园、严格控制沿湖建设为当代滨湖城市公共空间的发展奠定了基础,但规划中关于城市性质中疗养功能的确立,对后来西湖开放空间建设造成隐患。1950年代,西湖周边建成众多疗养院、医院,同时,在人民政府建立过程中,将很多湖际园林及土地划拨给政府机关单位和军队使用,这对西湖湖际线的公共性伤害极大,为当代环湖公共空间的贯通埋设了巨大障碍。由于西湖岸际物业的业主大部分并不隶属当地行政管辖,这使环湖地区城市公共空间建设处于被动,1953年规划的"环湖大公园"的设想在今日也只能是部分实现,即使是在与城市建设区最为密切的西湖东岸地区,湖岸的岸际空间也未能完全实现公共化。从西湖大道至凤起路这段湖际沿线的滨湖公园里游人如梭,许多市民选择在此晨练或周末在这一带状公共空间休闲漫步,然而在公园里的澄庐游船码头附近,大华饭店占据了沿湖地块,部分建筑离西湖湖岸不到10 m,出于对酒店内部管理的便利性考虑,酒店业主用栅栏式围墙将地块与公共湖滨空间隔离,使这一带状公共地块中断,同时为了人流能通过,又在大华饭店地块靠西湖一侧建了栈桥,原本宽度在50余米的公共活动带突然缩小成为约3 m宽的桥,桥面上人满为患几成常态(图5-4)。

占据西湖沿岸地块的大华饭店

大华饭店前挤满游人的栈桥

图5-4 西湖湖畔构筑

在1953年的总体规划之后,由于国际形势的变化和国内的政治运动,1957年的杭州城市"总规"修编对城市性质做出重大调整,城市性质被修改为"工业的、文化的、风景的城市",但从1964年和1973年的城市"总规"图纸看,虽然在路网结构上有所调整,城市主体以西湖为城市空间重心的结构相对于1953年的"总规"并无太大突破,纵然1953版"总规"后的几次调整中将城市定位为工业城市,但历次规划都将工业区设在了古城北部及钱塘江岸，对西湖沿岸的多数土地使用性质并没有太大影响，作为城市与西湖联结体的湖岸东线地区则始终作为城市的公共中心，设有主要的公共建筑和行政中心。如果说近代几项环湖土地的利用计划使西湖和城市在空间上联系起来，使城市和西湖得到接续，那么新中国建立初期的几次城市总体规划，进一步推动了杭州“城湖一体”空间结构的形成，确立了西湖东岸湖滨地区的市级公共中心的地位(图 5-5，图 5-6)。

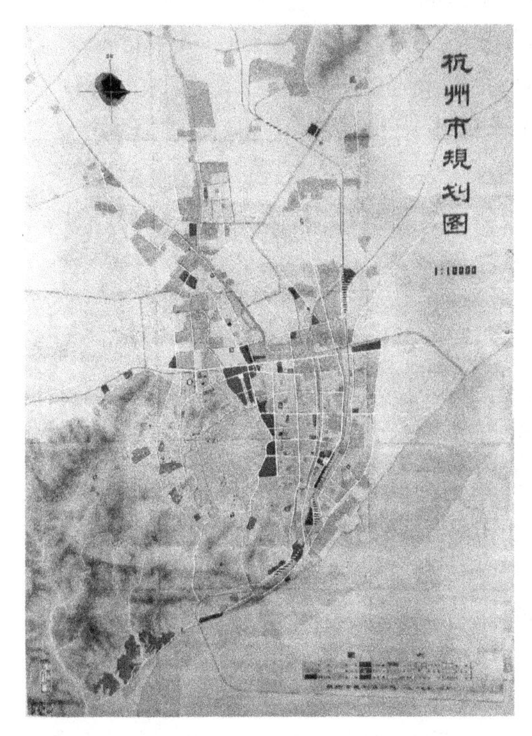

图 5-5　1964年杭州城市总体规划

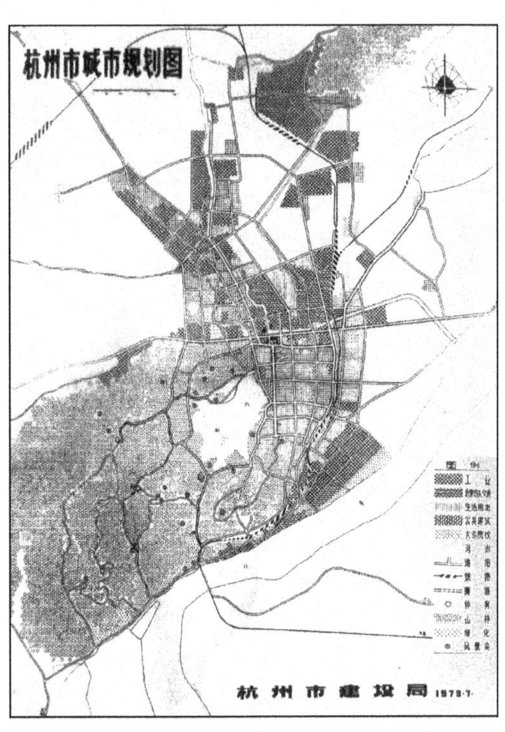

图 5-6　1973年杭州城市总体规划图

5.1.3　利弊两生：1980 年代以来西湖东岸城市滨湖空间的发展

改革开放以来，杭州制定了 4 次城市总体规划，分别为《杭州市城市总体规划(1980—2000年)》(1983年得到国务院核准批复，以下简称“1983年总规”)，伴随1996年和2001年两次市区行政范围扩大制定的《杭州市城市总体规划(1996—2010年)》年及《杭州市城市总体规划(2001—2020年)》(以下简称“1996年总规”“2007年总规”和“2016年总规”)[4]。历年总规最大的变化来自于规划对象——杭州市，自1996年始，杭州将周边小城镇逐步纳入市域范围，市域面积从1983年的682.85 km^2

到1996年的 890 km^2，再至2001年的3 068 km^2，市域的扩大和城市经济发展的需要，使原有的城市空间结构发生了重大转向，空间发展策略从以西湖古城为中心的团块发展，调整为以钱塘江为发展轴线(参见图 2-14)，在“2007年总规”批复中确定了“一主三副六组团”的新的城市格局，即：从以古城为核心的团块状布局，转变为以钱塘江为轴线的跨江、沿江，网络化组团式布局，形成“一主三副、双心双轴、六大组团、六条生态带”开放式空间结构模式。从此杭州市城市的发展由“西湖时代”走向“钱塘江时代”，对西湖滨水空间的规划关键词从“发展”转向了“控制”。

1982年，西湖入选首批国家级风景名胜区，1983年，杭州被定为第一批历史文化名城和全国重点风景旅游城市，“1983年总规”制定的导向之一就是保护西湖风景，相关的《杭州园林绿化规划》《杭州风景名胜区保护管理条例》等专项规划作为附件成为该版城市总体规划的一部分。对于与城市之间相接的西湖湖滨地区，“1983年总规”具体指出：湖滨地区建筑层数和高度应受到严格控制，建筑层数应以3～4 层为主，不超过 5 层，建筑密度不得超过 20%，在湖滨地区向东，划定 3 个不同等级的限高带。然而，在整个 1980—1990 年代，规划对于湖滨空间的控制并没有得到严格执行，实际的建设项目屡屡突破规划要求，引发业界及大众对滨湖景观是利用开发为主还是保护控制为主的大讨论。业内人士频频在学术及大众媒体发文，表达自己对杭州滨湖空间现状发展的疑虑和须严格遵守规划控制的呼吁。1986年建筑学报上刊登《西湖高层建筑破坏西湖景观》(余森文)一文，直接批判新的湖滨建筑不顾城市规划管理控制条例，在体量、尺度、色彩上直接影响西湖景观；《西湖环湖景域范围内不宜建造高层建筑》(宋云鹤)一文，列举 8 条理由反对西湖东岸的高层建筑建设风潮，作者富有远见地预测到高层建筑的引入，会给本就已人车稠密的湖滨地段带来更大的交通压力，而且这些高层建筑多为高级宾馆，势必将造成滨湖空间可达性的问题，减少了公共空间规划设计的余地；1993年城市规划学会的年会上，以吴良镛、董鉴泓等为首共 105 名学者共同签名呼吁书《吁请制止在杭州西湖边上盲目建设高层建筑》，并全文刊发于《城市规划》杂志。学界对西湖东岸城市无序发展的激烈反对，反映了改革开放初期，社会各界包括地方政府在滨湖空间的发展方向上尚未明确，在保护和发展之间摇摆，所幸倾向于保护城-湖景观特色的相关研究和城市设计在 1990 年代末相继完成，使西湖东岸的城市建设能相对克制地发展，湖滨的滨水公共空间虽差强人意，但也成为城市公共开放空间的重要节点。

对于西湖东岸城市建设取向的激烈争论，使制订更为有效的规划控制手段变得迫切，在此背景下，1990年杭州市规划设计研究院编制了《杭州市空域规划研究》。在该规划研究中，提出城市建设区与自然风景区之间过渡带的理念，认为西

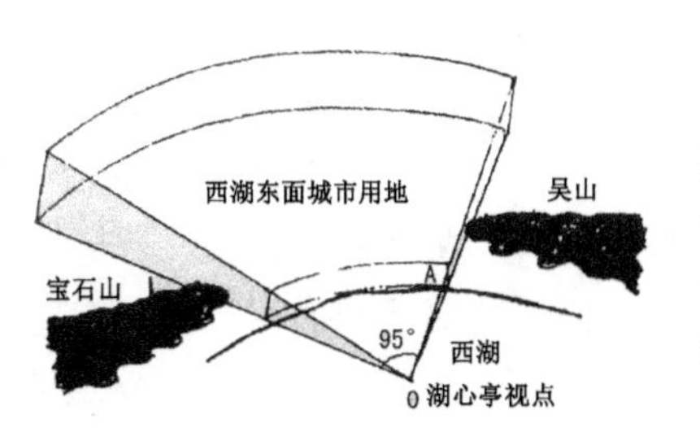

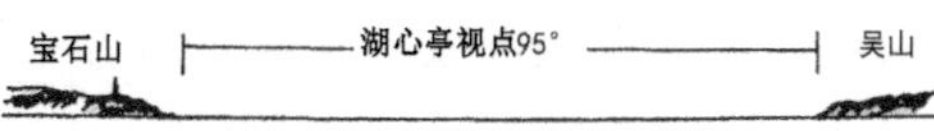

图 5-7 1990年杭州空域规划研究中的景观分析方法

1910—1920年西湖北望图

1992年平湖秋月视点

2002年平湖秋月视点

2006年平湖秋月视点

图 5-8 湖东城市天际线的变化

湖沿岸城市建设区应规划视线廊道，有利于西湖景观向城市腹地的渗透，这种观点无疑有益于城市滨水公共空间发展。该研究采用“透视计算”为基础的景观分析方法，即以湖心亭为主要视点，建立面向西湖东北、正东、东南3个方向的城市轮廓线和视觉量模型，对拟建项目采用照片合成和透视分析法，提出评价意见。该研究对城市湖东景观控制方法主要归结为两条高度控制线：湖滨近湖的建筑物不应超过沿湖行道树轮廓线，而远湖建筑不应超过宝石山和吴山的山脊线。这项空域研究虽然没有形成法定规划，但被实际运用至城市建设的控制管理实践中，湖滨重要地段的新建建筑进行视觉模拟分析成为规划局在发放建筑许可证的必要条件。不过由于数据和概念（如近湖地区、远湖地区）的划分、参量基准的树木高度都不明确，因此在1990年代西湖东岸整体城市发展规模并未得到较好把控，形成了当今西湖景观“只能看山，不宜望城”的症结（图5-7，5-8）。

1990年杭州空域的研究成果到1996年终于成为了法定规划内容。在1996年的杭州市总体规划中，湖滨地区空域的限高从1983年总规中相对有弹性的建筑层数变为严格的高度单位，从湖滨向城市内陆，分别设定15～20 m、30～45 m、40～75 m几个限高区域（图5-9）。而1996年的湖滨地区控制性详细规划中，相较1990年的空域研究使用了更为复杂的视觉分析，将分析视点由一个扩展为3个（湖心亭为主，锦带桥和三潭印月为辅），叠加分析湖滨区域内各地块对视点影响程度的高低，并将分析的结果反映到规划中，进行分区限高。2000年，杭州市政府开始启动西湖申报世界遗产的工作，由此开展了一系列工程和规划设计工作，同时《杭州市历史文化名城保护规划》《西湖风景名胜区总体规划（2002—2020年）》相继出台，随后西湖综合保护工程、西湖西进工程、湖滨隧道工程、新湖滨改造、西湖东岸景观规划、新湖滨商业街规划等，与湖滨滨水空间密切相关的工程和规划设计密集地在21世纪初期出台。西湖东岸城市公共空间在观感上快速发展的同时，受到了更加严格和科学的控制，数字模拟景观分析技术广泛应用到西湖景观分析中。按照《杭州西湖文化景观保护管理规划》要求，在2011年《杭州市西湖东岸景观控制规划》中，景观监控视点由1996年“控规”中要求的3个，发展为3级[5]共20个，其中3个俯瞰、17个平视，并充分发挥虚拟现实技术，在静态视点的基础上提出沿苏堤、白堤和湖上3条动态视带，可动态连续地对某一区域或建筑进行观测。

图5-9　通过模型分析西湖东岸建筑高度

《西湖风景名胜区总体规划(2002—2020年)》中以西湖为核心划定了14.6 km^2的核心保护区,湖东的滨水公共空间大部分位于其中。核心保护区将按照世界文化遗产的要求进行保护,包含空间环境、题名景观、历史文化遗存、自然山水及其精神价值和审美特征、各类水体及动植物资源等。总之,科学地保护西湖的文化景观,理性地控制城-湖联结地带的发展,成为21世纪以来,西湖滨水空间规划设计的要点。

从“1983年总规”中对湖东建设笼统地限制层数,到1990年代的通过单个视点计算限高,再到2011年后的通过建立西湖及周边地区环境、城市建筑的数字模型,对待建建筑进行准确预测,并成为城市景观规划管理中的决策依据。可以看到,从改革开放初期到当今,湖滨城市空间形态的控制策略循序渐进,从粗放模糊走向了精准规范。在控制过程中,当代湖东的滨水公共空间也渐渐定型:各项相关规划均延续1990年杭州空域规划研究中,对西湖东岸滨水开放空间的定位,即是西湖和城市的过渡地带,并倾向于将西湖东岸的滨水公共空间与城市腹地通过各种形式加以联系,加强西湖景观对城市的渗透,因此湖东滨水开放空间在历次东岸景观提升工程中不仅尺度和规模大幅增加,空间环境质量也得到高度把控,绿化、环境小品都经过细致的考虑,但同时也显现出规划之初未曾预料和预防的问题,呈现利弊两生的局面。首先,虽然各级规划对西湖东岸景观有较高关注度,但控制条款主要集中在临湖开放空间的容量、绿化数量以及临湖建筑的高度上,对临湖建筑的体量、功能、色彩等对城市外部公共空间影响同样重要的要素和临湖外部空间本身与城市交通的连接,以及人在其中的活动内容没有太多管控和引导。直至2008年的湖滨城市规划单元的“控规”中,对于新建或改造建筑的高度,才提及“需要考虑建筑高度与周围开放公共空间的关系,即在整体满足分区限高前提下,改造区块周边重要开放空间的,建筑作为围合界面,建筑高度必须与开放空间具有良好的尺度关系”,但如何衡量“良好的尺度关系”呢?这一点并未明确,这种停留在定性阶段的管理规定与初期规划中的限高条款何其相似,对实际建设项目的约束是有限的。另外,日趋严格的建设量控制以及政府实际操作中“以地养湖”的策略使得湖滨土地愈发寸土寸金,必然引发临湖空间“绅士化”倾向,及与之关联的人流与车流在湖滨地段交错打结难以疏导的交通问题。

综上所述,西湖东岸的滨水空间伴随着千余年杭州城市的发展,通过漫长的历史演变从自然园林渐渐过渡为人文景观,当代在城市经济发展和人文景观保护存在矛盾和竞争的境况下,选择一条以保护为目标的一系列规划控制下法制化、精细化的管理之路,这是建制化的现代城市管理中,对城市空间进行专业控制的结果,但完全的统一化、专业化管理,仍无法避免文中提及的利弊两生的局面。目前湖东临湖地带的建设已基本尘埃落定,但在其规划建设历史中市民活动、城市、自然三者关系的演化，十分值得城市其他滨水地段借鉴。

5.2 杭州市区河道城市滨水公共空间相关规划的解读与评述

5.2.1 运输动脉：近代以前以治河为主的河道维护管理

古代，京杭大运河主要功能为漕运，其次为灌溉、商运。所谓漕运，为朝廷所需物资的货运，而“国之大事在漕，漕运之务在河”[6]。大运河的管理不仅关系着地方的交通和农业灌溉，而且有着保障国家统一和安全，促进经济发展和文化交流的崇高地位，因此其开凿建设、水源闸坝管理以及河道维护等方面都备受朝廷关注，这当然也成为地方政府施政的主要内容之一。鉴于近代城市的公共空间更多的是沿袭历史或民众自发形成，并未有专项规划，因此本节主要关注关于河道本身的管理文件以及由此带来河岸空间的相关变化。

古代杭州的运河主要可分为两部分：城外运河和城内运河，城外运河除了京杭大运河外还有上塘河、余杭塘河、龙山河以及一些辅助水道，而城内运河主要指盐桥河（中河）和东河。古代杭州的运河与钱塘江相通，由于潮汐的影响，水中的泥沙易在河床中沉淀淤积，每隔数年，就需进行河道疏浚、闸坝改良和桥梁码头维护，这些河务水工成为地方政务的常规内容，同时以文字资料保留在浙江多部“历史河道记”及“水道图说”中，较为著名的文本有北宋苏轼《申三省起请开湖六条状》、张澄《请开河奏》、元代苏天爵《浚治杭州河渠记》、明代沈守正《运河议略》、清代邵远平《浚河记》、富勒浑《重浚会城各河记》、赵士麟《浚河述略》等。从这些历史文献和相关书籍中，可以明确三点：

其一，河道及河道两岸空间的管理和维护是杭州地方最重要的日常政务之一，且有专职部门管理。流传至今的较详细的关于杭州运河疏浚过程、方法和管理的文章几乎均为地方最高长官书写而成，且早在唐代，运河被称为官河，有盐铁使统一管理；五代吴越国时期，杭州设置了都水使者、开江营等专职机构和专职队伍专司管理运河河道；南宋，由于临安为首都，朝廷指定浙西运河由两浙路厢军负责；明代，运河的管理分为定期大修、常规维修两种，有沿线军卫、有司划地分修，定期大修又分为岁修和大挑，前者规模较小，系为漕运准备，后者则2～3年1次；清初，由于皇帝多次南巡，运河的河务及沿线馆驿的修筑自是地方政府的首要事务，至清朝中后期道光以后，政府才逐渐疏于河工（图5-10）。

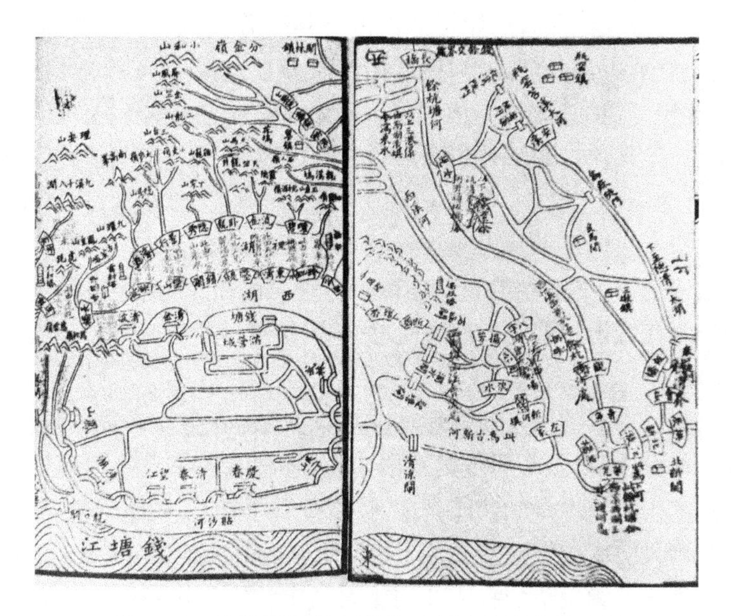

图 5-10　晚清钱塘县水道图：古城内外密布的水道

其二，河道的维护是以法令法规的形式运作，并以此作为征税、罚款的依据。北宋年间，城内盐桥运河的兴旺使得市民纷纷毗水而居，并出现类似于侵街的侵占河道现象，从而使运河日益狭窄。为防止沿岸住户侵占河道和纤道，提点刑狱司官员元积中在岸边立碑记下运河两岸的纤道宽度，但二十余年后，苏轼出任知州时，两岸居户又复侵占纤道，盖屋数千间，并于屋外别作纤路，以至河道日就浅窄。苏轼奏请"（将之）准法据理，合并拆除。本州方行相度，而人户相率经州，乞遽逐人家后丈尺，各作本岸，以护河堤，仍据所侵用地，量出赁钱，官为桩管，准备修补木岸，乞免拆除屋舍。本州已依法施行去讫，今来起请应占纤路人家所出赁钱，并送通制厅收管，准备修补河岸，不得别将支用。如违，并科违制"[7]。南宋绍兴四年（1134年），大理寺立法严禁居民向河道内抛掷垃圾，"辄将粪土瓦砾等抛入新开运河者，杖八十科断"，并令在城都监需经常加以巡查，"如有违戾，许临安府依法施行"[8]。

其三，鉴于运河最主要的功能是运输，运河两岸最普遍和常见的公共建筑和公共空间都和水运水工有着密切的关联，如桥梁、纤道、码头仓库及其伴生的商业市集，其中不少空间的功能和构筑形式在当代已经消失或转化。如古时桥梁是河道和暗渎交汇的标识物，每每河道疏浚，桥梁也会得到相应修葺；纤道，在明以前，大运河通过城内运河盐桥河（今中河）、东河与钱塘江沟通，河道的运载量巨大，需要纤引而行，因此河道两岸均有纤道，而明末大运河已不通钱塘江，城内运河只通行小舟,纤道也不再是必要的,房屋逐渐侵占公共纤道,形成了明清城内河道常见的两岸河房的空间形态,而城外运河由于始终有大量运载量,至1940年代依旧保留河岸两旁有临岸纤道的形态。运河带来的物流和人流也促使码头成为运河两岸的重要公共节点,尤其在古城城外的北部和南部,即京杭大运河与城内运河的接驳段以及运河与钱塘江的接驳段,自南宋起就有北关、半道红、湖墅、江涨桥、江干等码头,而这些码头又逐渐发展为繁华市镇,至清代已形成北郭市、归锦桥市、湖州市、江涨桥市、松木场市、夹城巷市和宝善桥市等著名的市镇,这些市镇主要由民众自发产生,而当现代城市发展向外蔓延时,这些沿河市镇就成为城市建设和人口蔓延的方向和支点。

由以上分析可见,古代运河管理在杭州城市政务中处于较高的地位,河道自身的状态及两岸的空间形态由河道的功能定位、管理者的意向及滨河居民的使用三方共同塑造,其中河道本身的功能是运河及两岸空间持续发展千余年的基础,正是由于漕运的重要性,城市管理者才给予运河足够的关注度,并投入了大量的财力人力进行维护,如此持续大量的投入相当于对城市特定区域不停地进行基础设施投资,这种政府行为以及该地段本身特殊的功能性,必然会吸引人们逐水而居,人群的汇聚又反过来强化运河的运输和商业功能,使其两岸空间得到更进一步的发展,而古代的城市滨水公共空间正是在两岸土地得到实际利用的前提下,衍生出的一些公共功能性空间,如纤道、码头、桥梁、商业街市等。

清朝咸丰三年(1853年)由于黄河在铜瓦厢决口北徙,安山以北运河遂涸,同治年间,漕粮改以海运为主,仅十分之一为河运,至光绪二十七年(1901年),漕粮全部改折,漕运停办,这直接影响了运河的浚治及两岸空间的管理。民国时期,杭州城内外运河已不与钱塘江相通,城内河流舟楫已无出江入河之利,城市南部的商业市集衰败,而北部城外运河由于是京杭大运河的端点,仍得到一定的修整。1950年代后,功能、区位的不同、交通工具的更迭以及现代城市管理的介入,使古城内的河道与城外北部大运河的现代发展方向颇为不同。城外运河由于其码头和运输之便,以及江南地区水网地带水运与商业长久交融的历史,其航道依旧繁忙,两岸滨水空间朝着现代工业区方向发展,在当代城市土地退二进三的过程中进化为工业遗产走廊,而城内运河由于疏浚不利,仅通小舟,甚至不通舟楫而渐渐与城市经济发展脱离,境况日益衰败,部分被填埋,而保留的部分则在当代城市绿化建设的大潮中成为滨水绿化景观带。

5.2.2 滨水绿廊的形成:内河河道滨水公共空间的转换

作为典型的江南水乡城市,河道在杭州的社会发展和城市生活中的地位举足轻重，以至于城市河流一直是杭州古代舆图的重要标绘对象。清末的《浙江省城图(1892)》，杭州古城由东往西尚有贴沙河(护城河)、东河、中河、新横河、小河、浣纱河、运司河、涌金河等大小数十条河流。而城外，尤其是城市的西北，直至1980年代仍是圩田密布、水道纵横的湿地景象。如今，古城范围内仅存贴沙河、东河、中河，城西北处的湿地已成为城市建设区，存有古荡、白荡海等古地名和数条规整渠化过的河流。在近百年的城市建设中，古城及其周边地表河流的长度和水域面积锐减，主城水域的减少有两个高频时期，一个是1920—1950年代，另一个是1990年代至本世纪初，而后一次的水域面积减少还伴随着滨水公共空间主导类型的快速转换。这两个城市河道剧烈变化期，不仅对应着彼时城市建设的高峰期，也对应着特定城市规划和城市设计理念的传播和接受过程，这不能视为简单的巧合，前一时期以道路建设为途径的城市现代化进程和后一时期以绿化建设为基础的城市美化运动及景观数字化管理，成为两个时期城市内河滨水空间变化最突出的背景因素。

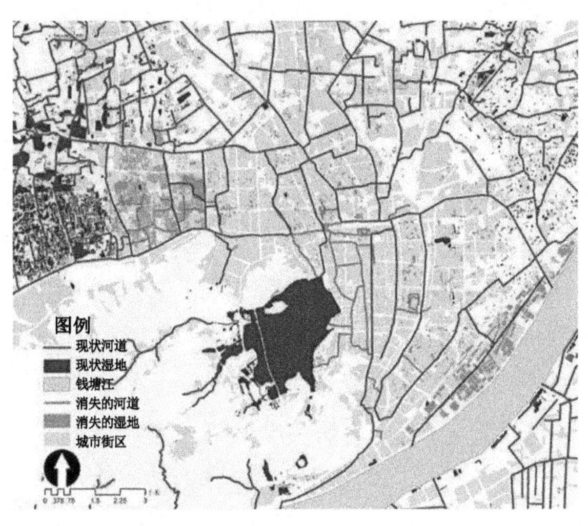

(数据截至2012年)

图 5-11　当代城市建设过程中消失的湿地和河道

(参阅书后彩页)

清朝末期，中国已有一些城市开展专业的城市规划编制工作，这些规划项目主要发生在鸦片战争后西方国家在中国设立的租界内，这些租界地的规划均采用了西方城市的模式，即以棋盘式或放射式的道路网来布局城市空间，租界内整齐宽敞的街道、较完善的市政设施与当时中国传统城区道路狭窄、基础设施落后的景况形成鲜明对比，使中国社会开始接受并认同西方城市规划科学。民国时期，时任“中华民国”国都处处长的林逸民将城市规划表述为都市计划，即用科学的方法指导城市中的物质建设，而先后主持广州古城区改造和南京《首都计划》的孙科认为都市计划“其目的不外利用科学知识，计划新都市之建设，既对于现在之都市，使之日渐改良而臻于完善之境，成为较便利、较健康、较省费而节劳，较壮丽而美观”[9]。专业的都市计划成为当时城市科学、理性发展的代名词，伴随着这一特定认知的发展，城市空间的管理呈现制度化。

与上海、南京等城市类似，杭州在民国时期国民政府成立后，建立了专司城市建设管理的部门，吸纳留洋的技术人才，采用现代城市规划管理思路进行城市建设。1913年，浙江警察厅设工务处，专司杭城市政、园林建设，并主导了湖滨“新市场”的拆建工作。1925年警察厅工务处扩立为浙江省会工程局，1927年工程局又改组为杭州市工务局[10]。在1937年出版的《杭州市政府十周年纪念特刊》中，“十年来之工务”一文总结了城市工务局十年的工作，说明城市规划设计的操作程序和城市分区状况，涉及道路、公园建设、名胜古迹、公共建筑、桥梁水闸、浚湖、河道、公墓、树艺(园艺)等多项市政建设内容。这说明专业化的城市规划和空间控制已经深入到城市空间的各个方面，当然也包括了城市河道的滨水空间。文中对未来城市道路和水道计划如下：“城区道路计划杭州市城区之建设，已具有余年历史，各项建筑，无论房屋街道桥梁等，均不适合于时代，以既成之事实，谋所以改革之方，设计至为困难，几经修改，始决定，大致就原有道路，视其交通情形，分干道支路，拟定适宜之宽度……各河道之无关水利者，均填平作路，其应行保存者，则于河岸开辟道路，以利水陆运输，与保持河身之清洁”[11]。与中国大部分传统城市一样，近代杭州的城市现代化改造是以古城的路网改良为起点，道路建设是当时城市建设的第一要务，城内河道由于交通工具的迭代在交通功能上已是鸡肋，若是没有水利功能，再加上卫生状况不佳，最直接和经济的做法就是填埋为道路。在这样的规划思路下，运司河、涌金河、三桥址河、小河南段、东浣纱河先后被填埋，成为了劳动路、涌金路、定安路、光复路和浣纱路北段，河上的桥梁也一并拆除。这种填河筑路或使之成为建设用地的做法持续了很长一段时间，1950 年代，官沟、里横河西段、西小河先后被填埋，1970 年代，浣纱河的剩余部分也被盖板成为地下暗渠。从 1910—1980 年代前，纵横的河道被视为高效路网建设中的障碍，在当时的城市更新和建设理念中，河道只要没有水利和运输功能，但填无妨，致使古城范围内的河道缩短过半，其他没有填埋的河道，多数状况不佳，如古城内的中、东河在两岸人口剧增的背景下，水质恶化，虽然仍有运输功能，但河道狭窄，公共环境质量低下。

1980 年代，改革开放政策实行后，杭州城市建设迎来新的发展阶段，“1983年总规”中就已提及中、东河的整治及其地段的古城改造问题，在规划用地中，在东河及京杭运河沿岸设置了一定宽度的园林绿化用地，显示出当时规划者对滨河地段古城改造和城市更新的基本思路，即保持河流两岸一定宽度的土地作为绿化用地，同时解决城区绿化面积不足和滨河岸际的公共性问题，从而改善滨河地段的人居环境。国务院对此规划批复指出：“杭州的城市建设要保持城市特色和地方的建筑风格，要有计划有步骤地改造古城、改善居住条件、大力加强城市绿化工作……中

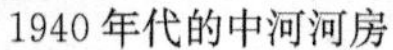

1940 年代的中河河房

1990 年代初的中河路空间

图 5-12 不同时期中河两岸形态比较

河、东河综合治理工程，要认真研究河道形式、道路断面布置、街道内容和建筑尺度，作多方案比较，使新的建设与历史文化名城风貌相协调”[12]。在上位规划已基本确定中、东河整治方案方向的背景下，1982年 8 月杭州市人民政府作出《关于中、东河综合治理工程的决定》，中、东河开始大规模治理。

图 5-13 1990 年代末中河高架桥建成后的中河

1983年工程正式开始，治理中河自凤山桥至新横河桥6. 1 km，东河自斗富一桥至滚水坝4. 13 km 的河道，治理的主要相关内容不仅包含河道清淤、河水污染遏制、桥梁维修、河岸绿化工程，同时还包含沿岸居民拆迁、中河路的拓宽修建、沿岸建筑整治等，是彼时杭州自新中国建立以来最大的综合性城市建设项目[13]。工程历时 5 年，河体清淤，河岸保持原状并砌勘，沿岸居民、单位大量拆迁，两岸河房形态基本消失，沿河两岸埋设污水截流管道，并利用埋设管道的位置建设条带形的绿化。这项大型的综合工程彻底改变了中、东河延续数百年的滨河景观，滨河河房以及以街道为主的滨水公共空间消失，河道不再与城市建筑和街区相互依存。中河成为中河路道路绿化隔离带的一部分，而东河及其两岸绿地则成为城市绿化的重要组成。整治后，中河两岸绿地6. 92 ha，东河两岸绿地10. 28 ha，如此大量的古城拆迁和新建绿化工程，也是近年来广受诟病的“大规模拆迁、大手笔泼绿”中国式城市美化运动的主要特征。即便如此，1980 年代中、东河的整治及其后几次的东河景观提升工程，依旧受到市民的正面评价和土地市场的高度认可(图 5-12，图 5-13)。

中、东河综合整治，尤其是东河沿岸带形绿地的建设，可以看做其后大量类似的滨河公共空间规划设计方案的范本，虽然古城内的河道被填埋过半，但城区的不断扩大使得杭州主城内依旧拥有大量河道，这些在过往依据不同功能定位，有着不同滨河空间形态的河道，在当代数轮河道整治中渐渐形成当下统一的滨水绿带的形态。1996年，杭州市人民代表大会通过了《关于加快杭州市区河道综合整治的决议》，开始实施以水体治理为主的河道整治，主要进行的是拆迁、清淤、截污、绿化等工作，处于河道整治的治污导向阶段。2003年市人民代表大会通过《关于实施引水入城工程加快城区河道整治的决议》，河道整治开始将治污与景观设计结合，并着手维修和保护古桥。2004年，杭州启动了沿山河、余杭塘河等河道的整治工程，提出生态保护和生态修复概念，在河岸植物配置时更多运用原生态的水生和本土植物品种。经过这三轮大规模的河道整治后，主城区的河流水环境恶化的趋势得到根本扭转。

2007年，在杭州市提出了从"五水并存"向"五水共导"的发展战略背景下，杭州设立"杭州市市区河道整治建设中心"这一专门行政机构，通过《杭州城区水系综合整治与保护开发规划》，对杭州市区绕城公路范围以内的，包括上泗地区与下沙大部分地区的河道做出统筹安排。该规划将杭州市城区水系的空间结构归纳为："江河为轴、湖溪为核、五片三级、互联成网"[14]，并以杭州城市总体规划为指导，以江、河、湖、溪、海等水系为基础，以水环境功能区划为依据，以确保城市防洪排涝安全为前提，深入挖掘杭州城市水系的历史文化底蕴，多功能开发城市水岸，提出"水安全保证、水循环正常、水生态良好、水文化丰富、水景观优美、水经济繁荣" 的总体目标。同年，"市区河道综合整治与保护开发工程"正式启动，计划分 4 个等级对绕城公路以内 930 km^2范围中的河道进行综合整治，该项工程的具体内容和相关规划一直在持续更新，每年的工作计划里包含河道清淤、河岸绿化、岸际慢行空间贯通、沿岸土地违章建筑拆除等，河道及滨河公共开放空间的建设和维护已经成为当代杭州城市管理的一项长期内容(表 5-1)。

从 1990 年代至 21 世纪初期，滨河公共空间的相关规划内容主要围绕两点，其一为河道水体、驳岸及闸坝的整治，其二为滨河的绿化景观设计。而其余重要内容如滨河公共空间自身系统化、网络化设计，其与城市街区、建筑、使用者的互动关系，其功能和形态多样性的探讨以及河道文化的挖掘再现等，这些常见的开放空间的设计方向，却极少在相关规划和研究专题中出现，水体改善的程度和岸际绿化的数量这两个可以用数据量化的指标，成为杭州滨河岸际土地公共空间化初期单一的价值取向标准。水体改善是滨水空间开发的基础，无疑是城市河道空间优化设计的普遍内容，但对滨河绿化指标的重视则是杭州相关城市设计与众不同的地方，

表 5-1　杭州河道综合整治与保护开发的历程

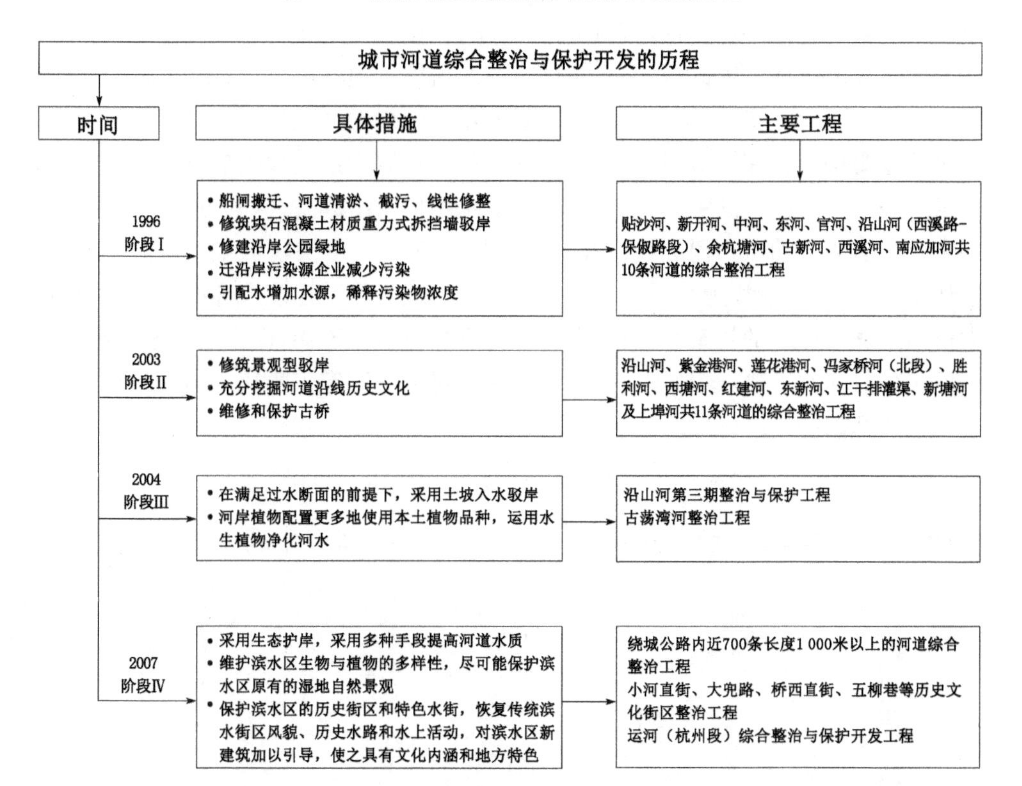

城市河道综合整治与保护开发的历程

时间	具体措施	主要工程
1996 阶段Ⅰ	• 船闸搬迁、河道清淤、截污、线性修整 • 修筑块石混凝土材质重力式拆挡墙驳岸 • 修建沿岸公园绿地 • 迁沿岸污染源企业减少污染 • 引配水增加水源，稀释污染物浓度	贴沙河、新开河、中河、东河、官河、沿山河（西溪路-保俶路段）、余杭塘河、古新河、西溪河、南应加河共10条河道的综合整治工程
2003 阶段Ⅱ	• 修筑景观型驳岸 • 充分挖掘河道沿线历史文化 • 维修和保护古桥	沿山河、紫金港河、莲花港河、冯家桥河（北段）、胜利河、西塘河、红建河、东新河、江干排灌渠、新塘河及上埠河共11条河道的综合整治工程
2004 阶段Ⅲ	• 在满足过水断面的前提下，采用土坡入水驳岸 • 河岸植物配置更多地使用本土植物品种，运用水生植物净化河水	沿山河第三期整治与保护工程 古荡湾河整治工程
2007 阶段Ⅳ	• 采用生态护岸，采用多种手段提高河道水质 • 维护滨水区生物与植物的多样性，尽可能保护滨水区原有的湿地自然景观 • 保护滨水区的历史街区和特色水街，恢复传统滨水街区风貌、历史水路和水上活动，对滨水区新建筑加以引导，使之具有文化内涵和地方特色	绕城公路内近700条长度1 000米以上的河道综合整治工程 小河直街、大兜路、桥西直街、五柳巷等历史文化街区整治工程 运河（杭州段）综合整治与保护开发工程

笔者认为这与绿化指标在城市规划中日渐受到重视以及杭州城区绿化的特点相关。我国第一部城市规划技术法规《城市用地分类与规划建设用地标准》于1991年3月1日起在全国施行，标准中要求城市绿地的规划指标不低于9 m^2/人，并在近20年内，将绿地率提高到30%～40%为宜。而根据1997年的统计数据显示，杭州的绿地覆盖率仅为19.4%，是当时全国12个园林城市中唯一一个低于全国平均水平(25.53%)的城市，更远低于园林城市的平均水平(36.07%)[15]。在绿化总量不足的同时，绿化用地分布也极不均衡，主城区内的公共绿地84.4%集中在西湖风景区，至2000年市域面积扩张，整体绿地覆盖率上升，但位于主城区内的几个区仍是人均绿地量不足，而对主城内滨河空间蓝线、绿线的规划控制恰恰可以改善这种状况，因此，伴随着古城改造和城区扩张，杭州2000年后的城市绿地规划充分利用了滨水公共空间规划建设滨水绿廊，形成城市绿地增量。

《杭州市城市绿地系统规划》[16]对绿化分布的设置从根本上影响了当代滨水公共空间的发展趋向。表5-2对杭州主城的绿地数据统计显示，2001—2006年城市绿地增量以 G1 公园绿地和 G3 防护绿地为主，其中公园绿地这项除西湖区由于整体是风景名胜区外，增量以带状公园、街旁绿地为主，而市区内带状绿地的主体构成就是滨河绿地。因此自 1990 年代末的河道综合整治以来，为了缓解城区绿地不足和分布不均的状况，杭州规划和建设大量滨河绿地，使之成为主城区绿化用地增量的主要构成。在绿地系统规划的指引下，滨水绿廊系统性生成，这不仅改变城市滨水公共空间原有的主导类型，重构了滨水用地的组成方式，同时也改变了明清以来以河房为主的城市河际线。在当代古城更新及城市快速扩张前，杭州城内众多住宅、工厂和商业用地均是以河岸线为用地红线甚至是建筑边界线，而当代市区大量河道滨河绿线的划定，使滨河街区与河道不再直接连接，而是通过带状绿地这一滨水公共空间连接，这种滨河绿廊的空间构想直接奠定了当代滨河用地公共化、景观化的基础（图 5-14）。

表 5-2 杭州主城绿地数据统计(2001—2006)[17]

2001年与2006年各类绿地指标对比分析

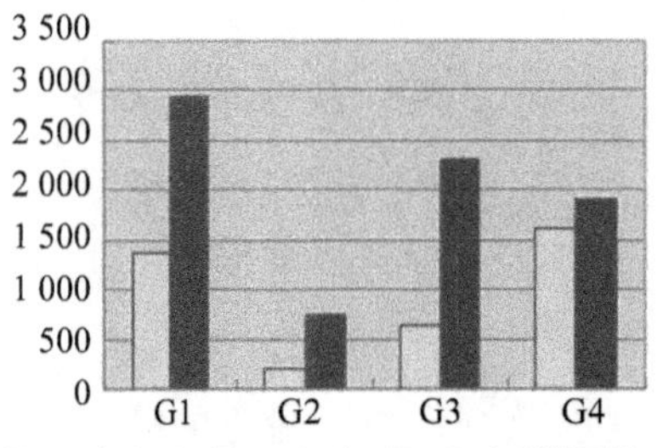

□2001年绿地面积（公顷）■2006年绿地面积（公顷）

主城区公园绿地统计表（公顷）

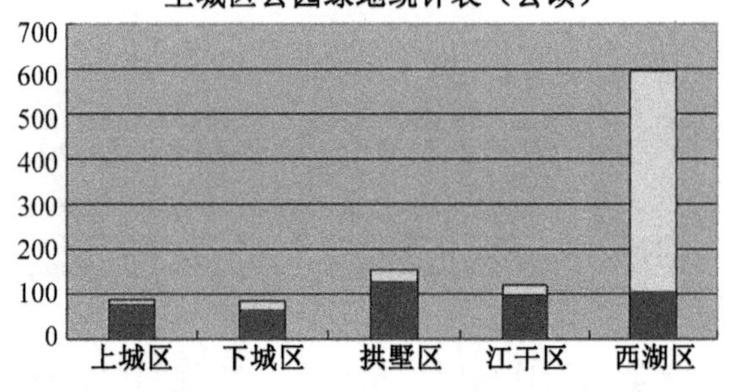

■带状公园、街旁绿地 □其他公园绿地

图 5-14 当代滨河绿带改变了传统的河际线

绿化规划不仅明确了滨河公共空间的用地性质，同时通过建设控制指引来具体影响滨河公共绿带的空间形态和内容，比如规划中提到关于滨水绿廊建设控制指引的4项内容：

（1）构成滨水绿廊体系的河流两侧绿带控制宽度原则上在现状非建成区内为60 m，现状建成区内为30 m。

（2）位于河道保护控制线内的土地，将作永久性保护和限制开发，不允许建设新的建筑物，原建筑物尽量逐步迁出。

（3）河流经过建成区地区应尽量结合自然的河岸线，采用生态设计手法，规划设计沿河带状公园，为市民提供游憩场所，塑造城市的亲水公共空间。

（4）坚持生态治河的理念。河流的河岸改造和治理采用非硬地化改造方式，并尽量维持自然原型驳岸，建设生态护坡，通过种植大量喜水特性的植物，用其发达的根系保护河堤，稳固河床，达到生态治河的目的。

这4条控制条款将滨水公共绿化带的尺度、建筑、功能、驳岸形式都限定在一个确定的范围内，虽然该规划中只针对市区内37条主要的大型滨水绿廊，但示范效应明显，现状市区内近300条大小河流只要场地条件许可，基本按照河道加带状绿带的形式加以整治改造，只是绿化宽度稍小，基本控制在单侧15～20 m。

在城市滨河绿带建设规模性展开并富有成效的基础上，基于滨河公共绿带的生态、休闲、文化功能开始被提上规划议程。2008年北京大学俞孔坚带领团队进行杭州水系景观规划的专项研究，提出应以生态服务为标准，对水系统进行梳理与定位，其规划策略为：从宏观上通过研究城市水系统，及其与生物栖息地系统、文化遗产系统、游憩系统的关系，构建区域生态基础设施，形成以水系为骨架的网络格局，实现水系统的生态健康与安全；中观上将生态系统服务具体落实到各条河流廊道，明确各条河道的功能定位，并筛选出主导功能；微观上针对主导功能相同的每类河道，结合滨水空间土地利用方式进一步系统分类，并以生态恢复与生态设计为原则，制订各种类型河道的设计导则。最终期望居民的生活与休闲、植被的生长与演替、动物的栖息与繁衍重归河畔，实现人-水关系的和谐。该项研究对滨水公共空间影响最深刻之处在于其触及综合廊道的概念。

廊道包含了河道及河漫滩、河岸植被、洪泛区、湿地、历史文化资源等具有不同价值的沿河土地，它不仅仅是城市绿化，还有着复杂多样的生态系统服务功能。研究根据河流廊道的主导功能，将杭州市内的河流划分为遗产廊道、生态廊道、游憩廊道，并根据廊道功能的划分、城市发展规划和具体滨河土地的利用方式，制订出不同类型滨水景观的设计导则。该项水系景观的研究最终并没有直接参与滨水公共景观的控制和设计，而是作为一种策略咨询，为其后的出台的《杭州市区河道景观体系规划》提供了方向。被杭州市河道整治建设中心用作实际控制管理规划的《杭州市区河道景观体系规划》延续部分上述研究中河流廊道的概念，对市内河道划分类型和级别提出整治内容，并根据实地的调研和使用者评价分析，提出了增强河道破碎化景观的连续度，实现“五水”联运，贯通河道绿带，建立游憩网络，建立滨水慢行系统和水上旅游、航运系统等现实的规划建议，这些规划内容在河道中心近年的工作中渐渐得到实现，并得到市民的广泛好评[18]（表 5-3）。

表 5-3 21 世纪以来对滨河公共空间影响较大的规划项目列表

时间(年)	规 划 名 称	规 划 层 次
2001	杭州市绿地系统规划(2001—2020)	战略性规划
2002	杭州生态市建设规划	战略性规划
2002	杭州市河道整治规划报告	规划控制管理
2001	杭州市城市总体规划(2001—2020)	战略性规划
2007	杭州城区水系综合整治与保护开发规划	规划控制管理
2007	杭州市区河道长效管理规划	规划控制管理
2007	上塘河(示范段) 综合整治与保护开发概念规划	实施性规划
2007	杭州市绿地系统规划修编(2007—2020)	战略性规划
2007	杭州市河道交通航运规划(2007—2020)	规划控制管理
2008	杭州水系景观规划研究	规划控制管理
2008	杭州市公共开放空间规划	规划控制管理
2008	杭州市区河道景观体系规划	实施性规划
2010	杭州主城区和下沙城河网水系规划	规划控制管理
2011	杭州古城水系保护利用规划	实施性规划
2011	杭州市水上公共交通规划研究	实施性规划
2012	杭州市城市河道综保工程设计导则	规划控制管理

从中、东河综合整治为起点，杭州内河的滨水公共空间经过多年的发展，在城市背景条件和规划理念不断更新的基础上，河际线周围的空间形态内容发生从滨水河房街道到带状绿化公园的转变，并向着系统化滨水绿廊网路转变，这种转变是多方需求和合力的结果。滨河新的空间格局的形成，对城市原有肌理和传统地域性景观的破坏是无疑的，但也应客观地认识到，一方面传统小桥流水、黛瓦白墙的江南景致的消失令人惋惜，而另一方面当代滨水绿廊的空间利用形式和景观形态顺应了城市发展的时代要求。在当代的城市发展和营建中，人居环境需要改善、城市土地需要增值、城市绿化量指标需要达标，滨水绿廊的建设恰能使各方需求得到平衡式的满足。以主城内的众多河道为基础，当代杭州城市的滨水绿廊公共空间

系统已颇具规模，形成新的城市景观资源，并积极参与城市的经济发展，上述分析不仅勾勒出当下的滨河公共空间景观形态从何而来的发展脉络，也提示了滨水公共空间发展前景：通过对其进行基于多功能、多元化、可持续性发展的深入研究、制订前瞻性的规划和长效管理模式，提高土地利用效率，构筑新时期杭州城市的地域特色景观。

5.2.3　从运输要道到遗产走廊：当代京杭大运河(杭州段)滨水公共空间的发展契机

一、当代京杭大运河(杭州段)滨水公共空间相关规划的制订背景

清末至民国时期，杭州的工商业有一定的发展，其中工业以纺织业为主，在城市北部的大运河河畔，由于便利的交通和适宜的地价，清末兴建起一批工厂，尤其是拱宸桥地区，堪称杭州现代工业的摇篮。1980 年代后，后工业时代的来临使大运河杭州段及其两岸滨水空间发生了从运输要道到遗产廊道的极大变化，促成这种变化并影响近年相关规划编制的背景因素主要有以下三方面(图 5-15)。

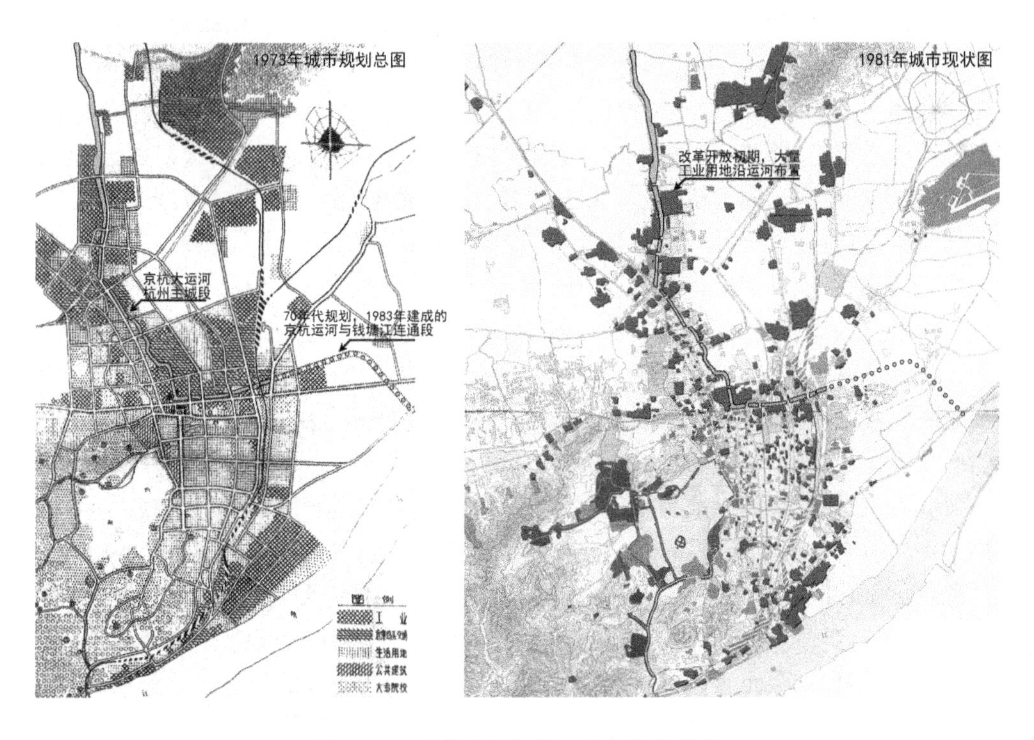

图 5-15　改革开放初期工业用地的分布

首先，随着城市发展，大运河的功能被重新定位。新中国成立以后，运河航道受到水源调度、桥梁高度和文化保护等因素限制，航道等级降低，运输功能削弱。据统计，杭州市运河货运量占总货运量比重由1979年的39%下降至1998年的13%，而客运量占总客运量的比重则从7%下降至0.11%[19]，数据足以说明舟楫之利比不上汽车火车之便，杭州市民那种依托于地区及城市发达的水网而形成的以舟代步的日常生活习惯已经消失。同时，由于两岸的工业污染及承载的人口急剧增多，大量未经处理的工业污水和生活污水排入河道，使运河水质恶化，至1998年，运河水质已成劣Ⅴ类水。恶劣的水质，加上日常客运的基本消失使客运码头及其伴生的滨水埠头、市集、商业街等滨水公共空间也相应式微。在城-水关系紧张、人-水关系疏离的现实以及城市布局由团块发展到组团式发展战略背景下，《杭州市城市总体规划(1996—2010)》提出保护构成杭州城市格局的水系、道路、街巷、历代城垣及护城河等主要因素，保护城市古河湖水系，并加紧进行京杭运河与钱塘江连接的第二通道的项目论证。京杭运河第二通道的建设意在缓解运河运输压力，大运河(城区段)的运输功能将进一步减弱，而作为公共景观、遗产廊道、文化线路以及城市开放空间的功能将得到加强。2003年9月由杭州市人民政府批复的《杭州市历史文化名城保护规划》，将与城市发展密切相关、在各个历史时期发挥过重要作用的河湖水系列为重点保护目标，划定保护范围并加以整治，规划实施京杭运河综合整治工程，严禁污水排入河道，以保护水体，逐步降低杭州市区段的运输功能，妥善保护运河上的古桥，强化文化、生态、旅游功能，保护和恢复沿线文物古迹和历史景点，建设京杭运河专题博物馆，以反映古代运河开凿、治理和埠头商业的历史，沿河两岸设置宽度为30 m以上的绿化带，将运河建设成为布局合理、功能明确、环境优美，能充分展示运河传统风貌的城市景观带。至2015年最新修订的《杭州市城市总体规划(2001—2020)》，则明确指出大运河是5个重点建设的城市景观面之一。数次市级层面的规划确定了大运河的功能定位，从原有的运输动脉蜕化为城市文化景观带。

其次，运河两岸的土地利用亟须优化。自民国以来运河两岸用地的模式，主城区运河北段有大量工业仓储用地，是杭州的老工业区。在1973年的城市“总规”中，已绘制出了1983年才完成的大运河与钱塘江的连通河道(即运河第二通道)，但在河道两岸依然规划了工业用地和仓储码头用地，延续了自1956、1964年两次“总规”将工业用地集中布置在沿运河河滨地段及城南沿江地段的规划思路。由此，至1980年，杭州的主要工业区和大型工厂(如小河轻化工业区、拱宸桥纺织工业区、杭州炼油厂、国家丝联仓库等)都分布在运河滨河地块上。在计划经济时期，这些工业企业单位员工住宅均建在工厂周边，造成运河两岸居住与仓储、工业用地交错混杂，至 20 世纪末，不少沿线的工业建筑和居住小区逼近甚至直接占用运河岸线，导致滨水岸线公共性不足，对城市腹地的渗透性极差。21 世纪初，随着城市实际建设区的不断扩大和武林商业中心的崛起，运河两岸用地特别是拱宸桥至艮山门的这一区段的区位条件已发生实质变化，原有运河两岸大量低产出、高污染的企业及低端居住区已和其地段的地价不相匹配，加之大运河的生态功能、旅游休闲、文化功能逐渐受到重视，通过改变或优化土地利用方式，协调价值错配，从而创造经济发展的动力，成为杭州市人民政府一系列运河相关规划和工程的起始点，其表述为："通过实施水体治理、路网建设、景观整治、文化旅游、民居建设'五大工程'，全面提升运河生态功能、文化功能、旅游功能、休闲功能、商贸功能和居住功能，力争将运河(杭州段)打造成为具有时代特征、杭州特点、运河特色的景观河、文化河、生态河"[20]。对大运河综合整治和保护工程涉及运河及其两岸的交通治理、空间景观提升、住宅建设等多个方面，因此其实质是一种基于土地利用结构调整的城市更新。

再次，2005年，联合国教科文组织将遗存运河和文化线路作为新的世界遗产种类后，著名古建筑专家罗哲文先生联合郑孝燮、朱炳仁先生以《关于加快京杭大运河遗产保护和申遗工作》为题，联名致信 18 个运河城市的市长，呼吁加快京杭大运河申报世界文化遗产的工作。2006年全国政协通过《京杭大运河保护与申遗杭州宣言》，国务院将大运河列入第六批全国重点文物保护单位。2006年年底，京杭大运河进入国家文物局公布的《中国世界文化遗产预备名单》，国务院将大运河申遗纳入当届政府的工作日程。2008年 3 月，国家文物局在扬州召开"大运河保护与申遗工作会议暨大运河保护规划编制研讨会"，建立"大运河申遗城市联盟"，达成《大运河保护与申遗扬州共识》。2012年，《大运河遗产保护管理办法》正式颁布，9 月大运河沿线的 8 省 35 个城市在扬州共同签署《大运河遗产联合保护协定》。2014 年 6 月 22 日，中国大运河正式被列入世界遗产名录。大运河的申遗作为全国性的国家工程，有一套自上而下的保护规划，这为运河滨水城市空间的发展拓宽了思路，同时也加上了限制，国家文物局在申遗之初就明确了大运河申遗与保护的关系，"申遗"是一种推动保护的方式，保护大运河遗产，揭示和展示大运河遗产所蕴含的杰出的普遍价值以及深层次的中国文化特色，并将之传承后代是"申遗"行动的基本宗旨。从保护规划编制层面来看，"申遗影响了大运河沿线城市的遗产价值评估取向、史料精确应用，并推动了大运河的比较研究"[21]，而对世界文化遗产中针对运河遗产、文化线路的表述和概念的运用，使运河城市(包括杭州)的滨河相关空间规划更加系统、思辨。

二、当代京杭大运河(杭州段)滨水公共空间相关规划的解读和评价

近10余年,杭州大运河沿岸滨水公共空间规划和建设,在各级政府的推动下蓬勃发展。杭州市自1993—2001年,共投入了9.63亿元完成以改善运河水质为主要目的的截污整治工程[22],使运河水环境质量恶化的趋势得到扭转,成为滨水空间景观提升的基础,但这项工程将原大关桥至艮山港之间的大关、江涨桥、德胜桥、叶清兜、炼油厂5处河道截弯取直,并将原有的土质岸堤全部改建为齐整的石质护岸,这一改动使原有较为自然的河道形态变得生硬,为后期滨水公共空间显现单一呆板的缺憾埋下伏笔。2000年,杭州政府提出了运河(杭州段)"截污、清淤、驳坎、配水、绿化、保护、造景、管理"的八位一体的改造治理方针,对运河(杭州段)进行综合整治。2003年成立京杭运河(杭州段)综合保护委员会[23],专门协调负责运河的综合整治与保护开发工作。2004年,杭州市政府批复运河(杭州段)综合整治与保护开发工程,工程规划范围南起江干区三堡船闸,北到余杭区塘栖镇镇北地带,总长39 km,并为此专项制定了《京杭运河(杭州段)综合整治与保护开发工程规划》,规划期限分近期(2001—2005年)、中期(2006—2010年)、远期(2011—2020年)。政府的这些实际操作将大运河两岸的空间看做一个一体化的项目,其规划类型和保护开发方式均借鉴了"遗产廊道"的模式来开展。

遗产廊道(heritage corridor)是拥有特殊历史文化资源的绿道,该理念的提出与绿道密切相关,是美国历史文化保护向区域化发展的产物。从过往国内京杭运河遗产廊道的相关研究看,美国境内的伊利运河国家遗产廊道的相关规划、保护方法和历程,成为中国京杭大运河保护和管理的主要借鉴参考对象[24]。《伊利运河国家遗产廊道保护与管理规划》中明确提出了规划的6大目标:广泛表达和保护历史及独特的地方感;自然资源反映环境质量的最高标准;实现游憩机遇的范围和多样性的最大化,并与文化遗产资源保护相协调;居民和游客认同遗产保护价值并积极支持;实现经济增长的可持续良性发展;成为本国及外国旅游者必经的旅游目的地。这六大目标基本涵盖了遗产廊道的历史价值、工程价值、生态价值、游憩价值和教育价值等多个方面,虽然遗产廊道的尺度伸缩范围极广,上至区域下至社区都有,但其保护规划的目标是统一的,是一种线性文化遗产保护的专项策略,是保护与可持续利用相结合的综合措施,它将历史文化内涵提到首位,同时强调经济价值和自然生态系统的平衡能力。

遗产廊道和文化线路等概念的引入,无疑加强了京杭大运河沿线空间发展的整体性和全局观。基于运河整体价值认识的保护思路,运河遗产廊道成为沿运河区域自然与人文资源整合保护的有效平台,但遗产廊道线性延伸的特征使其地理范围较广并穿越了不同的行政管理区。京杭大运河穿越了8个省、直辖市,而各省

市的相关政策法规各有侧重，仅京杭大运河杭州主城区段就横跨了杭州拱墅区、下城区和江干区 3 个行政区划，这 3 个行政区因经济发展策略的不同侧重，使其辖区内大运河两岸的空间形态发展和日常维护方法也有所不同。因此中国常规的以不同的行政级别和空间尺度来区别历史文化遗产保护的 3 个层次即历史文化名城、历史文化街区和村镇、文物保护单位对遗产廊道来说并不匹配，且未有系统的各级规划衔接关系和技术方法。在现行的城市规划体系下，运河城市对遗产廊道的保护和规划的层次性依旧在探索当中，就本章讨论的京杭大运河杭州主城区段而言，杭州是以廊道研究专题加政府重点工程的形式切入运河廊道的保护与更新规划，就城市空间的层面，其相关规划可分为 4 个层次，分别为区域、城市、专题(针对市域内的廊道)、节点(重要地段工程)。自 21 世纪初杭州市政府提出对大运河进行综合整治和保护开发的战略以来，对滨水公共空间有较大影响的规划有数十项(表 5-4)，笔者对其中数个对大运河滨水公共空间有重要影响的专题规划试以分别解析。

表 5-4　运河滨水公共空间主要相关规划列表

时 间	规 划 名 称	规划层次	编制主体
2002	京杭运河(杭州段)综合整治与保护开发战略规划	廊道专题	市规划局
2003	杭州市历史名城保护规划	城市整体	市人民政府
2004	京杭运河(杭州段)控制性详细规划(汇总整理)	廊道专题	市规划局
2007	京杭大运河(杭州段)沿岸产业建筑再利用规划	廊道专题	市规划局
2008	大运河(杭州段)旅游规划(2007—2020)	廊道专题	市运河综保委
	运河(杭州段)历史文化景观概念规划	廊道专题	市规划局
	杭州大运河主城区段景区提升详细规划	廊道专题	市规划局
2009	大运河(杭州段)遗产保护规划		
	京杭运河(杭州段)夜景规划方案及设计	廊道专题	市运河综保委
	杭州运河新城概念规划	节点设计	市规划局
	大兜路历史文化街区保护规划 小河直街历史文化街区保护规划 桥西历史文化街区保护规划	节点设计	市规划局

（续表）

时 间	规 划 名 称	规划层次	编制主体
2009	2005—2010京杭运河（杭州段）综合整治与保护开发总体计划	廊道专题	市运河综保委
2011	杭州市京杭运河（杭州段）综合整治与保护开发十二五规划	廊道专题	市运河综保委
2012	大运河遗产保护总体规划（2012—2030）	区域	中国文化遗产研究院
2013	大河造船厂、东南面粉厂地块改造、地铁 1 号线武林广场站等城市设计	节点设计	市规划局
2014	京杭大运河（杭州段）历史环境风貌控制规划	廊道专题	市规划局

1. 京杭运河（杭州段）综合整治与保护开发战略规划（2002）、杭州市京杭运河（杭州段）综合整治与保护开发十二五规划（2011）

这两项规划严格意义上并不属于建筑学或城市规划学的专业范畴，它是政府职能部门的工作计划，是五年一期的运河综合整治与保护开发工程（以下简称“运河综保工程”）开展建设的纲领性文件，而许多相关规划的制定均是为了配合该工程的开展实施，因此这规划对运河两岸滨水公共空间影响最为直接。该规划的范围为：南起江干区三堡船闸，北到余杭区塘栖镇镇北地带，总长约 39 km，两岸用地各宽1 000 m 左右，局部放宽到1 500 m 左右。规划提出：京杭运河（杭州段）综合整治和保护开发工程以共建“生活品质之城”为战略目标，以综保工程建设和产业培育为主线，努力实现“还河于民、申报世遗、打造世界级旅游产品”运河综合整治与保护三大目标。这三大目标都与滨水公共空间关联显著，至今为止，运河综合整治与保护开发工程已进行了两期[25]，并还在延续。两期工程，修建了长约 23 km、宽不小于 30 m 的绿化景观带，以及通过景观带串联的数个公园、河埠、大型硬质广场，修复许多古桥，改良公路桥，架通桥下栈道，使得两岸绿化带内的游步道基本能够贯通，工程中涉及的滨水公共空间无论在数量还是质量都比过往有较大提升，这项庞大工程的建成对滨水公共空间最显著的影响就是使得大运河的河岸线基本成为开放的公共岸线，两岸绿化带及公园成为了市民的公共空间廊道。

这项工程规划是市政府重点推进工程，在运河土地更新开发初期优势明显，但其不足也随时间推移渐渐显露，以滨水公共空间建设的角度看，在其建设过程中，虽有多项相关规划方案，但法定规划极少，整个工程仍是用精英管理替代系统性规划控制。在这种背景下，运河两岸滨水空间发展不均衡。在得到特别关注和投资的地段(如历史文化街区、大型公共建筑项目)滨水城市空间得到了较好的维护。不同行政区的滨水公共空间发展程度不一，拱墅区、下城区段的运河沿岸空间丰富多样，而江干区的滨水公共空间则明显推动不足。同时，运河两岸滨水公共空间的可持续发展模式未明。由于工程为政府平台(杭州市运河集团)融资投资，因此该集团拥有了两岸大量的运河物业，而滨水公共空间的发展与两岸的物业经营和维护情况密切相关，规划中对这些物业建成后的运营管理并没有明确的方向，只笼统地说明“十二五期间是实现运河综保在城市发展方式和经济发展方式上进行‘双转变’的关键时期，工作重点由建设转为建设经营管理并举，要探索新的管理机制，协调存量资产和增量资产的管理，确保资产的增值、保值”。而现实中许多沿河公共物业属于关停的状态，规划对运河旅游及沿河公共物业定位的不明确，为将来运河滨水公共空间的可持续发展增加了不确定因素。

2. 京杭运河(杭州段)控制性详细规划(2004)

该规划进一步深化2002年批复通过的《京杭运河(杭州段)综合整治与保护开发战略规划》，将其与现行运河两岸用地的控制性规划相连接，使其提出的空间战略能落地实施。规划用地有两部分，分为运河主城区段和运河郊区段。主城区段南起三堡船闸，北至石祥路，长约 14 km；宽为两岸用地横向至第一条城市主干道，每侧平均约 500 m 左右。规划第 9 条提出了经济、社会、生态、环境、文化 5 个规划目标，其中的环境目标为：“创造适宜生活、独具魅力的滨水开放空间”，《京杭运河(杭州段)综合整治与保护开发战略规划》提出在运河两岸设置 30～50 m 的景观带，而此项“控规”则将这个设想从用地的角度具体落实，将原有运河两岸地块分割出 30～50 m 作为绿化用地，部分地块增设公园绿化用地，将原有大量工业用地改为住宅或商业用地。虽然“独具魅力的滨水开放空间”是该规划的环境目标，但规划中没有针对公共开放空间专门章节，滨水公共空间的相关内容分布在“绿地控制”和“城市设计控制”两个章节中，如：第 44 条　城市公园和居住区公园是运河沿岸重要的组成部分，与带状绿廊有机结合，成为居民活动、游憩的重要场所。规划在沿岸设置大型城市公园和若干居住片区公园。第 46 条　空间布局：运河沿岸绿化带和主要景点、公园要体现城市的生态性、开放性、休闲性，并体现对国内外游客的游览性。

将运河两岸的绿化与城市公园和居住区公园有机结合，可以增强运河滨水公共空间对城市腹地的影响，同时也可改善运河绿化可达性，相关规划及规划说明并未明确结合方式，在各地块的详细规划说明中只有类似“以运河和其西侧 60 m 绿化带为景观主轴，将城市公园和历史文化结点联系起来，成为区内主要的景观系统”这种较为简单抽象的表述。当下该规划已实施 10 余年，大运河沿河绿化及沿

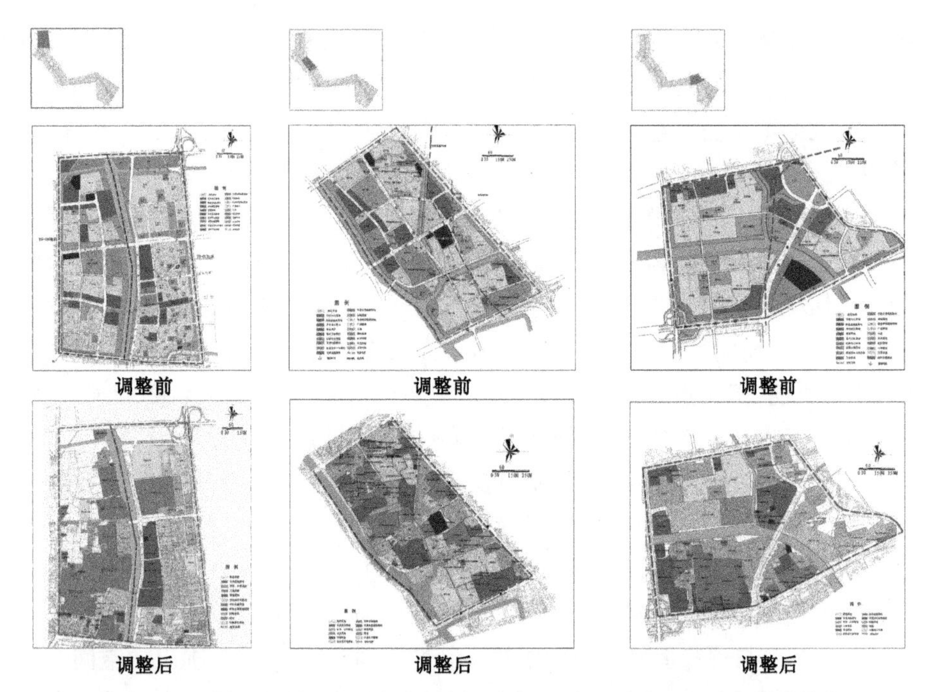

图 5-16　京杭运河(杭州段)控制性详细规划(2004)对沿河土地利用的优化
(参阅书后彩页)

岸地段上的其他类型城市开放空间,无论是单项质量还是总体数量,都已达到较高的水平,但相互之间却联系不佳,未实现网络化(图 5-16)。

3. 运河(杭州段)历史文化景观概念规划(2008)

该规划的范围与《京杭运河(杭州段)控制性详细规划》相同,是运河廊道专题的系列规划,规划调研了运河两岸的物质及非物质文化遗产资源,认为需结合具体的历史文化资源,整合运河绿带,将历史文化遗产保护和公园绿地建设结合起来,创造尺度宜人,绿意盎然,具有浓厚文化底蕴的开放空间。

规划第 10 条对运河两岸景观与建筑风貌提出了分段、分主题的控制方式,并根据这种景观的分段方式将运河划分为五大景区,江干区段展示城市未来的城市建筑和风貌,下城区段展示现代城市商贸、娱乐、文化的新姿,拱墅区段展示古运河传统风貌的旅游文化长廊,余杭郊区段展示自然农业生态风光,余杭塘栖镇区段重整江南水乡声誉。这种分段设置主题的方式,对后期运河的文化景观规划和旅游规划都有启发性的影响。同时规划提出“沿袭历史上湖墅八景的文脉,针对现代大运河杭州段的空间特征,打造运河新十景:江河流霞、艮新秋韵、武林新姿、夹城春红、江桥忆昔、三河环月、拱宸怀古、东塘野渡、古桥双曲、水北渔歌”[26]。在运河景观线上继承西湖景观的四字题名传统,这一方面是对西湖景观传播方式的学习,另一方面也是中国人独特的空间思维在规划中的再现，将具体景观物质内容与诗词文赋意境结合。规划将大运河主城段分为3个段落8个文化片区，在提出运河两岸整体导则的基础上，对各文化片区分别提出城市设计导则。在运河两岸整体城市设计导则中，对运河的景观视廊、建筑高度、建筑形态体量、道路界面控制、驳岸设计、绿地空间界面控制、色彩控制、标识系统、相关配套设施、解说系统都有涉及，说明滨河公共空间系统在初步成型的基础上，专业化的空间控制不断细化，并向着文化引领，整合相关产业发展的方向纵深发展(图5-17)。

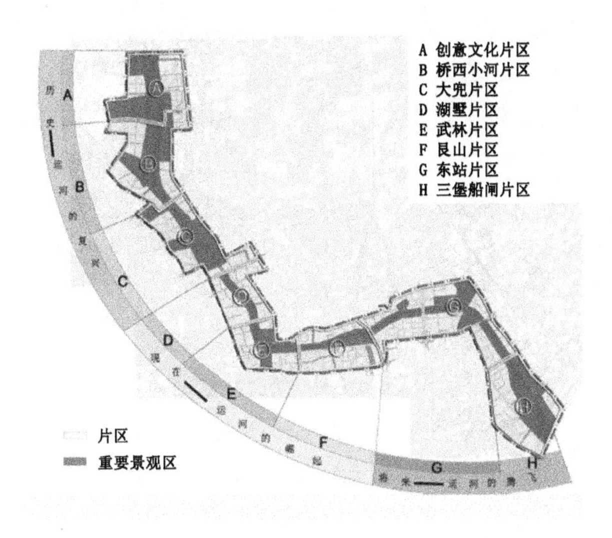

图5-17　运河文化规划对运河的段落分解

4. 京杭大运河(杭州段)历史环境风貌控制规划(2014)

该规划认为当前的运河环境存在3个现状问题，即古今风貌分离、城河空间分离、景观活动分离。以这3个问题为基点，规划从“河、城、人”三要素及相互关系切入问题，探讨运河的历史特征、城河互动及市民游览行为与整体风貌形成的关系，进而形成一个规划控制体系和具体行动计划[27]。规划提出一个大文化遗产区理念：从杭州整体层面整合大运河遗产、西湖遗产、南宋皇城遗址及钱塘江特色资源，并以运河为游览线索，沟通绿道慢交通体系，串联观览游憩体系，构筑遗产保护平台，形成“一河一湖一城一江”的杭州市域文化遗产区的空间格局。

该规划意图统合大运河遗产、西湖遗产、南宋皇城遗址及钱塘江特色资源，将西湖、钱塘江、河道3种水体构成的城市水系联系起来，呼应了古代城市三水共治的传统，将滨水景观视为城市空间格局的重要组成，在城市整体层面提出城市滨水公共空间系统化建设的战略。规划中反复提及“人、城、河”三者的关系，强调运河的提升要与城市发展相结合，运河和两岸的人要融为一体。与以往的运河廊道规划重点关注河道本身及其文化不同，该项规划加入了“人”的要素，意识到空间需有人的参与，以人的活动组织代替以往单纯的空间建设作为运河活力提升策略的内容，以空间的热环境、风环境及声环境等物理舒适性指标扩展景观的评价标准，这比以往的廊道专题规划要科学和进步，说明滨水公共空间的建设已从早期的“绿化、造景”行为，即单一地要求景观优美的价值取向朝着空间“以人为本”的本质回归。笔者认为该项规划提出的运河风貌控制策略不仅对大运河沿岸空间乃至城市整体极具战略意义，如果该规划在未来的几年能通过有效途径得到实施，大运河的滨水公共空间品质将得到进一步的提升。

通过以上数个对京杭大运河(杭州段)滨水公共空间有重要影响的专题规划的解读，笔者发现其中均未有针对滨水开放空间系统的专题规划，那么是否说明在此类型的城市空间廊道中，滨水公共开放空间不重要呢？显然不是，运河沿岸的滨水城市公共空间是“人、城、河”三者关系的历史反映，体现了跨越时间的人与环境的相互作用，是人与自然之间长期持续互动的结果在空间上的外化表现，其形成和当代转型都值得仔细推敲和斟酌。一方面由于运河申遗在遗产认定上“优先关注体现中国古代独特的水运水利制度及运河文化的运河附属遗存和相关遗产”[28]，因此在相关遗产保护类型的规划中，其地位是被忽视的，另一方面滨水公共空间在21世纪初仍处于对地块公共使用权确权的初级发展阶段，对滨水开放空间的设想仍较为抽象化，其设计深度还未达到与滨水街区及人口发展融合的程度，因此在京杭运河杭州段的相关规划设计方案中，对其规划和构想碎片化地存在于历史文化街区保护规划和一般性的绿化景观设计中。在当代运河沿岸空间公共化趋势确立的前提下，在未来的城市滨水空间的更新中，开展滨水公共空间的专题规划必将是滨水区域空间管理工作的重点之一。如何使滨水公共空间恰当地表达“人、城、河”三者关系，并使其参与到运河周边地段的城市更新和文化复兴中去，成为地区发展的催化剂，将会是下一阶段滨水公共空间规划设计的主题。

5.3 钱塘江北岸城市滨水公共空间相关规划的解读与评述

5.3.1 城市新轴线：当代钱塘江北岸滨水公共空间的发展背景和特征

钱塘江流域水丰沙多，河床为疏松细腻的粉砂，极易冲刷，而且潮汐强、潮流急，河床摆动频繁，江岸难以固定，这些河流特性使得钱塘江自古就是威胁杭州市区安全的不稳定因素，因此历代均有修建海塘的记录，但即便如此，杭州因洪、潮破堤或漫溢溃决成灾的事件，从766—1940年有文字记载的就有104次。新中国成立后，经过历年修坝筑堤，将原有的土方堤坝加建砌石护坡，填滩整理，江岸线形逐年光滑平顺，并形成现状的防洪大堤。根据杭州市市区防洪规划要求，北岸钱塘江大桥至三堡段防洪标准取用500年一遇标准，近期可按100年一遇标准实施，堤顶高程10.0～10.6 m；南岸取用100年一遇防洪标准，堤顶高程10.0 m。在1990年代，钱塘江河岸形态工整单调、呆板的大堤内，北岸主要是工业用地及部分农田鱼塘，南岸则是大片的农田、零散的村庄和建筑。

1996年，杭州市行政区划调整，新设跨越钱塘江的滨江区，2001年，区划再次调整，江北岸的萧山市撤市变区，划入杭州市区，杭州跨江发展的战略为城市后续发展提供了广阔的空间腹地，同时也改变了城市空间的整体形态。钱江新城所处的江北地段由城市边缘带成为城市新区划范围的几何中心，在2007年编制的城市总体规划(2001—2020)中，杭州从以西湖为核心的团块布局，转变为以钱塘江为轴，跨江、沿江多核组团式布局(表5-5)。

表5-5 钱塘江北岸滨水公共空间主要相关规划列表

时间	规 划 名 称	规划层次
1999	杭州市城市总规	战略性规划
1999	杭州钱塘江两岸城市景观设计	实施性规划
2001	杭州市江滨城市新中心城市设计	实施性规划
2002	钱江新城核心区城市规划	实施性规划
2006	钱塘江两岸城市景观规划设计	实施性规划
2006	钱江新城核心区城市公共开放空间建设管理规定	规划控制管理
2010	杭州市“三江两岸”生态景观概念规划	战略性规划
2011	杭州市“三江两岸”景观廊道统筹规划	规划控制管理
2012	钱江新城休闲旅游概念性规划	规划控制管理
2015	钱塘江两岸景观提升工程规划	规划控制管理

当代城市空间扩张的需求和现代工程技术的进步，使钱塘江这一水文条件复杂，且历史上屡屡给城市带来灾患的江河，从制约城市发展的边缘界面，成为城市的发展轴线。从类似城市的发展经验看，一个城市要跨江发展诸多不易。上海浦东浦西之间的黄浦江江面约300 m宽，在浦西外滩没有任何发展空间的前提下，城市向浦东发展仍用了较长时间，而钱塘江江面有近1 km宽，跨江发展

的空间障碍显而易见，彼时沿钱塘江发展有两个选择：先沿江后跨江；先跨江后沿江。从建设时序上看，杭州市政府选择的是前者，即先发展近市区的钱塘江北岸。2001年，钱江新城的大剧院破土动工，新的市级公共中心开始建设。2008年，建成的钱江新城核心区向市民全面开放，沿江的公共景观也初步成型。杭州主城区沿江的景观由西向东大体可分为 3 个段落：白塔以西段，以自然景观为主；白塔以东至复兴大桥，是风景区向城市景观的过渡；而复兴大桥至钱塘江二桥之间为新城风貌，表现出大尺度的公共开放空间和现代城市建筑相结合的景观特征（图 5-18）。

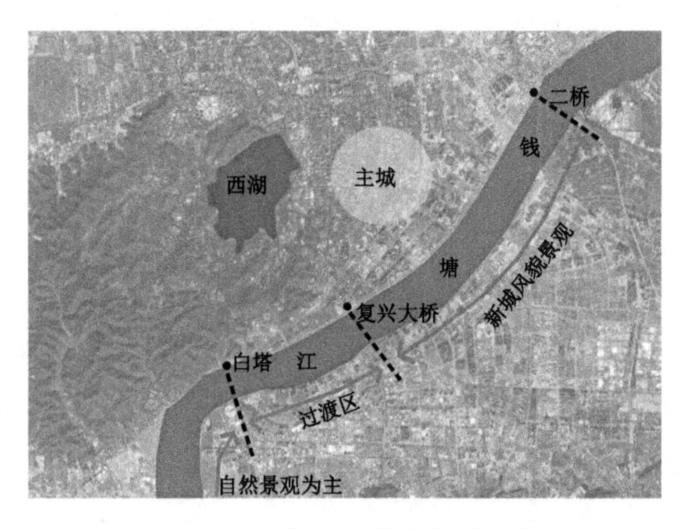

图 5-18　主城区沿江景观的 3 个段落

钱江新城核心区内城市公共空间的具体规划建设在第三章滨水街区的内容中已详细说明，早在1999年的《杭州钱塘江两岸城市景观设计》规划方案中便认为，沿江的城市新景观应创造与西湖古城区不同的超级尺度的城市水景空间："滨江北岸CBD 以一个集行政广场、中心广场、露天歌剧院为特色的文化广场为一体的绿色广场为中心，与滨江绿带文化公园相织辉映，建筑形式应体现绿地花园中的现代城市建筑，同时能保持一些传统的城市街区的模式。两者有机结合，创造城市中的花园，花园中的城市。以超高层为标志，中高层为主体，多层裙楼围合形成街道，既有亲近人的建筑尺度，又有现代的宏伟城市景观"。随后，由杭州市规划设计研究院编制的《杭州城市总体规划（2001—2020）》对钱塘江景观风貌区提出要"营造大山水与现代城市相融合的景观风貌，加强沿江绿带的休闲游憩功能和文化内涵，加强与周边地区的慢行联系"。两项规划在城市景观意象的设想上是连续的，同时这种脱胎于勒·柯布西耶"明日城市"设想的城市新区也符合当今政府对城市形象的要求。钱江新城是按“花园中的城市”规划、设计和实际建设，即通过大量高层建筑和绿地相组合，形成低建筑密度、地面有连续开敞空间的城市景观，是前文第四章分析的滨水公共空间类型中“城市综合广场型”空间最为集中的地区。

在钱江新城空间形态初现雏形之后，其公共空间的规划设计和管理继续向深化发展，2006年，编制了《杭州市中央商务区（2006—2010）城市公共空间建设发展专项规划》，提出以核心区的中央十字交叉轴线为主要发展轴，带动横向展开的线性空间，并结合局部节点形成树状公共空间网络系统，将商务区的公共空间具体分类为街道、水道、绿地、广场、地下空间和街区内部附属公共空间，这种深入到街区内部的公共空间规划方式，除了有相互之间连通性较好的优势之外，还使公共空间尺度层级有了一定连续性，既有大尺度的滨江广场、开阔水面，也有中型的绿化公园、街区广场和小尺度的街道骑楼、沿河步道，有效避免了城市新区常出现的公共空间尺度断裂的现象（空旷的广场或与周边隔离的公园）。在现代工程和城市规划专业技术的支撑下，钱江新城在数年内便形成了大开大合又不失细节的城市滨水景观，与老城区内大部分河道滨水公共空间那种曲径通幽、风景如画的景观相印成辉，同时在土地利用和功能上有所创新，钱江新城外部空间所依附的地表不再完全是传统意义上的真实地表，而是由建筑、工程构筑的表面和一般地面通过不同高程的竖向联系组合而成，由于充分利用了地下空间，新城的滨水空间形成了立体化、规模化的公共空间群组，实现了商业、交通、娱乐等多功能在竖向上的叠合，也使得公共空间在建设和运行维护上更加可持续。

5.3.2 私有公共空间的引入：钱江新城公共空间开发管理的探索

钱江北岸的滨水公共空间起步较晚，但在设计和经营理念上积极创新，在建设管理上，也突破以往的“巢窠”，积极探索私有公共空间的规划管理模式。2002年，杭州市政府成立钱江新城管委会，并授权钱江新城管委会为钱江新城土地整理、土地出让及市政公共项目的建设开发主体，其中包括新城城市公共空间系统的建设。2006年年初，杭州市委、市政府下发了《关于进一步加快钱江新城建设和发展的若干意见》，该文件提出“在钱江新城核心区实行城市公共开放空间建设与管理试点。对于钱江新城核心区块建设项目提供绿化、广场、道路（骑楼、连廊、通道）、用于公共活动的建筑架空层等公共开放空间的，实行奖励政策”。根据该文件，钱江新城管委会出台《钱江新城核心区城市公共开放空间建设管理规定（试行）》，在国内首次将“私有公共空间”的概念引入城市公共空间的建设管理中，后续又编写了《钱江新城核心区步行系统公共开放空间补充细则》作为上述规定的重要补充，明确了面积奖励的具体细则，即每提供 1 m^2 的公共空间面积（该面积由钱江新城管委会审核,不计入容积率),即可有 2 m^2 的建筑面积奖励,增加的建筑面积免交土地出让金,增加部分的面积总计不得超过核定建筑面积的 20%。在2007年 3 月后出让的地块,对公共空间的建设要求已通过控制性详规的更新,出现在土地出让条件中,不再有奖励措施。由此,钱江新城通过规划引导的形式将私有公共空间有序地纳入城市公共空间系统。

与“大政府”思维下城市公共空间应由政府全权负责建设不同,在历史及现实生活中,公共空间的生成渠道是多元的,不是所有公共空间均由政府提供。在西方发达国家,私有的公共空间(privately owned public space,POPS)已成为城市公共空间系统的重要组成,如纽约市自1961年的区划条例(zoning resolution)正式提出 POPS 政策以来,条例认可的 POPS 的种类已达 12 种,已建成总面积达约 350 万平方英尺,相当于纽约中央公园面积的 10%的私有公共空间[29],其相关的设计、建设和管理已成为当代规划与建筑专业领域内研究的重要内容。城市公共空间属于公共领域(public realm),而 POPS 在产权上却是私有,恰与公共相对,如何理解这对矛盾?多位学者认为,当代社会的城市空间并不呈现完全私有或完全公共的两极分布,而是“随着人与空间关系的不同而产生多向量式的分布”[30],就所有权而言,城市公共空间可由任何性质的投资来建造,形成 3 种不同的所有权——完全公有、公私共有、完全私有,但均可供公共使用,提供大众服务,同样的,空间的使用权和管理权也可实行类似的多向量分布。在中国,土地完全国有,从产权意义上说,并不存在完全私有的公共空间,通过对使用权的抽象意义和具体权利的分割,是可以取得与私有公共空间相类似的公共空间发展模式。

2006年,钱江新城管委会和美国伊利诺斯大学亚洲和中国研究中心合作展开的规划前期研究《CBD 建设中城市公共空间系统发展规划研究》中,关注到城市公共空间属性可分解为互相联系而又相对独立的 3 个方面:所有权、使用权和管理权,这 3 个方面空间权限可以根据具体情况灵活地分离和组合。在研究的基础上,钱江新城的建设管理方敏感地意识到在市场经济下,城市公共空间建设多渠道的可行性和优越性,并将研究的内容量化、具体化,形成上文提及的私有公共空间奖励措施,条款内容包含公共空间的界定、计算方法、奖励机制等内容,这大大超出一般的公共空间规划设计方案物质形态设计导则的范畴,而是形成一种引导城市公共空间发展的公共政策。该研究还针对不同类型的私有公共空间(如骑楼、下沉广场、绿化广场、风雨连廊等)提出不同的规划设计建议,同时对建筑后退和建筑贴线建造的贴线率做出强制性规范。此研究成果最后以图则的形式纳入钱江新城单元的控制性详细规划,并在执行过程中,形成以街区为单位的公共空间审批制度和备案制度[31],此举提高了私有公共空间的设计指导性和审查可操作性,也部分解决了城市公共空间系统和城市单体项目之间的衔接。

综上，钱塘江北岸新城的公共空间规划在确立整体框架的基础上，以政府为主导，规划设计和建设了大、中尺度的城市级滨水绿带、中心广场等项目；以单列公共空间管理条款和规划图则的模式，引导和鼓励社会资本设计建造街区级的公共空间，并设定二者的衔接方式，这种公共空间的规划管理形式具有创新性，为城市其他区域的滨水公共开发做出探索和示范。

5.3.3 大尺度"绿道"的发展：三江两岸景观廊道的规划建设

对"绿道"的认知是一个不断发展深化的过程，"绿道"的相关研究已完全超越了视觉景观审美和连接城市开敞空间的范畴，而是通过土地适宜性分析、多网融合等手段成为一种综合性的，集生态保护、历史文化保护和统筹城乡土地为一体的土地可持续利用的规划方法。强调"绿道所隐含的生态学过程、社会和生态功能间的相互作用和超越行政边界和管理权限的生态网络潜力"[32]。在研究尺度上，绿道大体可分为3个层次：区域级、城市级和社区级，从当代国内外城市的绿道建设和研究看，绿道尺度有不断扩大的趋势。

绿道的概念在引入中国后，与中国国情结合，形成了三类有中国特色的应用方式。其一，"绿道"与城市中"绿化带"和"带状公园"的概念结合，完善和优化城市绿化系统。在绿道概念引入之前，中国许多城市已出现以滨河防护绿带、古城墙保护、轨道线改造为契机的带状绿化或带状公园，但其无论在用地还是功能上均局限于绿化景观，可视为单一功能的类绿道景观。在绿道概念引入并广为传播后，城市带状绿化、带状公园的定位便转化为融会生态景观、游憩功能和慢行系统等一系列综合整治措施的绿道，其建设已成为提升城市土地价值的一种城市更新和发展模式，杭州大量市内河道的综合整治工程就属于这类绿道应用。其二，北京大学俞孔坚等人针对当前中国快速城市化背景下的人地关系危机，将绿道概念结合生态学，进一步拓展提出生态基础设施（ecological infrastructure，EI），即具有综合功能的景观空间格局。为建设安全的景观空间格局，俞孔坚团队提出数条关键战略，其中维护强化整体山水格局的连续性和完整性，维护和恢复湿地、河流和海岸系统形态，建立无机动车绿道、绿色遗产廊道，完善绿地系统等策略均是绿道在城市不同尺度和不同功能侧重上的具体应用。其三，借鉴美国的风景道体系，建立兼有土地利用控制、历史文化保护和旅游游线功能的景观廊道，这类廊道包含遗产廊道、文化线路和绿道视域内拥有风景、文化、历史、旅游价值的城乡空间。如上海的环城绿带、珠江三角洲绿道网、杭州"三江两岸"[33]景观廊道等，这类绿道的尺度宏大，一般为区域级与城市级绿道，除了有空间管制的功能外，更加注重带动城乡经济统筹和旅游产业的发展。

2010年，杭州编制《杭州市"三江两岸"的生态景观概念规划》，作为一种统筹城乡发展的空间策略，规划及规划实施项目中大量滨江地带供市民活动的滨水公共空间是这种空间策略的结果，而非目的。与苏州等平原城市不同，杭州市域呈现东西不平衡的特点，西部山区为水源上游、经济落后但拥有丰富的旅游资源，而东部平原为杭州市区，经济发达。为协调区域发展，杭州市政府提出"旅游西进，沿江发展"的空间战略，《杭州市"三江两岸"生态景观概念规划》正是响应该战略，计划构筑网络化大都市及城乡区域发展一体化新格局的发展途径。规划涉及的岸线总长约436 km（南岸 235 km，北岸 201 km），范围为江面及岸线两侧 200～500 m 的范围区域，以"打造山水秀美、生态宜居、城景交融、和谐发展、世界一流的风景廊道"为目标，多层次、多维度将各要素进行统筹，在发展战略上，从宏观、中观、微观 3 个层面进行引导和控制。

宏观层面，主要对"三江两岸"地区进行空间管制分区，限定建设增长空间，对沿江岸线分为城市、乡村、生态 3 类进行界面控制，加强绿化隔离，防止城市蔓延；中观层面，将沿江景观道路、慢行系统、滨水绿地和生态空间进行统筹梳理，以形成具有丰富层次的沿江空间；微观层面，通过对沿江公园的数量、规模及类型的引导，形成公园服务体系，从产业发展的角度对沿江景点进行提炼，优化游线，实现沿江旅游产业的提升。"规划"还根据"三江两岸"地区距离江面的远近，划分临江区、近江区和望江区，对不同的分区进行不同的规划管理。临江区是一线临江用地，基于"还江于民"的思想，定位为公共休闲景观带，并结合慢行系统，留足绿地开敞空间，串联城市各发展点，是本书探究讨论的滨水公共空间的集中带。近江区在城市建成区内的，定位为城市功能发展带，为城市生活和功能服务聚集区，在建成区以外的，定位为交通景观带。望江区也分为两类，在城市建成区内的定位为产业纵深发展带，可根据情况设置部分高层簇群，形成较为起伏的天际线，在建成区外的，定位为生态涵养带，以生态保护为主。

由于该规划跨行政区、跨尺度、多主体，为实现规划成果落地，其内容最后转化为 5 大工程，67 个子项目，通过建设项目实现规划落地。在《杭州市"三江两岸"生态景观概念规划》基础上，2011年，杭州对"三江两岸"各县市的景观道、绿道系统进行规划衔接，编制了《杭州市"三江两岸"景观廊道统筹规划》，该规划提出沿江景观道、绿道的建设标准和模式，并将"三江两岸"地区的发展定位为串联西湖与千岛湖的世界级生态景观长廊，设想通过廊道让杭州与黄山共同构成的"名山——名湖——名城"黄金旅游线，成为未来更大尺度的区域性绿道的一部分（图 5-19）。

当代杭州主城区钱塘江北岸的滨水公共空间，是完全在规划建设指引下建设

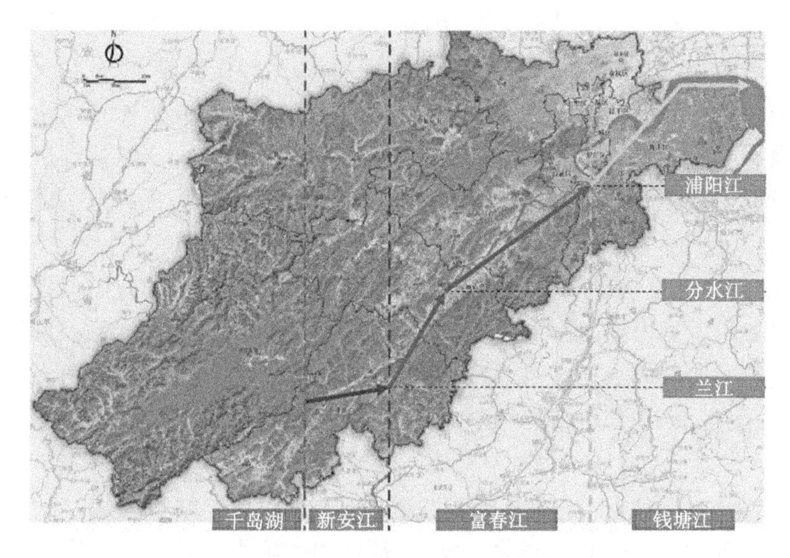

图 5-19　三江两岸景观廊道示意：钱塘江是整体景观廊道中的一段

起来的公共空间群组，其形态、功能特点和经营状态不仅反映了当代国内城市空间的设计水平、价值取向，也反映了国内对当代西方城市空间设计和规划思想的接受过程。随着学界对“绿道”理念的深入认知和国内城市管理者对其规划作用的重视，杭州主城区钱塘江岸的滨水公共空间将不仅是一个市级公共开敞空间中心，也是正在形成中的，城市尺度甚至是区域尺度绿道的一个重要区段。以历史的眼光看，它的发展应才刚刚开始，远未定型，这也为其今后不断优化和提升留下远大愿景和想象空间。

5.4　深入思考

5.4.1　城市视野下滨水公共空间发展的阶段性

杭州的水系初始为天然形成，人类在世代逐水而居的过程中不断对其进行改造以适应人类的生存和社会的发展，因此城市滨水空间的形成过程可被视为人化自然的过程。“自然的人化”(humanization of the nature)作为哲学观念所指甚广，其中自然即可是本体论上的物质实体，又可是认知论层面的对象，在此讨论的自然人化主要指人对自然环境的实践化，原生环境加入了人的活动后转变为人化的自然，由于人活动和观念的变化，人化自然的图景随之演进，同时这种演进与人在感觉层面的自然又有一定的参照关系，因此滨水公共空间与自然基底和社会背景都存在密切的关系，在历史发展的长河中必然参照城市经济的发展、社会文化的演进而不断地演化，综合前文收集的众多历史资料，笔者认为杭州的城市滨水公共空间的演化具有阶段性，其演化过程可归纳为 3 个大的阶段：乡土自然阶段、城市公共空间化阶段、人文景观保护提升阶段，其中每个大阶段内亦可再细分为若干个小的区段。

首先，是乡土自然景观阶段。在城市视野下不存在初始的自然，所谓江南城市的乡土自然是人类根据生存需要，在遵循自然规律的前提下，对水系及其周边土地和植被进行改造而成。在这一阶段，城市管理者和居民共同在朴素的环境观引导下，以适应生产、水利和生活的需要，而不是视觉效果或美学趋向为目标，顺应和融合水网的原生状态，对城市滨水空间进行适当的建设，体现"城、水、人"三者古朴和谐的关系，是杭州传统地域性景观的基础构成，亦是当代城市滨水空间的人文基石。其后是现代城市公共空间化阶段，这是杭州的滨水公共空间发展区别于其他江南城市的独特之处。在杭州的近、现代城市发展中，城市管理者将水系作为一种城市景观资源加以利用，通过法定规划及其他公共政策的引导，使水域的岸际及沿岸际一定进深的土地定义为公共属性，将滨水土地利用、滨水公共空间的建设结合起来，成为当下及未来滨水公共空间系统发展的物质和法理基础。最后，是人文景观保护和提升阶段，城市水系及其滨水公共空间承载着城、水、人三者之间互动的历史，在现有滨水公共空间建成环境的基础上，进一步挖掘、保护这些由滨水空间隐含和传递的历史信息，构筑符合时代要求的滨水公共空间网络，尽力修复原生自然的生态功能，再生已湮没的水系，综合景观的多元功能，实现多义高效的空间系统。

西湖东岸滨水空间的发展，充分说明在城市视野下，其近百余年发展所呈现的 3 个阶段。第一阶段，在近代之前的乡土自然景观阶段，即在古代杭州城市脱离城墙之囿以前(除了南宋至元初时段，由于临安城城市建设及人口的爆发式增长，西湖周围可能有大量的人工构筑外[34])，西湖周边的滨水公共空间主要以远离城市世俗生活的城郊自然山水的姿态呈于人前。在这一阶段除却为了农业生产和饮水等要求进行的水利工程外，对西湖的湖滨空间的塑造更多是在意象上而非实体的，通过文人士大夫雅游及诗画创作，将自然山水进行人工抽象提升，形成了具有固定特征内容的空间景观场所和其对应的内涵，即类似于"西湖十景""钱塘八景"等题名景观，成为西湖文化的一部分。这一阶段所覆盖的时间轴十分绵长，从中唐或更早的时间直至清代。清代，由于人类活动的不断介入，如踏青赏春、端午龙舟、皇帝巡游等，西湖湖滨空间的场景内容得到不断拓展，除了自然风景，人的活动场景和人工建筑物也成为滨湖公共空间景象固定的组成内容之一。第二阶段即民国初年，西湖东岸滨水空间进入现代城市公共空间化阶段。随着城墙这一边界的拆除，城市生活逐渐融入西湖东岸，自然生态进一步被人化，湖东滨水空间在使用方式、空间形态和意象上均发生显著变化。在使用上，交通工具的发展和出行线路的改变，使原本费时费力的湖畔游赏变得容易，原本属于有闲、有钱人士的活动，普及为普罗大众日常的休闲活动，其使用人群和使用频次都有大幅扩大和提升。在空间形态和意象上，由于民国政府对满城的改造，"新市场"及湖滨公园陆续建设，西湖东岸的空间物质环境发生蜕变。在同一地理位置，湖滨公园作为城市空间的新形式，取代了清代西湖十八景中的"亭湾骑射"，标志着西湖东岸滨水公共空间已从自然园林转型为现代城市公共空间。第三阶段，文化景观保护和提升阶段，在现代城市规划和设计影响下的西湖及周边城市建设区，已成为综合性的城市人文景观。1950年代以来，其滨水空间的发展经过多次规划探讨，其间虽有一定反复，但整体以"保护"为主的基调业已确定。21世纪初，在西湖申报世界文化遗产的过程中，西湖及周边地区被定位为历史性"文化景观"，基本统合了保护与发展的认知对立，湖东地区在以保护为第一要义的前提下，进行多次适应当今城市发展语境的改造，岸际滨水公共空间的自然野趣踪迹难觅，湖滨作为西湖与城市的过渡融合空间，成为杭州城市的象征性图景。

对处于特殊地域环境和经济人文环境下的杭州而言，滨水空间历经3个阶段发展的演化规律存在一定的普适性，不仅是西湖东岸空间，杭州不同类别水体的滨水空间从自然环境发展到当今现状，虽然在细节上有许多差别，但其发展主线也经历或正在经历这些阶段。如京杭运河杭州段已在向城市人文景观发展，而内河绿廊和钱塘江两岸的公共空间群组则处于第二阶段，但随着其与其他城市空间网络(如慢行系统、水上旅游系统、工业遗产廊道)的叠加，其空间形态和功能的多样性不断得到扩充，未来大有可能会成为新的地域文化景观。随着思考的深入，问题不断地浮现，我们不禁要问既然滨水空间的发展有阶段性，那么这些阶段是如何被跨越的呢？通过前文的相关文本解读，也不难发现各阶段的跨越时点与空间管理的方式息息相关，尤其在现代，其与城市空间干预、规划理念的不同有着明显的对照关系。在滨水公共空间发展的乡土自然阶段，其空间形态的生成尚受到生产力低下、土地所有权分散等因素的制约，地方政府对城市空间形态实行的是一种被动的、低限度的管制，滨水公共空间呈现演化缓慢、自组织生成、非标准化的状态。而现代城市发展加速时期，像杭州这样的地区中心城市，其城市空间发展基本受控于地方政府，地方政府可根据自身的利益和价值取向，通过制度的权力和专业化的空间干预，来改变甚至重塑滨水空间形态。

近十余年来杭州大量河滨景观提升工程，正是政府对临水土地实施城市公共空间化策略的结果，而这一策略的实施，与政府对河道资源的定位有关。在《杭州市区河道景观体系规划(2008)》中，河道土地利用专项规划明确提出，将城市内河道沿线土地的开发建设与河道综合整治相结合，“以河养地、以地促河”。即以滨河公共绿化空间为景观资源，通过河道滨水公共空间的建设来提升周围地块的价值，增加土地出让收益，同时又可增加城市的绿地面积，促进河道的综合保护整治和资金筹措。因此，杭州滨河公共空间的阶段性转变，明确对应着政府对水系及其周围空间环境要素利用强度和管理目标的转变。

当代杭州的滨水公共空间发展进入第三阶段主要是通过城市事件的推动，如“西湖申遗”“京杭大运河申遗”。由于申请世界文化遗产有一个相对严格和明确的标准，因此相关的城市空间保护和提升规划有着与一般滨水空间规划不同的要求，更加注重表现地方独特的历史文化和非物质遗产，保护其与城市原有的历史关系，并综合生态、旅游、文保、廊道建设等各项工作，在此阶段，滨水公共空间显得更为多义、复杂和重要，成为了地段乃至城市经济和文化的发展引擎。虽然有观点认为历史没有方向，城市空间的变迁不应该有一个预定的方向，但以中国城市空间客观实践的历程看，社会管理制度几乎制约了城市实践的所有方面，而城市规划作为现代城市空间管理的重要途径，不仅受到专业发展的影响，也直接体现了城市管理者的意志。因此，随着现代城市管理者对城市水系空间利用策略的转换，以及城市规划学、建筑学、园林景观学科的对城市公共空间研究的深入，滨水公共空间在城市视野下无论过往还是将来都将呈现阶段性发展。

5.4.2 现代城市空间生成专业化对滨水公共空间的影响

城市现代化的过程，亦是城市空间生成制度化和专业化的过程。在现代杭州的城市发展中，城市规划管理已成为城市空间管制的基本制度，滨水公共空间的建设自然也被纳入整个城市空间的管理制度内，当代滨水公共空间建设已然形成一套“规划设计——工程建设——后续管理”的标准流程，并出现一系列各层次的专业指导规划文件，规划师和建筑师作为专业技术人员直接参与到空间生产过程中，滨水规划和设计的蓝图决定性地影响了当代滨水公共空间的空间形态和功能填充，使现代滨水公共空间与传统的滨水空间相比出现形态统一、尺度扩大等特征。

一、尺度

将当代滨水公共空间的主导类型与传统的相比较，二者在尺度上的差异巨大。当然，在现代城市新的尺度层级系统中，不仅是滨水公共空间，城市建筑及其他城市空间的绝对尺寸都比传统城市空间提高数个量级。在此并不是将传统和现代的滨水公共空间的主导类型做简单尺度上的比较，而是去探讨二者尺度差异的深层原因，即二者在空间生成过程中所参考的尺度来源的不同。杭州传统滨水公共空间的空间尺度属于人的尺度，来源于空间内人的使用需求，空间界面及容量的尺寸与人的活动联系紧密。而当代杭州大量滨水公共空间的尺度则来源于城市规划和设计中的技术性思维，市内大量河道两岸的滨水绿带宽度来自于《杭州市绿化系统规划（修编）》和《杭州河道景观提升规划》中基于开敞空间尺度与生态多样性关联的假设。根据《杭州市绿地系统规划（修编）》的城市建设指引，城市级河流绿廊两侧绿带控制宽度，原则上在现状非建成区内为 60 m，现状建成区内为 30 m。对廊道宽度的制订，其规划有较为详细的解释："滨水廊道连接城市绿地与外围风景林地的生态斑块，承担中、小型生物通道的生态功能，为物种迁移、保持生物多样性提供保障。因此，对廊道宽度的控制应着重考虑其承担生态功能的宽度要求。在城市生态学与景观生态学中，不同宽度的廊道承担不同层次的生态功能，可供参考的廊道宽度如下：12 m，是区别线状和带状廊道的标准（对草本植物和鸟类来说），小于 12 m，廊道宽度与物质多样性之间相关性接近零；大于 12 m，草本植物多样性平均为狭窄地带的 2 倍以上。30 m 的河岸植被对河流生态系统的维持是必需的，大于 30 m 能有效地起到降低温度，提高生物多样性，增加河流中生物食物的供应，控制水土流失，河床沉积和有效地过滤污染物。60 m 的道路廊道可满足动植物迁徙和传播以及生物多样性保护的功能。15～60 m 为河岸廊道控制的合适宽度。600～1 200 m 能创造自然化的、物种丰富的生态景观结构。以此为参考，规划确定 12 m 为廊道宽度控制的下限值，30 m 为廊道控制的原则性要求，15～60 m 为滨水廊道宽度控制的范围值，而600 m则是大型生态廊道控制的下限值"。

笔者粗略查阅了一些有关生态廊道的文献，这段规划说明中几个关键数据：12、30、60、600 m 及其对廊道生物多样性的关系的观点分别来自 Forman 及 Juan 的两篇文献[35-36]，而这两篇文献对廊道宽度的讨论均是以生物保护为出发点，认为生态廊道随着宽度的增加，环境的异质性增加，进而物种的多样性增加，且二者均认为 12 m 是区别线状和带状廊道的关键阈值点，只有达到宽度阈值后，宽度效应才会显现出来。杭州绿化系统规划对生态廊道概念及其宽度阈值的引入，不仅为杭州滨水绿廊的系统化建设找到了看似科学合理的理念源头，也为沿河绿化的宽度设定了一个下限值，并成为大量滨水公共空间的基础尺度。所以，现代城市空间建设的制度化、专业化及空间规划设计学科本身对科学化的追求，使当代滨水公共空间找到新的尺度标准。

二、统一

现代城市规划给城市空间带来了新的秩序感，与传统滨水空间相较，当代滨水公共空间最为明确的新秩序便是一览无余的统一性。如果说传统的滨水街道的统一性表现在看似丰富甚至杂乱的街景中人的活动、空间分布、水系状况内在关联方式的和谐统一，那么当代滨水公共空间便是用地规模、空间内容、界面形式等要素的统一。

当代杭州滨水公共空间的用地大小的划分规则在上文已有讨论，从近代湖滨“新市场”的城市计划中，“笔直得像箭”的道路为湖滨公园划定规整边界开始，滨水公共空间的用地就渐渐走向了尺度上的规整统一。作为当代滨水公共空间的主体，城市河道两旁的带状公共绿化广场用地范围线通过蓝图和规划文件得以明确，即沿着河道方向，与河两岸平行并间隔开一段距离，范围线平滑规则，且基本以河道为居中线。根据《杭州市绿地系统规划》城市建设指引，城市级河流绿廊两侧绿带控制宽度为 30 m 或 60 m，而其他一般性的河流廊道在《杭州市市区河道景观体系规划》中单侧宽度限定在 10、15、20、30 m 这些整数单位上。数字化管理对应了复杂的现代城市发展的需求，对河道两岸公共用地尺度的统一控制，一方面保持了沿水岸际滨水公共空间的连贯性，使滨水岸际的公共性成为杭州城市空间的一个特点；另一方面，如此规整的划定不仅有罔顾周围街区实际状况的嫌疑，也限定了其空间内容的多样性扩展。现状主城区内大部分滨水公共绿化和广场用地均在 10～30 m 的宽度内，由于空间大小的一致性使其可容纳的功能内容有限，多元化可能性降低，整体较为单一相似。单一不仅表现在用地的尺度和功能上，在景观设计上，相关规划也做出了统一规定。《杭州市城市河道综保工程设计导则》对河道景观的软质景观设计、硬质景观设计以及夜景灯光设计均做出详细规定，文件中软质景观包括地形、水系与植物，硬质景观包括园路、建筑、景观小品，夜景照明设计包括功能性照明、植物绿化照明、小品及构筑物照明、驳岸桥梁照明、水景照明等，可谓事无巨细。导则的出发点是维护整体河道综保工程设计的质量和统一，但从实践的情况看，统一性有余而多样性不足。

界面的统一性也是当代新建滨河公共空间的特点，由于滨水公共用地除了少部分与城市道路红线相接外，众多用地与滨水地块毗邻，在各类规划图上，其用地控制线（绿线）只是平行河岸的一条直线，而滨水地块内的建筑规划设计，除市政管理用房、公厕等社会公益项目外，均需要遵从《杭州市城市规划管理技术规定》对绿地边线进行退界（表 5-6），再加上住宅区封闭才能保证安全和区内设施专用的思维，在现实中，除了重要的公共建筑和若干个历史文化街区仍保持建筑界面即为滨水公共空间的界面这一空间传统外，罕有城市建筑直接作为滨水公共空间的界面要素，二者一般以围墙相隔，因此除了一些大型公共节点、商业街和历史文化街区，它们的滨河公共空间与城市建筑的外部空间融为一体外，大部分滨河公共空间的界面由河道线和地块围墙组成，单调统一且封闭的空间界面极大地降低了滨河公共空间使用的有效性。

表 5-6 杭州市建筑物、构筑物后退城市公共绿地边界的距离表

建筑类别	后退城市公共绿地边界的最小距离(m)	
	绿地在建筑的东、西和南侧	绿地在建筑的正北侧
围墙	0.5	0.5
低层	2.0	3.0
多层	3.0	5.0
高层	3.0	建筑两端离绿地距离的平均值不宜小于建筑长度的 0.12 倍且大于 6

5.4.3 当代城市经营方式对滨水公共空间生产的推动和制约

著名社会学学者戴维·哈维认为在晚期资本主义时期，现代城市政府的角色已发生了根本性转变，从管理城市转向了“企业化”的经营城市(urban entrepreneurialism)[37]101，即将城市空间和文化作为产品进行营销以吸引外界资金和资源的进入。1980 年代后，随着市场化进程的深入和中央及地方的税制改革，中国城市在治理方式上也发生类似的转变，政府通过提高城市竞争力，吸引外来投资以促进经济增长，城市经营的理念得到城市地方政府领导者的广泛响应。关于城市经营的本质，存在众多出发点不同的看法，整体上可分为两类：第一类从政府运行制度的角度出发，认为城市经营是政府的企业化行为，政府像管理企业般对城市的各类资源(如土地、河湖、市政设施等)进行运作而使政府获得财政营利，以期实现城市建设投入和产出的良性循环。学者赵燕菁在许多文章中[38-39]直言土地是城市政府可以“经营”的产品，城市政府的核心目标之一就是通过其拥有的土地获得最大收益。第二类以城市中普通人的权利出发，认为城市经营只是以市场化轨道代替单纯财政安排的方式向公众提供公共产品(包括城市公共空间)和公共服务的新型城市管理模式，不应以营利为主要目的。戴维·哈维的[40]对当代城市空间的资本化生产提出质疑，关注城镇化过程中人们形塑城市的权利受到威胁的问题。无论何种观点，都说明地方政府已经深度介入当代城市空间的发展和形塑中，空间是政府进行城市管理运营的资源和手段。

与古代地方官府以治水为主、被动管理空间的模式不同，当今杭州地方政府在城市经营者的定位下，主动推进了滨水公共空间的快速演变发展，并发展出一个独

特的、拥有“如画景观”的、贯通全城的滨水公共空间系统。地方政府通过公共政策、空间规划和直接投资的形式在较短的时间内完成了水际沿线土地的利用更新、空间公共化等一系列工作，这当然并非仅为了改善城市的水质环境和滨水景观，亦视作增加其城市空间独特性的一种策略，其后更多的是对城市整体经济发展竞争力提升的考量。在消费社会的背景下，“唯一性、真实性、特殊性和专门性构成了获得垄断地租的基础”[37]104，简言之，便是“独特性”代表了高收益，在空间生产和消费的过程中，独特性的创建和对其进行有效论述和传播，是获得垄断性高额地租的捷径，因此各城市都在积极创造一种高品质的具有独特性的地方形象。

以西湖和市内河道整治工程为例，2001年杭州市政府提出西湖综合保护工程，工程包括西湖的水体整治与复原、景观提升、市政基础设施建设、交通优化及公共空间贯通等众多内容。经过数年整治，西湖水域面积扩大，原本处于半封闭状态的西湖环湖沿线空间基本全部免费开放，新增公共绿地 80 万余平方米。与西湖有关的、且已被大众理解和接受的历史资源（如历史人物、历史事件）被深度挖掘（垄断地租不仅与独特的物质事实相关，同时也建立在对历史的叙述、集体记忆的解释和重要的文化实践上），西湖及其四周成了足可表达城市独特意象的城市公共空间，增益杭州整体的城市定位和形象。现实经济数据显示，作为杭州主要旅游目的地，整治后的西湖为杭州赢得了巨大综合收益，自2004年整治初见成效以来，杭州的旅游总收入便以年均 15%的幅度加速增长。而从 20 世纪末就开始的城市河道综合整治工程，在工程初始，政府便提出了“以河带整治、带保护、带开发、带管理、带建设、带改造”的要求，可见政府对河道综合保护工程的要求不仅局限于水体及沿岸公共空间，而着眼于整体滨水区的城市更新和价值提升，乃至城市的产业升级和整体意象塑造。整治后的河道滨水景观包含了水体、绿化、步道等接受度较高，且受到市场广泛欢迎的景观要素，不仅带动了“运河游”等旅游产品的开发，其滨水“如画景观”的稀缺性也体现出滨水土地的“独特性”，这对土地出让收入占财政总收入50%以上的杭州市政府而言显然是个多赢的策略，即治理了状况不佳的河道，优化滨水区的城市空间和生态环境（获得了市民的充分肯定），同时又带动相关旅游、文创等第三产业的发展，盘活了滨水土地，提升了土地价值。

在滨水区空间改造的过程中，滨水土地已然成为生产要素，通过城市空间管理的制度化和专业化，根据市场趋向定制出需要的产品，极大地推动了当代滨水公共空间的发展，进而形成一种独特的城市空间景观。但事物均有两面性，在滨水公共空间快速发展，环境质量提升，并形成滨水岸际土地城市公共空间化的特色同时，滨水公共空间也出现了如前文所述的多样性缺失、可达性不佳、空间绅士化(gentrification)等问题，而这些问题的来源也可追溯至同时担任建设者、管理者和规划编制主体的地方政府部门。

滨水区的相关规划除了满足城市安全、城市给排水等城市运转的硬性要求外，还需提供具有城市特色的景观，因此在最新的城市总体规划修编中，在城市特色塑造、城市绿地系统和水系的相关规划中均对西湖、钱塘江、大运河的景观风貌及滨河绿廊提出要求，以突出山、水、城相依的特色风貌。在现行行政体系中，对城市空间独特性的体现方式较为单薄，主要局限于对视觉独特性的建构上，象征和主题化是惯常使用的行之有效的方法。诸如对城市历史文化、自然特征的宣传、重大事件、特殊的建筑或城市空间等都可成为城市形象的隐喻，在这种背景下，“因水而兴”“五水共导”“世界文化遗产”是当今杭州城市空间发展的关键词，当政府希望赋予或加强城市空间这种主题化的独特性时，作为政府空间策略执行工具的相关城市规划和设计文本，表达为一系列配合政府给定预设结果的设计目标及数据指标：类似“水清、流畅、岸绿、景美、宜居、繁荣[41]”“还河于民、申报世遗、打造世界级旅游产品[42]”“评选国际生态园林城市[43]”“中心城区达到人均公园绿地面积12.96 m^2/人[44]”等，从这些口号式目标里，我们可以感知一个雄心勃勃的政府，同时也发现对当今社会背景下人与水关系的思考不够深入。

空间独特性的构筑，并不仅仅是视觉刺激这么简单，传统的滨水公共空间之所以成为城市的特色，是因为其生成过程便是使用的过程，是人、水、城三者之间在长期生产生活中磨合出的关系反映，是城市水文化在空间上的投射。而当代滨水空间建设在对城市特色的追求中，在建构空间独特性以促进经济增长的策略下，政府推动“滨水公共休憩绿地”作为城市空间“新产品”，全面代替滨水街道成为滨水公共空间的主体，如此简单地以滨水绿化作为所有滨水地段临水空间的目标图景，过分倚重表象形态，而无视不同的滨水地段其滨水公共空间的差异化需求，这更像是一种行政指令式空间构想，而不是基于一般设计原理的规划，这无疑脱离了真正的空间独特性得以形成的机制，即使用者对外部环境适应的特色表达。

城市层面的滨水空间规划没有合适的落地途径，也是当前滨水公共空间出现上述问题的原因之一。在杭州缺乏一个即统一又有弹性的滨水区空间规划，而现行滨水区规划管理又在明显的条块切割的背景下[45]，大部分城市层面的滨水公共空间规划内容，并未通过具体地段的控制性规划图则向滨水地块传递，而是直接以市级工程项目的形式落地，这使滨水公共空间和滨水建筑（地块）就像两条生产线上的产品，各自进行生产，没有关联，也就无从集成。作为实际工程方案的滨水公共空间规划，没有与具体地段的滨水街区及公共空间使用者交流磨合的过程，这使设计者很难对不同地段、不同使用者的类型、需求、喜好等内容做具体的分析判断，只能简单地以休憩散步和绿化造景作为几乎所有滨水公共空间的使用方式和设计内容，造成了现状滨水公共空间的单一乏味，多样性不足。以滨河地区为例，杭州市内所有的河道及岸线公共空间的规划设计，均由杭州河道建设管理中心和林业水利局进行管理，《杭州城区水系综合整治与保护开发规划》《杭州市区河道景观体系规划》等重要的滨河空间规划均是以杭州市河道建设管理中心为编制单位，而滨河街区及内部地块的规划设计则由杭州市规划和自然资源局进行管理，除了某些重点地段、重点项目，滨水公共空间用地和滨水建筑用地的规划管理和建设缺乏关联。这使大量滨河公共用地的设计和滨河建设地块的外部空间设计没有考虑二者协调和耦合的可能，将它们之间共有的用地边线作为一般的空间边缘线处理，在设计上降低了公共空间的使用效率和对城市腹地的辐射能力，使其空间影响力被限制在临水区内较小的范围内，其可达性和空间形态的可能性均受到限制。

城市管理者作为滨水公共空间这一当今城市公共产品的提供者，推动杭州形成系统化的滨水公共岸线空间，使其形成相对于传统江南水乡的一种新的、基于当今城市空间管理体制的城市空间特色，这是滨水公共空间演化的阶段性结果，是城市管理者和设计者对时代的回应。对于政府在滨水公共空间经营过程中存在的问题，在建筑学学科的范畴内，可从合理的规划落地模式选择、对具体使用者需求的分析及新时期人-水关系在空间上新的诠释等方面出发，探寻可能的解决方式。

5.5 本章小结

通过收集整理杭州主城区不同类别水体滨水公共空间相关规划设计和建设管理文献，从近现代城市空间管理体制变更和城市外部空间设计专业化的角度，再次梳理杭州城市滨水公共空间的发展脉络。着重分析了当代滨水公共空间进化过程中的相关规划文本，挖掘其后隐含的设计思维，剖析文本中的空间构想如何通过专业话语权参与空间塑形，影响空间生产，并将其与物质空间结果一一对照。通过对文本、思维、结果三者关系的诠释，可发现在当代滨水公共空间系统形成的过程中，相关的规划设计作为概念化的空间模型，对其发展形塑起到了关键作用，文化景观、绿道、遗产走廊、私有公共空间等数个城市公共开放空间的设计理念，在当下杭州城市滨水公共空间建设中得到灵活运用，对其空间形态和功能设定产生重要影响。基于对滨水公共空间演化过程深度理解，笔者对杭州滨水公共空间的发展规律做出归纳，并探讨推动和制约其发展的深层原因，以及尝试调和城市管理者与城市空间使用者之间的述求。

参考文献与注释

[1] (宋)苏轼.苏轼全集[M].上海:上海古籍出版社,2000

[2] (明)田汝成.西湖游览志[M].上海:上海古籍出版社,1998

[3] 王国平.西湖文献集成,第十册(民国史志西湖文献专辑)[M].杭州:杭州出版社,2004:205-207

[4] 1996年总规提交不久便逢2001年大规模行政区划调整,因此未获得批准,而2002年完成的总规于2007年得到国务院批复,其修订版于2016年得到批复。

[5] 根据各视点的文化景观遗产价值和景观敏感性,由高至低分为一、二、三级。

[6] 陈述.杭州运河历史研究//徐越·敬陈淮黄疏浚之宜疏[M].杭州:杭州出版社,2006:46

[7] 浙江水文化研究教育中心.浙江河道记及图说//苏轼·申三省起请开湖六条状[M].北京:中国水利水电出版社,2014

[8] 陈述.杭州运河历史研究//《宋会要辑稿》方域一七之二一[M].杭州:杭州出版社,2006:79

[9] 刘园.国民政府《首都计划》及其对南京的影响[D].南京:东南大学建筑学院,2009

[10] 章燕镭.杭州近代城市规划历史研究(1897—1949)[D].武汉:武汉理工大学,2007

[11] 杭州市政府秘书处编辑室.杭州市政府十周年纪念特刊//陈会植.十年来之工务[M].杭州:杭州市政府秘书处,1937

[12]《杭州通鉴》编委会.杭州通鉴[M].北京:人民出版社,2014:277

[13] 该项工程总投资 22 035万元,拆迁沿河单位 342 家、居民 7 237户,涉迁人口达2.7万人。

[14] 杭州市规划设计研究院.杭州城区水系综合整治与保护开发规划[R].2008

[15] 建设部城市建设司.中国园林城市[M].北京:中国建筑工业出版社,1999

[16] 此处的绿地分类根据《城市绿地分类标准(2002)》,新版《城市绿地分类标准(2018)》颁发后,绿地的分类标准有变化,但与文中说明的问题无碍。

[17] 依据《杭州市城市绿地系统规划》。

[18] 仅2016年就建成并贯通沿河绿道41.8 km,打通断头河 9 条,新改建绿化74.1万 m^2,重点建设了 2 小时沿河生态健康步道圈“宸运绿道”,部分实现河、路、景联通,满足市民沿河休闲、赏景、健身的需求。数据来自杭州建设网河道综保工程专栏 http://www.hzjw.gov.cn/n10/n66/n68/c3070804/content.html

[19] 数据来自杭州统计信息网 http://www.hzstats.gov.cn

[20] 王国平(原杭州市市委书记)“关于京杭运河(杭州段)综合整治与保护开发的思考”为“杭州运河丛书”代序

[21] 朱光亚.大运河的文化积淀及其在新世纪的命运——大运河遗产保护规划和申遗工作的回顾与体会[J].东南文化,2012,229(5):6-17

[22] 孙忠焕.杭州运河史[M].北京:中国社会科学出版社,2011:307

[23] 2003 年 4 月成立杭州市京杭运河(杭州段)综合整治和保护开发指挥部、杭州市运河综合保护开发建设集团有限责任公司,实行“两块牌子、一套班子”。2007 年,杭州市京杭运河

(杭州段)综合整治和保护开发指挥部更名为杭州市京杭运河(杭州段)综合保护委员会,2014 年,以"事企分离,管办分开"为原则,启动机构和体制调整,调整后,杭州市京杭运河(杭州段)综合保护委员会更名为京杭运河(杭州段)综合保护中心,隶属杭州市园林文物局管理。而京杭运河杭州主城区段沿岸的土地开发利用、公共配套设施建设、运营管理等具体建设工作则由纳入国资委监管体系的杭州市运河综合保护开发建设集团有限责任公司负责。

[24] 在最后的申报世界文化遗产的文件中,出于知名度和评估话语权规则的考虑,京杭运河以运河遗产的类型申报,而未以文化线路或遗产廊道的形式申报,但京杭运河具备多种遗产类型特点已是国内学界的共识。

[25] 运河综合保护一期工程于 2006年国庆节前夕完成,建成以"一馆两带二场三园六埠十五桥"为重点的运河系列景观。"一馆"即中国京杭大运河博物馆;"两带"即运河两岸各近 10 km长的人文景观带;"二场"即西湖文化广场、运河文化广场;"三园"即艮山公园、青莎公园、北星公园;"六埠"即艮山门埠、施家桥埠、武林门埠、卖鱼桥埠、北新关埠、拱宸桥埠;"十五桥"即城东桥、艮山桥、建北桥、映月桥、中北桥、西湖文化广场桥、青园桥、朝晖桥、潮王桥、华光桥、江涨桥、德胜桥、大关桥、登云大桥、拱宸桥。二期工程2007年进行"一廊二带三居四园五河六址七路八桥"的建设。"一廊"指三堡船闸输水廊道;"二带"就是规划客运码头——石祥路、登云路——中石化油库西岸、小河两岸景观带,秋涛路——三华天运小区以东北岸、艮山西路——严家弄路东岸景观带;"三居"指的是章家坝社区、新塘社区、水湘社区的安置房续建;"四园"指富义仓遗址公园、LOFT 文化公园、石祥公园、小河公园;"五河"指红旗河、姚家坝河、后横港河、小河、横港河的整治;"六址"指小河直街历史文化街区、桑庐、富义仓遗址、长征化工厂遗址、广济桥、乾隆御碑的保护;"七路八桥"是分别对七条路和八座桥的修建整治。2008年开通"以运河为中心的三条水上黄金旅游线",2009年建成"一寺一场三区三馆五街九路",2010年建成"一带一园一馆二寺二址三居七路八街"。

[26] 杭州市城市规划设计研究院. 运河(杭州段)历史文化景观概念规划[R]. 杭州市规划局,2008

[27]《京杭大运河(杭州段)历史环境风貌控制规划》的 3 个目标意向:沿承河、城、人的研究脉络,形成"河系千年,城纳百工,人观万象"的景观蓝图以及 9 项空间控制策略,与滨水公共空间较为密切的有 3 条,分别是:"① 公共空间品质提升策略,即从滨河公共空间体系建构、公共空间物理环境优化及运河夜景规划 3 个方面展开,注重沿运河公共绿地、广场、滨河步行街、门户节点、景观大道、生态廊道及景观公园等公共空间与运河的空间关联,并从景观舒适度的角度通过通风廊道建构、交通宁静区建构、高层建筑形态优化提升公共空间的热环境、风环境及声环境,并且通过夜景规划对运河 24 小时风貌进行提升;② 绿色慢行网络建构策略,依托滨水空间、公共绿化、公园绿地形成慢行网络,为市民游客观景的同时提供健身休闲等游憩场所;③ 运河活力提升策略,沿运河展开郊野观光、传统体育运动、旅游、特色美食、民俗表演等活动策划,并通过半日游、一日游、多日游等多层次游览体验深度感知运河活力;④ 运河新十景营造策略,沿运河形成十景,与西湖遥相呼应,进而促进大遗

产区的景观统筹。
[28] 见大运河遗产保护总体规划(2012—2030)[R]. 2012第 13 条，中国大运河遗产的认定策略
[29] 于洋. 纽约市区划条例的百年流变(1916—2016)：以私有公共空间建设为例[J]. 国际城市规划，2016，31(2)：107
[30] Staeheli L.，Mitchell D. The people's property? power，politics，and the public [M]. NewYork：Routledge，2008：116
转引自：张庭伟，经济全球化时代下城市公共空间的开发和管理[J]. 城市规划学刊，2010(190)：5
[31] 钱江新城管委会要求各地块项目在设计阶段即明确地下、地面和空中提供的公共空间面积、位置的信息，并统一备案，作为竣工验收的依据之一。
[32] Fabos J.，Ryan R. L. International greenway planning：an introduction [J]. Landscape and Urban Planning，2004，68(2-3)：143-146
[33] "三江两岸"地区涉及新安江、富春江、钱塘江，三江流域总长约 231 km，上游起于建德市新安江大坝，下游止于杭州经济技术开发区和大江东新城地区。
[34] 马可波罗游记中对杭州的描写："城中有一大湖，沿湖皆为宫殿和亭台楼阁，这都是达官贵人的寓所。还有许多庙宇及寺院……"，游记中的描写尚真伪存疑，但鉴于杭州在南宋时期城市性质的转变，推断西湖周边的建设在该时期应该有明显的增长。
[35] Forman，R. T. T.，Godron M. Landscape Ecology [M]. New York：John Wiley，1986：121-155
[36] Juan Antonio Bueno，Vassilios Andrew Tsihrintzis，Leonardo Alvarez. South Florida Greenway：a conceptual framework for the ecological reconnection of the region [J]. Landscape and Urban Planning，1995(33)：247-266
[37] [美]戴维·哈维. 叛逆的城市：从城市权利到城市革命[M]. 叶其茂，译. 北京：商务印书馆，2014：101，104
[38] 赵燕菁. 从城市管理走向城市经营[J]. 城市规划，2002，11：7-15
[39] 赵燕菁. 城市制度原型[J]. 城市规划，2009(10)：9-18
[40] David Harvey. The right to the city[J]. New Left Review 2008，53：23-40
[41] 杭州政府为城区河道综合保护工程(2007)提出的指导方针。
[42]《杭州京杭运河(杭州段)综合整治与保护开发》提出的运河开发目标。
[43] 杭州是全国第二批入选的国家园林城市，但国家园林城市标准指标在不断升高，且在国家园林城市评选的基础上，又提出"国家生态园林城市"这一更高标准，目前杭州的绿化和环境指标并未到达。
[44] 数据来自2016年杭州市总体规划修编。
[45] 滨水街区地块的规划管理权在规划局，而各水域及其滨水公共空间的规划管理权分别属于市林业水利局、市区河道整治建设中心、杭州西湖风景名胜区管委会及其下属的京杭运河(杭州段)综合保护中心和钱江新城建设管委会。

6 结语

一、城市空间发展中滨水公共空间演化

滨水公共空间自古便是杭州城市空间地域性景观特征的表达载体，这个载体在不同的历史时期有着巨大的形态差异，如何描述、理解并解释这些差异？这个问题直接触发了本课题的研究。滨水公共空间处于特殊地理环境与城市公共空间的交汇范畴，因此其演化具有复杂性与多维性。本书将杭州主城区的滨水公共空间演化放置在“空间性-历史性-社会性”的分析框架中讨论，强调其演化是一个动态的、与城市空间其他要素演化相关联的过程，并分别在不同尺度层面进行了多线索式的探寻和追踪，且不局限于滨水空间自身的形态或内容，而是包含其与城市水系分布、城市街区肌理改变、滨水空间规划设计理念进化等城市空间因素的相互联系（见下表）。

主要研究内容回顾

线　索	研究的主要内容	研究分析取向①	涉及的主要章节
客观地理条件	杭州城市水系的发展及其与城市发展的关联性	描述性	第 2 章
空间场所的变迁	滨水街区的发展、滨水公共空间与街区关系的变迁及其原因	描述性/成因性	第 3 章
空间类型的演化	滨水公共空间类型的归纳和历史进化过程	描述性	第 4 章
空间与文本的关联	相关文本呈现的滨水公共空间的构想和设定	成因性/诠释性	第 5 章
公共价值判断	空间公共性价值的判断标准与具体运用	描述性/诠释性	各章节

在简要回顾杭州城市空间与水系演化过程这一滨水公共空间演进的前提背景

① 在此将空间演化研究的分析取向简易分为 3 类，即描述性分析（formal description）、成因性分析（formal causation）及诠释性分析（formal interpretation）。描述性分析主要关注形态现象本身，涉及分析目标的结构、要素和历时演变；成因性分析进一步探求复杂形态现象背后各类显性或隐性因素的客观作用；而诠释性分析则以客观形态描述为基础，呈现分析者对空间生成或演化逻辑的个性化理解，带有一定主观性。

后，将滨水公共空间的演化发展研究内容分解为街区层面的滨水公共空间发展、空间层面的类型演化及当代滨水公共空间的构想与实现过程 3 个方面，结合具体的滨水地段和公共空间类型展开论述。通过一系列的论述与分析，可以有 5 点结论性认识。

1. 主城水系形态及其在城市空间中的功能定位是滨水公共空间演化的重要前提

城-水关系是杭州城市空间演化过程中最重要的线索，水系以多元的方式参与了城市构型，在不同的历史时期，水系与城市空间分别有着发展轴线、形态边界、形态骨架等关联关系，而滨水公共空间，正是水系与城市空间张力关系的具体外化途径之一。在城市现代化发展进程中，在交通方式革新和城市扩张背景下，当代主城部分历史水系消失，同时又纳入大量处于古城外围的水系，其功能定位由交通骨架向城市景观和慢行系统骨架转变，这是当代滨水公共空间呈现与其历史形式迥异的空间形态，并以不同的方式参与城市发展的前提背景。

2. 当代杭州滨水公共空间的独立性趋势确立

传统江南城市滨水街区与水体之间的密切联系在当代的空间实践中已悄然瓦解，由于街区组织和用地单元划分方式的改变，城市滨水街区街廓、街道、水系三者之间依存联动的关系业已疏离，并简化成滨水公共空间（通常是绿地）与水域、建筑地块与滨水公共绿化用地控制线的两组关系，这导致了滨水建筑与水体的空间互动减少，滨水公共空间与城市腹地联系减弱，滨水公共空间成为一个独立的空间地带。用地的独立化向外传导，杭州滨水公共空间在功能使用、界面形态、建造方式等方面与城市滨水街区的关系从协同发展逐渐走向分离，数量众多的城市滨水公共空间自成一体，标志着新的滨水公共空间类型的兴起，同时使滨水空间的公共性发生了微妙、矛盾的转变。一方面滨水空间临水土地的公共权属明确，意在提升水际岸线的公共性；另一方面又通过滨水街区的土地溢价、出入口限制等方式削弱了滨水公共空间的可达性。

3. 近、现代杭州滨水公共空间的主导类型已发生由滨水街道到滨水公共绿地的转变

通过对清末历史地图的抽象归纳和当代滨水公共空间的实地调研，结果显示城市滨水公共空间的主导类型历经近代中西双重体系时期的变体，已由传统江南水乡时期的水-街型滨水街道，演替为当代市场经济时期的滨水休憩绿地型公共绿带，两种空间类型在尺度、功能、对城市腹地渗透能力、与人的互动关系等方面存在诸多不同。在滨水公共空间主导类型发生演替的同时，滨水公共空间的整体布局结构由不均匀的线网结构转向廊道-斑块（点）结构，但其改变与滨水公共空间主导类型演替并不能简单理解为因果关系，而是伴随着城市水系增减、滨水公共空间类型发展及滨水公共空间与街区关系演化的共时变动。

4. 对不同空间类型主导下的滨水景观比较辨析,说明了当代滨水公共空间的产品实质

滨水公共空间是形成滨水景观特征的重要元素,鉴于杭州在传统江南水乡城市时期和当代市场化经济时期,两种滨水公共空间主导类型的种种差异,本书将两种空间类型主导下的滨水景观分别称为:生活景观和如画景观。“生活景观”是基于人们日常生活而生成的景观现象,具有经验性、实用性和地域性,其空间边界模糊不定、形态多样,对各种行为活动具有灵活的包容性,是所在社区认同感和归属感的重要来源。而滨水“如画景观”则基于规划设计蓝图生成,其边界明晰,界面统一,是由设计师设计的地表上的一块风景,具有许多“政治景观”的特点,它表达的是一种新的空间秩序,是当代社会对城市水系这一公共资源的理解和运用。对于两种景观的比较辨析,说明当代公共空间化后的滨水土地实际已成为政府提供的公共产品,滨水公共空间已从容纳生活和生产的场所转换成为被生产、可复制的产品。

5. 在城市空间生产专业化的背景下,相关规划方法和理念深刻影响当代滨水公共空间的发展

本书整理分析了众多滨水公共空间相关规划设计文本和建设管理文献,诠释了文本内容、所表达的设计理念以及最终的物质空间结果三者之间的对照关系,呈现杭州滨水公共空间在发展中不断进行探索和修正的过程。随着现代城市空间科学自身知识内容不断更新完善,文化景观、绿道、遗产走廊、私有公共空间等数个城市公共开放空间的设计理念,在当代杭州城市滨水公共空间实践中得到运用,对其空间形态和功能设定产生重要影响,同时,在现代城市空间生产制度化和专业化的背景下,滨水空间的规划设计作为现实生产关系构建空间秩序的中介,使当代杭州滨水公共空间形成新的尺度参数和统一的空间形式。

二、杭州主城区滨水公共空间的现在与未来

从对杭州主城滨水公共空间演化的研究中,我们可以认为当代杭州滨水公共空间的发展正处于一个新的历史时期。在新中国土地所有权制度下,政府全面参与城市空间的经营和管理,进而介入了城市公共空间的布局和设定。本文的案例城市杭州,在市政部门追求园林城市的绿化率和地方政府将滨水景观作为空间资源追求城市独特性的背景下,滨水空间被全面城市公共空间化有一定必然性,同时也离不开城市管理者对现代城市发展的明智预判和精明的增长管理[①],反观其他

① 全民共享滨水空间不仅具有明显的社会效益,也是出于对经济效益的考量。大量城市实践表明将滨水空间连同部分岸线打包出让给开发商是短视行为,在经济上并非是一种明智和理性的生产方式。

传统江南地区拥有大量滨水景观资源的大城市，如南京、上海、无锡等，直至近几年来，才逐渐在城市规划设计中注重水资源的公共属性，重视滨水空间的公共性质开发。当下，杭州已将大部分水际线周围数十上百米的土地以法定规划的形式划出作为城市公共用地，主城城市滨水公共空间已规模化建设，空间网络化形态初俱，更重要的是无论管理者还是开发者、使用者业已形成了滨水空间属于公共财产的基本价值观，这些都是杭州滨水公共空间系统未来发展的重要基础。

在滨水土地权属公共化的前提和城市空间生产专业化的背景下，城市空间设计工作者面临着史无前例的机遇和责任。言之机遇，是城市设计的相关工作人员正深度参与滨水空间的形态塑造，成为历史城市公共空间的当代介入者。近年来，在城市空间更新过程中，政府投入了大量资金整修杭州主城区的滨水公共空间，当下滨水区呈现的"如画景观"，印刻下了当代空间设计者的思考和努力。言之责任，是因为与过往生成于日常生活、各自组织、相互协调的滨水公共空间不同，当代城市主城区的空间物质环境无不是通过数轮的预先构想、评测和审查，才按照一定的预算和设计将蓝图转化为现实，加之滨水公共空间建设中土地使用人与管理人的分离，设计者的地位和作用显得尤为重要。毫无疑问，在多方合力下，杭州主城区滨水公共空间的建设已颇有成就，滨水公共空间系统已成为杭州城市景观特征之一，但也仍存在许多始料未及的问题，如前文已分析过的滨水街区的绅士化、滨水公共空间的形态内容单一化、滨水公共空间的规模标准模糊等。这些问题都需要引起城市管理者、设计者的高度重视，警惕自身技术性思维的缺陷，更加灵活地把握使用者的需求、空间公共价值及城市经营之间的矛盾，毕竟对于城市公共空间，空间中人的感受及空间的公共价值是空间的首要评判标准。

虽然笔者行文中难免显露对当今及历史过往滨水公共空间的评价态度，但须明确的是，过往与现状的孰优孰劣不是研究的目的，对城市特定空间子项的演化研究，其意义在于通过对过去及现状空间形态的对比和其转换过程的还原，体会二者之间的不同及相互关系，从而获得对过去和现在更深刻的理解。对于过往基于日常生活而引发的滨水公共空间的还原与辨析，可以帮助今人更好地体认滨水空间活力的源头，并清醒认知传统的空间文化在全球化时代的境遇。时至今日，在现代主流的空间遗产观业已成形的语境下，对于传统滨水街道的简单复制已缺乏正当性。未来，城市设计者的研究方向应是以一种适应当代城市管理的方式，将当今的滨水"如画景观"和日常生活空间相互融合，创造一种新的模式，从而使滨水区的生活世界，在这个由技术性思维主导建造的物质环境中得以复现。

参考文献

[1] Alan Colquhoun. Essays in architectural criticism : modern architecture and historical change[M]. Mass: MIT Press, 1981

[2] Anthony Vidler. Architecture: between spectacle and use [M]. Yale University Press, 2008

[3] B. S. Hoyle. European port cities in transition [M]. London:Belhaven Press,1992

[4] Carr. S. Public space[M]. Cambridge:Cambridge University Press,1992

[5] Couch C. , Fraser C. , Percy S. Urban Regeneration in Europe[M]. Oxford: Blackwell Science ,2003

[6] E. Relph. Place and placelessness[M]. London: Routledge, 1976

[7] Flink C. A. , Searns R. M. Greenways: a guide to planning, design and development [M]. Washington DC: Island Press ,1995

[8] Flink C. A. , Searns R. M. Trail for the twenty-one century: planning, design, and management manual for multi-use trails[M]. Washington DC:Island ,2001

[9] Forman R. T. T,Godron M. Landscape ecology[M]. New York:Wiley,1986

[10] Gary Austin. Green infrastructure for landscape planning: integrating human and natural systems[M]. London: Routledge, 2014

[11] Gobster P. H.. The human dimensions of urban greenways: planning for recreation and experiences[J]. Landscpae and Urban Planning,2004,68(2)

[12] Harry Smith, Maria S. G. Ferrari. Waterfront regeneration: experiences in city-building [M]. Abingdon:Routledge, 2012

[13] J. G. Fabos ,Greenways: The beginning of an international movement [M]. Elsevier: Amsterdam, 1996

[14] J. G. Fabos. Greenway planning in the United States: its origins and recent case studies [J]. Landscape and Urban Planning ,2004,68(2)

[15] Jack Ahern. Greenways as a planning strategy[J]. Landscape and Urban Planning, 1995 (33)

[16] Jane Jacobs. The life and death of great american cities[M]. New York: Random House, 1961

[17] Juan A, Vassilias A. T. South Florida Greenway : a conceptual framework for the

ecological reconnection of the region[J]. Landscape and Urban Planning,1995(33)

[18] Nesbitt K. Theorizing a new agenda for architecture an anthology of architectural theory 1965—1995[M]. New York: Princeton Architectural Press,1996

[19] Mark A. Benedict. Green infrastructure: linking landscapes and communities [M]. Washinton DC: Island Press,2006

[20] Marshall R. Waterfronts in post-Industrial cities[M]. New York : E & FN Spon Press,2001

[21] Marshall,S. Streets & Patterns[M]. London:Spon Press,2005

[22] Mostafavi M. , Najle C. Landscape urbanism: a Manual for the machinic landscape[M]. London : Architectural Association, 2003

[23] Nadai L. Discourses of urban public space :USA 1960—1995 a historical critique[D]. PhD thesis. Columbia University,2000

[24] NPS. Erie Canalway National Heritage Corridor 2006 Annual Report[R]. Eric Canaluay National Heritage Comidor Conmission,2006.

[25] NPS. Erie Canalway National Heritage Corridor Preservation and Management Plan[R]. Eric Canaluay National Heritage Comidor Conmission,2006.

[26] P. C. Hellmund , D. S. Smith. Designing greenways: sustainable landscapes for nature and people[M]. Washington DC:Island Press, 2006

[27] Richard Sennett. The uses of disorder: personal identity and city life[M]. London: Norton, 1970

[28] Robert K. Yin. Case study research: design and methods [M]. CA: Sage ,Thousand Oaks, 2009

[29] Shaw B. "History at the water's edge" , in R. Marshall (ed) Waterfronts in Post-Industrial Cities[M]. London:Spong Press,2001

[30] Siksna. A. The evolution of block size and form in North American and Australian city centers [J]. Urban Morphology, 1997(1)

[31] Siu, K. W. The practice of everyday space: the reception of planned open space in Hong Kong [D]. Hong Kong: The Hong Kong Polytechnic University,2011

[32] Soja, E. W. Thirdspace: journeys to Los Angeles and other real-and-imagined places[M]. Cambridge: Blackwell Publishers Ltd. , 1996

[33] Tom Turner. Greenways, blueways, skyways and other ways to a better London[J]. Landscape and Urban Planning, 1995(33)

[34] Wang Liping. Paradise for sale: urban space and tourism in the social translation of Hangzhou,1589—1937[D]. University of California San Diego, 1997

[35] Whyte W. H. The social life of small urban spaces [M]. Washington DC: Conservation Foundation, 1980

[36] [美]阿里·迈达尼普尔. 城市空间设计:社会空间过程的调查研究[M]. 欧阳文,译. 北京:中国建筑工业出版社,2010
[37] [美]查尔斯·A·弗林克. 21世纪慢行道: 多功能慢行道的规划、设计及管理手册 [M]. 奚雪松, 陈琳, 殷明,译. 北京: 电子工业出版社,2016
[38] [美]查尔斯·E·利特尔. 美国绿道[M]. 余青, 莫雯静, 陈海沐,译. 北京:中国建筑工业出版社, 2013
[39] [美]卡尔·斯坦尼茨. 变化景观的多解规划[M]. 郑冰,译. 北京:中国建筑工业出版社, 2008
[40] [美]曼纽尔·卡斯特. 网络社会:跨文化的视角[M]. 周凯,译. 北京:社会科学文献出版社, 2009
[41] [美]伊恩·麦克哈格, (美) 弗雷德里克·R. 斯坦纳. 设计遵从自然[M]. 朱强,等译. 北京:中国建筑工业出版社, 2012
[42] [美]F. L. 奥姆斯特德. 美国城市的文明化[M]. 王思思,等,译. 南京:译林出版社,2013
[43] [德]Robert Krier. 城市空间[M]. 钟山,等译. 上海:同济大学出版社, 1991
[44] [法]Serge Salat. 城市与形态——关于可持续城市化的研究[M]. 北京:中国建筑工业出版社,2012.
[45] [法]菲利普·巴内翰. 城市街区的解体[M]. 魏羽力,译. 北京:中国建筑工业出版社, 2012
[46] [加]简·雅各布斯. 美国大城市的生与死[M]. 金衡山,译. 北京:电子工业出版社, 2015
[47] [美]卡尔·斯坦尼茨. 变化景观的多解规划[M]. 北京:中国建筑工业出版社, 2008
[48] [美]J. B. 杰克逊. 发现乡土景观[M]. 俞孔坚,等译. 北京:商务印刷馆,2015
[49] [美]巴里·斯塔克,约翰·O·西蒙兹. 景观设计学[M]. 朱强,等译. 北京:中国建筑工业出版社,2014
[50] [美]查尔斯·瓦尔德海姆. 景观都市主义[M]. 刘海龙,等译. 北京: 中国建筑工业出版社, 2011
[51] [美]戴维·哈维. 叛逆的城市:从城市权利到城市革命[M]. 叶齐茂, 倪晓晖,译. 北京:商务印书馆, 2014
[52] [美]戴维·哈维. 后现代的状况——对文化变迁之缘起的探究[M]. 阎嘉,译. 北京:商务印书馆, 2013
[53] [美]凯文·林奇著. 城市形态[M]. 林庆怡,等译. 北京:华夏出版社,2001.
[54] [美]凯文·林奇著. 城市的印象[M]. 项秉仁,译. 北京:中国建筑工业出版社,1990.
[55] [美]柯林·罗,弗瑞德·科特. 拼贴城市[M]. 童明,译. 北京:中国建筑工业出版社,2003.
[56] [美]理查德·桑内特. 新资本主义的文化[M]. 李继宏,译. 上海:上海译文出版社,2010.
[57] [美]刘易斯·芒福德. 城市发展史[M]. 倪文彦,宋峻岭,译. 北京:中国建筑工业出版社,1989

[58] [美]斯皮罗·科斯托夫. 城市的形成——历史进程中的城市模式和城市意义[M]. 单皓，译. 北京:中国建筑工业出版社,2005
[59] [美]斯皮罗·科斯托夫. 城市的组合——历史进程中的城市形态元素[M]. 邓东,译. 北京:中国建筑工业出版社,2008
[60] [英]汤姆·特纳. 景观规划与环境影响设计[M]. 王珏,译. 北京:中国建筑工业出版社，2006
[61] [美]伊恩·伦诺克斯·麦克哈格. 设计结合自然 [M]. 芮经纬,译. 天津:天津大学出版社，2006
[62] [美]约翰·奥姆斯比·西蒙兹. 大地景观:环境规划设计手册[M]. 程里尧,译. 北京:中国水利水电出版社，2008
[63] [美]约翰·奥姆斯比·西蒙兹. 启迪：风景园林大师西蒙兹考察笔记 [M]. 方薇，王欣，译. 北京 ：中国建筑工业出版社，2010
[64] [英]埃比尼泽·霍华德. 明日的田园城市[M]. 金经元,译. 北京:商务印书馆,2000.
[65] [英]康泽恩. 城镇平面格局分析：诺森伯兰郡安尼克案例研究[M]. 宋峰,等译. 北京：中国建筑工业出版社，2011
[66] [英]尼格尔·泰勒. 1945年后西方城市规划理论的流变[M]. 李白玉,陈贞,译. 北京:中国建筑工业出版社,2006.
[67] [英]特里·法雷尔. 伦敦城市构型形成与发展[M]. 杨至德,杨军,魏彤春,译. 武汉:华中科技大学出版社，2010.
[68] [美]弗雷德里克·斯坦纳. 生命的景观:景观规划的生态学途径[M]. 周年兴,等译. 北京:中国建筑工业出版社，2004
[69] [美]施坚雅. 中华帝国晚期的城市[M]. 叶光庭,等译. 北京:中华书局,2000
[70] 张庭伟,冯晖,彭治权. 城市滨水区设计与开发[M]. 上海:同济大学出版社，2002
[71] 杨春侠. 城市跨河形态与设计[M]. 南京:东南大学出版社，2006
[72] 袁敬诚,张伶伶. 欧洲城市滨河景观规划的生态思想与实践[M]. 北京:中国建筑工业出版社，2013
[73] 包亚明. 现代性与空间的生产[M]. 上海:上海教育出版社，2003
[74] 陈述. 杭州运河历史研究[M]. 杭州:杭州出版社,2006
[75] (民国)国都设计技术专员办事处编. 首都计划[M]. 南京:南京出版社,2006
[76] 张京祥,罗震东,何建颐. 体制转型与中国城市空间重构[M]. 南京:东南大学出版社,2007
[77] 董卫. 城市制度、城市更新与单位社会——市场经济以及当代中国城市制度的变迁[J]. 建筑学报,1996(12).
[78] 段进. 城市空间特色的认知规律与调研分析[J]. 现代城市研究,2002(1).
[79] 傅舒兰. 杭州风景城市的形成史[M]. 南京 ：东南大学出版社，2015
[80] 谷凯. 城市形态的理论与方法:探索全面与理性的研究框架[J]. 城市规划,2001(12)

[81] 杭州市园林文物管理局编. 西湖风景园林(1949—1989)[M]. 上海:上海科学技术出版社, 1990
[82] 杭州市园林文物管理局编. 西湖志[M]. 上海:上海古籍出版社, 1995
[83] 杭州市政府秘书处(民国26年). 杭州市政府十周年纪念特刊[M]. 近代中国史料丛刊三编第七十五辑. 台北:文海出版社, 1992
[84] 贺业钜. 中国古代城市规划史论丛[M]. 北京:中国建筑工业出版社, 1986
[85] 李建. 基于古代地图转译的历史空间整合方法研究——以杭州古城研究为例[D]. 东南大学硕士学位论文,2008
[86] 梁江,孙辉. 模式与动因——中国城市中心区的形态演变[M]. 北京:中国建筑工业出版社,2007
[87] 林正秋. 古代杭州研究[M]. 杭州:杭州出版社,1981
[88] 刘滨谊. 城市滨水区景观规划设计[M]. 南京:东南大学出版社, 2006
[89] 阙维民. 论运河杭州段水道变迁[J]. 中国历史地理论丛, 1990(1)
[90] 阙维民. 杭州城池暨西湖历史图说[M]. 杭州 :浙江人民出版社, 2000
[91] 沈克宁. 建筑类型学与城市形态学[M]. 北京:中国建筑工业出版社,2010
[92] (日)斯波义信. 宋代江南经济史研究[M]. 南京 :江苏人民出版社, 2001
[93] 孙朝阳. 城市更新中工业遗产地的设计策略研究——工业遗产地城市公共空间的重构[D]. 同济大学建筑与城市规划学院,2008
[94] 孙江. 空间生产:从马克思到当代 [M]. 北京:人民出版社, 2008
[95] 孙忠焕. 杭州运河史[M]. 北京:中国社会科学出版社,2011
[96] 田银生,谷凯,陶伟. 城市形态研究与城市历史保护规划[J]. 城市规划,2010(4)
[97] 汪德华. 中国山水文化与城市规划 [M]. 南京: 东南大学出版社, 2002
[98] 汪丽君. 建筑类型学[M]. 天津:天津大学出版社, 2005
[99] 王国平. 西湖文献集成 [M]. 杭州:杭州出版社,2004
[100] 王建国. 现代城市设计理论和方法[M]. 南京:东南大学出版社,2001
[101] 王松. 城市滨水会展区的形成机制和开发策略[D]. 同济大学,2005
[102] 吴庆洲. 中国古代城市防洪研究[M]. 北京 :中国建筑工业出版社, 1995
[103] 奚雪松. 京杭大运河历史演变及其遗产廊道构成[J]. 景观设计学,2012,23(3)
[104] 奚雪松. 实现整体保护与可持续利用的大运河遗产廊道构建——概念、途径与设想[M]. 北京:电子工业出版社, 2012
[105] 项文惠,等. 杭州运河治理[M]. 杭州:杭州出版社, 2013
[106] 要威. 城市滨水区复兴的策略研究[D]. 同济大学建筑与城市规划学院,2005
[107] 周芃. 城市滨水居住区规划设计研究[D]. 同济大学,1993
[108] 张松. 城市文化遗产保护国际宪章与国内法规选编[M]. 上海:同济大学出版社,2007
[109] 张松. 历史城市保护学导论:文化遗产和历史环境保护的一种整体性方法[M]. 上海:上海科学技术出版社,2001

[110] 张庭伟. 城市滨水区设计与开发[M]. 上海 ：同济大学出版社，2002
[111] 张庭伟，于洋. 经济全球化时代下城市公共空间的开发与管理[J]. 城市规划学刊，2010(5)
[112] 章建豪. 区域城乡统筹视角下的生态景观概念规划探索[J]. 城市规划，2015(S1)
[113] 赵蔚. 城市公共空间的分层规划控制[J]. 现代城市研究，2001(5)
[114] 赵燕菁. 城市的制度原型[J]. 城市规划，2009(10)
[115] 朱光亚. 大运河的文化积淀及其在新世纪的命运——大运河遗产保护规划和申遗工作的回顾与体会[J]. 东南文化，2012，229(5)
[116] 朱强，俞孔坚. 大运河工业遗产廊道的保护层次[J]. 城市环境设计，2007(5)
[117] 朱强. 京杭大运河江南段工业遗产廊道构建[M]. 北京：北京大学，2007
[118] Andy Thornley，于泓. 面向城市竞争的战略规划[J]. 国外城市规划，2004，19(2)
[119] 董卫. 城市制度、城市更新与单位社会——市场经济以及当代中国城市制度的变迁[J]. 建筑学报，1996(12)
[120] 段进. 城市空间特色的认知规律与调研分析[J]. 现代城市研究，2002(1)
[121] 谷凯. 城市形态的理论与方法：探索全面与理性的研究框架[J]. 城市规划，2001(12)
[122] 易晓峰. 从地产导向到文化导向——1980年以来的英国城市更新方法[J]. 城市规划，2009，33(6)
[123] 陈述. 杭州运河历史研究[M]. 杭州：杭州出版社，2006
[124] 马时雍. 杭州的水[M]. 杭州：杭州出版社，2003
[125] 赵冈. 南宋杭州城市人口[J]. 中国历史地理论丛，1994(2)
[126] 魏嵩山. 杭州城市的兴起及其城区的发展[J]. 历史地理1981(1)
[127] 杨宽. 中国古代都城制度史[M]. 上海：上海古籍出版社，1993
[128] 临安三志[M]. 杭州：华宝斋书社，2002
[129] [宋]田汝成. 西湖游览志[M]. 上海：上海古籍出版社，1980
[130] 杭州通鉴编纂委员会. 杭州通鉴[M]. 北京：人民出版社，2014
[131] (宋)周密. 武林旧事[M]. 北京：中华书局，2007
[132] (万历)杭州府志. 中国方志丛书，No. 524[M]. 台北：成文出版社，1987
[133] (嘉靖)仁和县志. 中国方志丛书，No. 179[M]. 台北：成文出版社，1985
[134] (康熙)仁和县志. [DB/OL]. 超星 http://ss. chaoxing. com
[135] (民国)杭州府志. [DB/OL]. 超星 http://ss. chaoxing. com
[136] (清)丁丙. 武林坊巷志[M]. 杭州：浙江人民出版社，1998
[137] 杭州市档案馆. 杭州古旧地图集 [M]. 杭州：浙江古籍出版社，2006
[138] 杭州市档案馆. 杭州都图地图集(1931—1934)[M]. 杭州：浙江古籍出版社，2008
[139] 杭州市档案馆. 清代杭城全图[M]. 杭州：浙江古籍出版化，2011
[140] 杭州市规划局. 杭州市绿地系统规划修编 [R]. 2010
[141] 杭州市规划局. 杭州水系景观规划研究规划修编[R]. 2008

图表资料来源*

图 1-1　杭州市规划管理单元划分(2017)及研究范围示意　资料来源:根据杭州市规划管理单元划分图改绘

图 1-2　理论上城市开放空间的布局模式　资料来源:Tom Turner. Greenways, blueways, skyways and other ways to a better London[J]. Landscape and Urban Planning, 1995, 33:269-282

图 1-3　R. 克里尔对城市广场的收集与分类　资料来源:Robert Krier. 城市空间[M]. 上海：同济大学出版社，1991:19-30

图 1-4　L. 克里尔对城市空间类型的形象化定义　资料来源:沈克宁. 建筑类型学与城市形态学[M]. 北京:中国建筑工业出版社，2010:144

图 1-5　对城市街区演变的研究示意　资料来源:菲利普·巴内翰. 城市街区的解体[M]. 魏羽力,译. 北京:中国建筑工业出版社，2012:97

图 1-6　空间演化研究思路的架构

表格 1-1　主城区主要水体

表格 1-2　城市滨水开放课件研究的相关领域

表格 1-3　开放空间的两种规划途径的比较

表格 1-4　山水城市相关的重要会议列表

图 2-1　中国七大古都城市形态简图对比　资料来源:傅舒兰. 杭州风景城市的形成史[M]. 南京:东南大学出版社,2015:15

图 2-2　古代江南城市城市形态与水系的关系　资料来源:板垣征四郎. 中国城郭概要[R]

图 2-3　西湖形成示意图　资料来源:竺可桢. 杭州西湖生成的原因

图 2-4　杭州市区及主城区研究范围内水系构成示意图

图 2-5　杭州水系连通和配水古今示意图

图 2-6　杭州总规空间结构图(2015)　资料来源:摄于城市规划展览馆

图 2-7　吴越时期杭州城水关系示意图

图 2-8　南宋临安复原图　资料来源:傅舒兰. 杭州风景城市的形成史[M]. 南京:东南大学出版社,2015:19

* “图表资料来源”中没有说明资料来源的,均为作者自制、自摄。

图 2-9 临安城内外经济生态区划示意图 资料来源:(日)斯波义信. 宋代江南经济史研究[M]. 南京 :江苏人民出版社,2001:367

图 2-10 南宋时期城水关系示意图

图 2-11 清代满城在城市中位置 资料来源:浙江通志插图

图 2-12 民国初期城水关系示意图

图 2-13 1980 年前后杭州城市形态围绕西湖"手状""折扇状"到以组团形式跨江发展的变化过程 资料来源:摄于城市规划展览馆

图 2-14 2000 年后主城区水关系示意图

图 2-15 不同时期杭州水系的叠合分析

图 2-16 当代杭州水系作为慢行系统的骨架 资料来源:杭州市市区河道景观体系规划[R]

图 2-17 当代杭州水系作为绿化系统的骨架 资料来源:杭州市绿地系统规划修编2010[R]

表格 2-1 主城研究范围内河流基本情况一览表

表格 2-2 古城河流不同历史时期的名称

表格 2-3 杭州主城区水系水级一览表

图 3-1 街区的不同分类方式 资料来源:① Siksna, A. The evolution of block size and form in North American and Australian City centres[J]. Urban Morphology, 1997, 1:19-33. ② 段进,邱国潮. 国外城市形态学概论[M]. 南京:东南大学出版社,2009:106

图 3-2 杭州城市扩张时序示意图 资料来源:根据地图及城市规划展览馆拍摄照片改绘

图 3-3 街区肌理的分类

图 3-4 案例街区分布图

图 3-5 五柳巷街区在古城中位置 资料来源:根据民国时期地图标绘

图 3-6 五柳巷现状鸟瞰 资料来源:杭州市五柳巷历史文化街区保护规划[R]2005

图 3-7 不同历史时期的五柳巷街区地图比较 资料来源:根据不同时期地图整理

图 3-8 五柳巷街区多层次的公共空间

图 3-9 公共空间的自主性利用

图 3-10 不同设计模式下滨水住区公共空间的布局差异

图 3-11 清代满城区位示意图(右)、满城(旗营)驻防图(左上)及新市场土地标卖图(左下) 资料来源:①清《杭州府志》插图,②根据历史地图标注,③摄自浙江图书馆馆藏资料

图 3-12 湖滨地区道路和公共设施在新市场计划前后的变化 资料来源:傅舒兰. 杭州风景城市的形成史[M]. 南京:东南大学出版社,2015:77

图 3-13 不同时期湖滨景观的比较 资料来源:杭州市档案馆. 杭州古旧地图集[M]. 杭州:杭州古籍出版社,2006

图 3-14 传统商业街景及各时期湖滨商业街景比较 资料来源:http://image.baidu.com

图 3-15 2001—2002年两次湖滨城市设计方案图 资料来源:① 卢济威. 同济大学规划研究院的湖滨地区城市设计方案:步行商业区的交通、生态、历史整合——杭州湖滨旅游商贸

后记

本书根据我在东南大学攻读博士学位期间的学位论文《杭州主城区滨水公共空间演化研究》补充修订而成的。书稿的出版，既是学术阶段性成果的展现，也是对学习历程乃至多年专业研究的一个交代。

书稿的选题有两个源头。其一，是出于本人对于历史绵长持久的兴趣，特定类型的城市空间演化研究无疑提供了一个将专业和兴趣熔于一炉的机会。在博士研读期间，我选修了董卫教授的城市规划史课程，在课程中我初步尝试跨越历史学和建筑学(广义)的"楚河汉界"去分析城市空间，老师的正向反馈使我坚定了做此类研究的信心。其二，源于个人对杭州城市滨水空间的直观感受和长时间思考。在杭十余年，住所几经徙迁，但恰巧都与城市河道比邻而居。日常生活中，我总喜欢沿着水岸线散步，穿越城市的清晨、午后或是傍晚。在上千次的滨水漫步中，我成了这个城市滨水公共空间的重度使用者和资深观察者，出于专业敏感，我时常在内心评价它们，并对它们的系统形成过程感到好奇。我们的城市处于这样一个波澜壮阔的时代背景下，其空间发展演化是一个多线索、多层面的交织过程，如果我可以从熟悉的空间形式、较小的切入角度去诠释城市空间的演化历程，把自己对城市滨水空间演化的认知和思考记录下来，丰富杭州城市空间的研究，这无疑是一件能做而且值得做的事情。

在书稿付梓之际回望本书的写作过程，我有幸得到了许多老师、前辈、同业的提携和帮助，在此表示真诚的感谢，其中尤其感谢我的导师郑炘教授。十多年前我还在东南大学建筑研究所读研究生时，郑老师便时常给我们改图，我天资驽钝，常常一幅图得修改多遍，所幸老师总是耐心和气，使我有信心继续专业学习。在博士课题研究初期，我苦于没有可以支撑研究的理论依据和适宜方法，郑老师的建筑哲学课程和工作室例常的学术漫步活动拓展了我的思路，让我最终理顺整个研究的构架。在写作的中后期，老师反复批阅修改，提出宝贵意见，使得研究得以持续推进，并最终促成了本书的出版。

感谢杭州市城市规划编制中心法定规划部公理部长，浙江省城乡规划设计研究院高级规划师张乐益，杭州市城市河道保护管理中心档案室，他们为我提供了许多研究资料。感谢书稿成熟前的论文匿名评审环节 3 位老师，以及论文答辩委员会成员冯金龙教授、冷嘉伟教授、王彦辉教授、周琦教授和张青萍教授，在论文后期修改过程中提出了中肯的意见。感谢浙江树人大学为本书出版提供资助。

感谢家人的支持，让我在上有老下有小、繁杂琐事缠身的不惑之年，仍留存一份自由探索的热情和一张安静的书桌。

傅　岚

2019 年 10 月于杭州

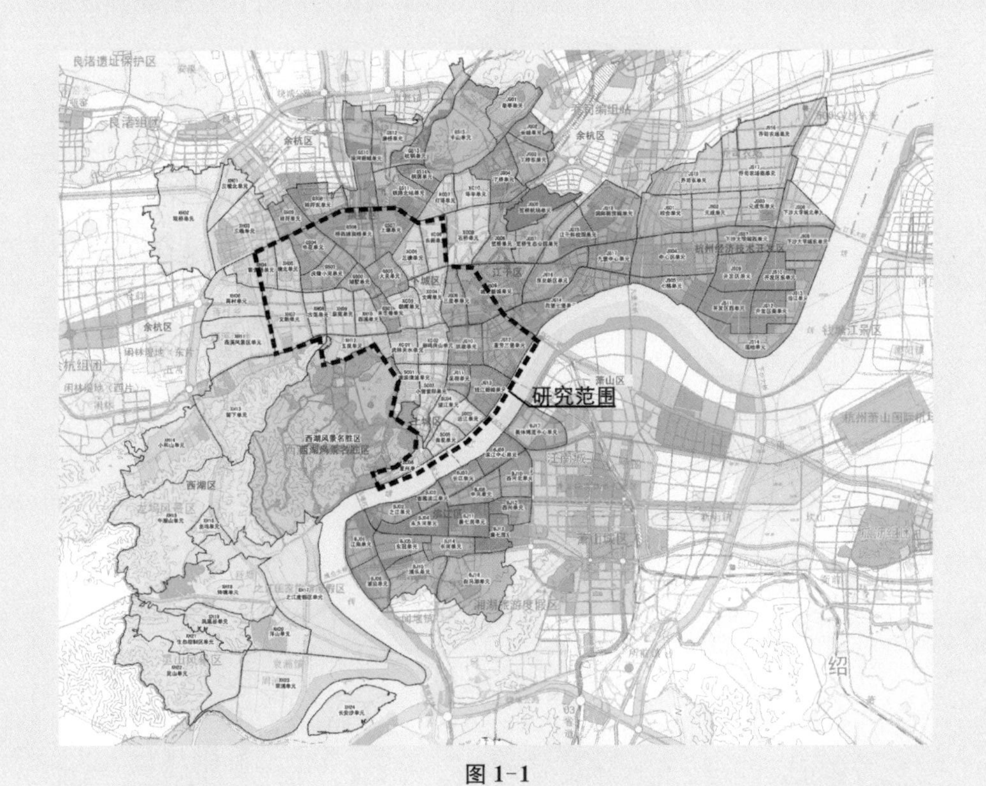
良渚遗址保护区
良渚组团
余杭区
江干区
研究范围
萧山区
西湖风景名胜区
西湖区

图 1-1

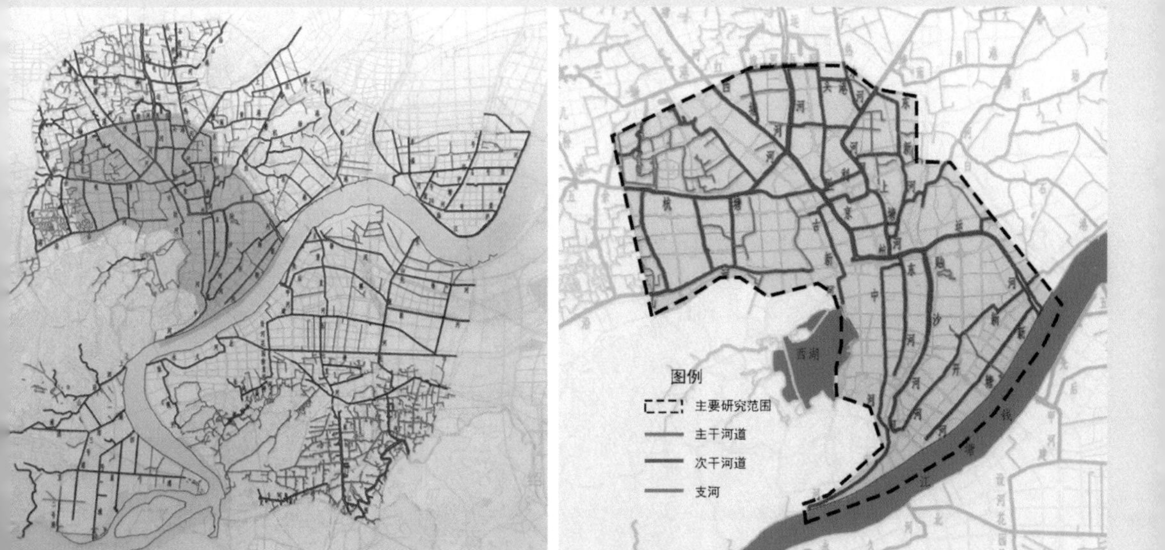
西湖
图例
主要研究范围
主干河道
次干河道
支河

图 2-4

街区名称
拱宸桥东西街区
湖滨街区
五柳巷街区
钱江新城核心区
毗邻水体
京杭运河
西湖
东河
钱塘江
发展时序
近代干道改造时期
近代干道改造时期
古代发展和缓期
当代高速扩张期
生成管控模式
复合型
复合型
自下而上型
自上而下型
街区肌理
历史延续型
历史改造型
历史延续型
城市新城建设型
土地利用
居住用地
公共管理与公共服务
商业服务业设施用地
居住用地
公共管理与公共服务

图 3-4

图例
A水-街型
B休憩绿地型
C城市综合广场型
公共空间缺乏或用地未开发

图 4-5

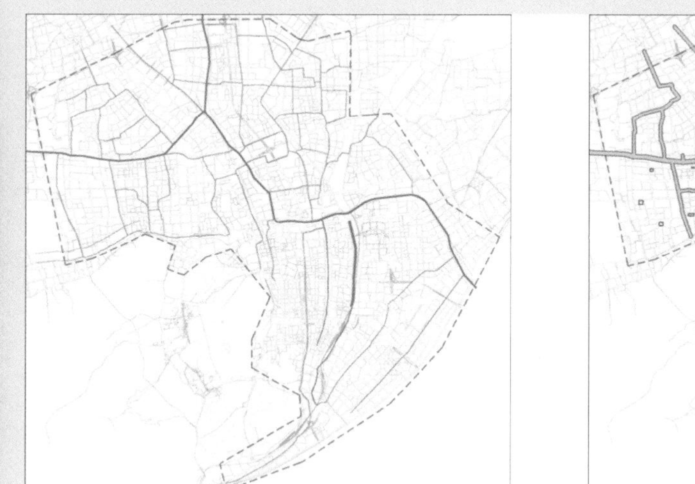

图 4-20

图 5-11

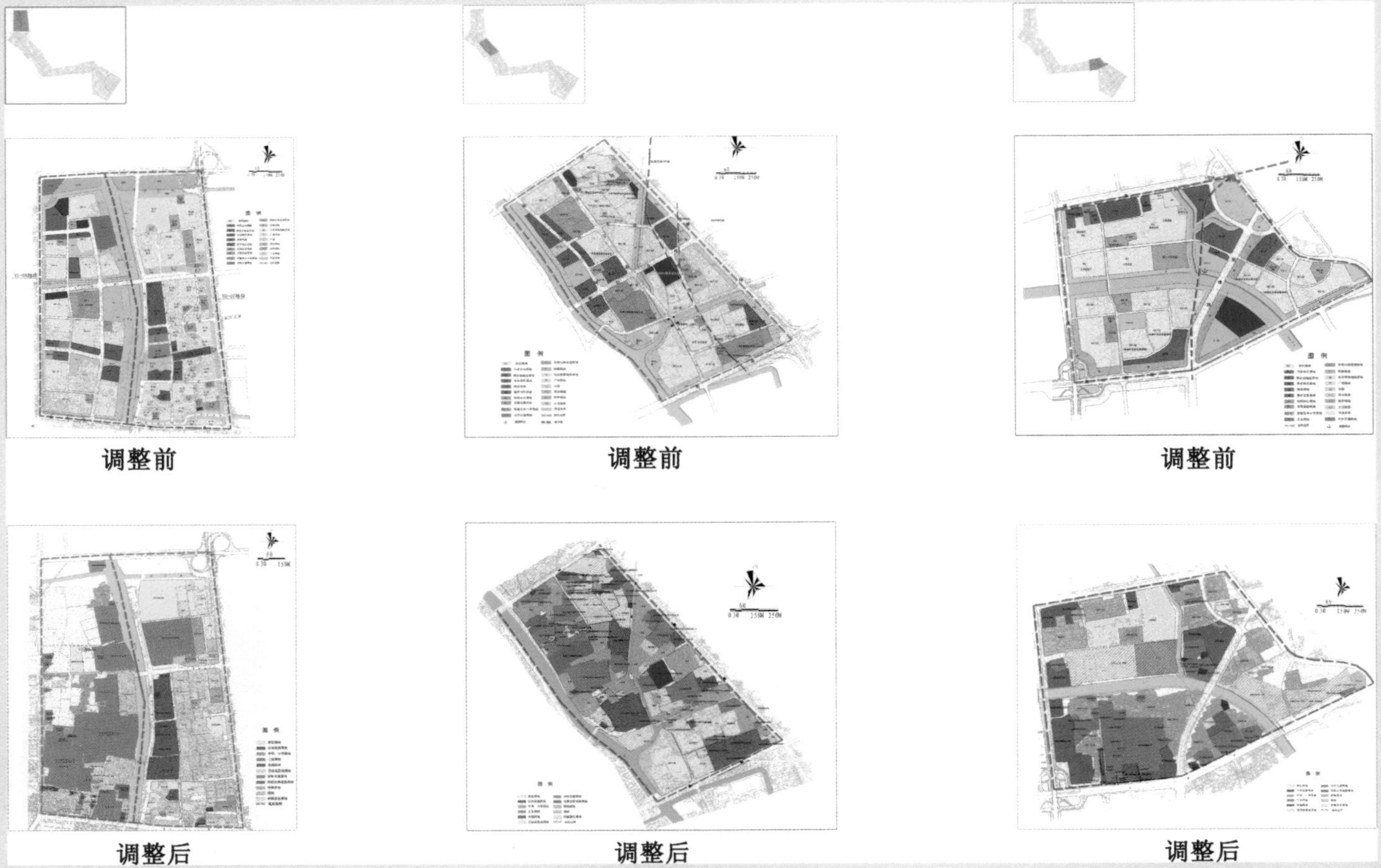

调整前

调整前

调整前

调整后

调整后

调整后

图 5-16